U0257954

现代城市物质与社会空间的耦合

——以长春市为例

黄晓军◎著

社会科学文献出版社

SOCIAL SCIENCES ACADEMIC PRESS(CHINA)

　　本书得到国家自然科学基金面上项目（项目编号：41171103）、陕西省人文地理学重点学科以及西北大学学术著作出版基金的联合资助。

前　言

　　中国目前正处于由社会主义计划经济体制向市场经济转型的特殊时期，在这一背景下，城市空间正经历着激烈而复杂的变化。一方面，快速城市化推进城市不断向边缘扩张，以新城、开发区、工业园区等为代表的新的城市物质空间不断被生产；另一方面，表现为城市中心区的空间再生产，集中体现在土地商品化和市场化影响下的土地利用方式转变与空间再造，如城中村改造、传统商业区更新、老工业区改造等，再生产的物质空间则主要是商品住区、大型购物商业空间、商务办公空间等。在这种物质空间的生产与再生产过程中，不同社会群体的居住空间受到严重影响，导致社会空间变得极化、分异、隔离，甚至引发各种社会问题与社会矛盾。例如，城市中心高价住宅的开发建设迫使中低收入群体迁移到城市边缘地带；郊区农民的土地被工厂、别墅所代替，其生存空间被不断压缩和剥夺；高密度的住区建设导致社区居民的空间需求与社会服务设施的供给不足；大规模的拆迁和旧城改造不仅导致原有社会关系网络断裂与传统社会空间瓦解，而且频繁引起开发商与原住居民的冲突。

　　这些问题表明：我国城市空间生产过程中，物质空间与社会空间发展的矛盾正日益激化，特别是在快速城市化过程中，城市发展更多地强调了经济的繁荣和物质景观的建设，而社会群体的利益及其社会空间的发展被极度忽视，由此导致城市物质与社会空间的矛盾状态日渐凸显。因此，探讨城市物质与社会空间相互作用机理，促进二者的有序耦合与协调发展是消除日益严重的城市社会问题，实现我国城市和谐发展亟待解决的重大研究课题。

　　传统的城市空间结构理论多从经济空间格局或社区变化两个方面来探讨城市空间结构的演变规律，这种单一的研究视角难以对当前城市空间体系重构的复杂机制进行全面而综合的解释。本书认为，我国城市空间研究应从单一的重视物质空间或社会空间转向物质与社会空间的有机结合,建立物质与社会融合的新的城市空间结构概念与理论体系。为了协调物质与社会空间的生产过程,促进物质与社会空间生产相适应,减少空间摩擦与矛盾,迫切需要从理论层面深入剖析我国城市物质与社会空间的相互作用关系和互动机理,并建立既满足城市化空间生产需求,又能保障不同社会群体的空间利益的城市物质与社会空间协调发展的调控机制和对策。

基于上述现实背景与理论需求,本书从城市物质与社会空间耦合视角入手,提出城市物质与社会空间耦合的概念体系,对空间耦合系统进行了解析,并以长春市为案例,综合运用数学统计方法和 GIS 技术,建立了城市物质与社会空间耦合的评价指标体系,揭示了城市物质与社会空间耦合的阶段水平与地域类型差异,并对城市物质与社会空间耦合机理进行了系统分析,最后提出了促进我国大城市物质与社会空间协调发展的路径。全书分为四个部分,共八章。

第一,导论部分从确立选题的研究背景与立论依据入手,明确了本书研究的切入视角和理论与实践研究意义,并提出了本书拟解决的几个关键问题,同时,阐述了城市物质与社会空间耦合研究的内容框架与技术方法。

第二,理论与实践基础部分包括第二章和第三章。其中,第二章对国内外城市物质与社会空间相互作用关系的研究进展进行了综述,并提出了本书研究的主题;第三章对城市物质与社会空间耦合的概念与内涵进行科学界定,对城市物质与社会空间耦合的要素、结构与功能进行了辨识,形成了我国城市物质与社会空间耦合研究的概念与特征体系,同时探讨了城市物质与社会空间耦合研究的基础理论,为本书研究奠定了理论基础。

第三,理论与实践核心部分是本书研究的主体,主要包括第四、第五、第六和第七章。其中,第四章重点探讨了长春市城市物质与社会空间耦合的演变过程及其阶段性特征,分析了不同时期长春市物质与社会空间耦合状态、结构模式及影响因素,揭示了长春市物质与社会空间耦合结构模式的动态变化规律。第五章对长春市物质与社会空间耦合进行了系统评价,分析了长春市不同空间单元城市物质与社会空间耦合所处的阶段水平,并根据耦合度空间差异,划分了城市物质与社会空间耦合的地域类型,揭示了长春市物质与社会空间耦合的地域分异规律。第六章在对社会经济转型时期不同力量对城市物质与社会空间耦合影响分析的基础上，通过长春市物质与社会空间耦合的典型地理事实分析，研究长春市物质与社会空间耦合影响因子与影响机制，分析城市物质与社会空间相互作用的方式，形成城市物质与社会空间耦合机理框架。第七章构建了城市物质与社会空间耦合的调控体系，针对长春及我国大城市普遍存在的物质与社会空间"非耦合"问题特征，结合对未来城市发展趋势的判断，提出促进城市物质与社会空间耦合和协调发展的主要策略。

第四，结论与展望部分总结了本书研究的主要结论，并对研究的不足以及下一步的研究进行了展望。研究的主要结论包括：

（1）城市物质与社会空间耦合系统。城市物质与社会空间耦合是城市发展过程中物质层面与社会层面构成（要素、结构与功能）在城市地域空间上相互作用的关系和相互依赖的状态，具有系统性、层次性、动态性和开放性等特征。城市物质与社会的相互作用关系表现为城市的物质要素对社会发展的支撑效应和城市社会发展对物质要素的推动效应，二者的空间耦合主要体现为城市物质与社会构成在空间上的适应性，而这种具有协调状态与适应性的耦合系统的形成将具有实现社会公平与空间公正以及促进资源在空间上的优化配置的主要功能。

（2）城市物质与社会空间耦合的时空差异。城市物质与社会空间耦合在城市内部不同空间单元上存在一定的分异，表现为各空间单元耦合阶段水平的不同和耦合地域类型的差异。本书选取了26个能够反映城市物质环境与社会构成耦合状态的指标建立起评价指标体系与评价模型，采用灰色关联分析的方法，构建了城市物质环境与社会构成之间的关联度和空间耦合度模型，对二者之间的协调程度和城市内部空间耦合的地域分异规律进行了测度。评价内容包括物质环境与社会构成关联关系、物质环境与社会构成相互影响因素及物质与社会空间耦合度测度。

（3）城市物质与社会空间耦合机理。城市物质与社会空间耦合机理是影响城市物质环境与社会构成的动力体系及耦合作用机制，充分体现了城市物质环境与社会构成互动发展的本质联系和内在规律性。社会经济转型背景下我国城市物质与社会空间耦合的动力体系主要来自政府力、个体力和市场力。其中，政府的力量主要通过政策制度改革发挥作用，如城市土地使用制度、城市住房制度、户籍管理制度、财产产权制度等；个体的力量来自于影响个人的决策和社会结构变迁的主要因素，包括个体收入水平、家庭结构、受教育程度、个人偏好、消费结构等方面的差异；市场的力量主要通过市场经济发展对城市空间产生作用，包括城市功能结构的转变、市场资本的迅速扩大、劳动力市场的快速发展等。

城市物质环境与社会结构受到诸多因素的共同影响，这些因素施加到城市空间上，不断作用于城市物质环境，并对社会群体的空间行为产生影响，最终促使城市物质与社会空间耦合地域的形成。这些作用机制往往通过城市的自然地理与自然环境基础、城市发展的历史惯性、经济空间格局的重构、城市社会结构的空间分异、制度转型的城市空间响应、城市规划对空间的塑造以及政府公共政策的空间效应等来实现。各种作用机制在空间上的实现方式主要来自两个方面：一是城市物质环境为社会空间提供了基础，包括空间基底作用、空间约束作用和空间引导作用；二是社会群体的空间选择与能动作用，包括社会群体对物质环境的选择以及在选择后社会能动者对空间施加的影响。

（4）城市物质与社会空间耦合调控。促进城市物质环境的优化发展，引导不同社会群体与其生活的空间环境相协调，保障不同社会群体的空间利益，促进城市物质环境与社会结构在空间上的协调和适应，推动物质与社会空间耦合地域从低水平耦合向高水平耦合的演进以及整个城市物质与社会空间耦合系统的高级化、有序化是耦合调控的主要目标。城市物质与社会空间耦合的调控机制主要包括市场经济运行的调节机制、行政手段的干预机制以及法律政策等制度机制。城市物质与社会空间耦合调控的主要策略包括城市空间的治理、社会利益的协调、城市规划的调控以及政策体系的完善等方面。

本书的观点仅代表作者的个人观点，限于理论水平和实践经验，本书难免存在浅见与纰漏之处，希望广大读者予以批评指正。

黄晓军

2013 年 11 月

目　录
CONTENTS

第一章　导论

第一节　研究背景

一　城市物质与社会发展的不平衡

改革开放以来，我国各地城市物质空间建设取得重大成就，城市经济、人口和空间规模都呈现出高速增长的态势。2009 年，我国 GDP 已经超过 33 万亿元，2001～2009 年的平均增长速度超过了 10%；全国城市化水平从 2000 年的 36.2% 增长至 2009 年的 46.6%，平均每年约有 1800 多万外来人口进入城市；全国城市建设用地面积达 3.9 万平方公里，全年征用土地面积达 1344.6 平方公里。

城市经济发展水平快速增长的同时，城市社会事业却发展缓慢，集中体现在就业结构、消费水平、城市居住环境、公共服务供给等方面。中国社会科学院发布的最新研究报告显示，目前中国社会结构落后于经济结构大约 15 年①。城市失业、贫富极化、居住拥挤、城市犯罪、公共服务供给不足等是城市社会问题的典型表征，而产生当前诸多社会问题的重要原因就是城市物质与社会发展的不平衡。

城市发展必须改变当前这种物质与社会不平衡的状态，以实现为居民提供良好的生活居住环境和满足不同群体的社会需求的发展目标。未来我

---

① 中国社会科学院《当代中国社会结构》研究报告指出，当前中国的经济结构已进入工业化中期阶段，甚至有些指标表明已经进入工业化后期阶段。但是，社会结构指标还没有随着经济结构的转变而实现整体性转型，多数社会结构指标仍然处在工业化初期阶段。例如，中国的就业结构要达到工业化中期水平大约需要 25 年，中国的消费结构要达到工业化中期水平需要 9 至 16 年。综合社会结构主要指标，根据测算，报告认为中国社会结构滞后经济结构大约 15 年。

国城市化快速发展仍将持续较长时间，伴随而来的城市社会挑战也将更加严峻，因此，亟须建立一种促进城市物质与社会协调发展的理论与实践指导体系。

二　制度转型与城市空间体系的重构

改革开放 30 年来，我国在经济、政治和社会等方面的制度转型深刻影响着城市空间的发展，可以说，我国正经历着由制度转型带来的城市空间体系的持续重构过程。

经济结构转型与城市空间重构。我国经济体制的市场化改革对城市土地利用形成深刻影响，导致城市空间结构演化的经济利益驱动特征越来越明显，各空间利益主体的摩擦与冲突在所难免。在政策支持下的大量外来资本的进入，使城市经济空间格局极化突出，新建的各种类型的开发区与城市老工业区形成"朝"与"夕"的鲜明对比。

社会结构变迁与城市空间重构。随着经济结构转型的深化与收入分配不平等的影响，贫富分化与社会极化不断加剧，并通过对居住空间分布的影响重构着城市空间体系。高收入群体居住的郊区别墅与高档社区、低收入群体与外来人口生活的棚户区、产业工人居住的单位大院等，都成为城市社会结构变迁的空间投影。

城市空间体系的重构造就了许多新的城市空间形式，同时，也使得城市空间关系更加复杂。如何在制度转型背景下，维持城市经济发展与社会秩序稳定在城市空间重构过程中的平衡，是我国城市空间结构研究面临的重要现实问题。

三　公共需求增长与城市空间资源的非均衡配置

国际经验表明，一国的人均 GDP 处于从 1000 美元向 3000 美元过渡时期，也是该国公共需求快速扩张的时期。我国目前正处于公共需求快速增长时期，公共产品供给不足或滞后，使我国面临公共需求的快速增长与公共产品供给严重不足的矛盾。这种不足不仅体现在规模与品质上，同时也反映在城市空间资源的非均衡配置上。

城市空间资源是城市中各种以满足市民需求为目的的非营利性城市公共服务设施，一般具有城市公共财政支持的背景（陈蔚镇，2008）。以城市公共服务设施为主体的城市空间资源为城市居民提供了满足居住与生活需求的公共产品。但由于转型时期社会结构的分化与收入分配的不平等，城市空间资源的配置呈现出明显的不均衡特征。一方面，社会结构分化带来了多元化的公共服务需求，从而对城市空间资源的量、质、功能、空间等提出了多元化的需求，而城市空间资源的配置往往忽视了这种新的变化形势；另一方面，城市空间资源受利益趋向，低收入人口、老龄化人口及外来人口等社会底层和弱势群体严重受制于消费能力的约束，导致城市空间资源的"分配不均"。

面对公共需求的快速增长与社会结构的分化，如何通过合理、有效以及公平、公正的城市空间资源布局为城市不同社会群体提供物质服务设施，是城市空间研究与城市规划等亟须解决的问题。

四　"增长型"地方政府对公共利益的忽视

中国经济体制转型的一个重要经济特征就是地方政府成为"准市场主体"，企业化的管治倾向愈趋明显，城市政府在地方经济事务中的决策空间和功利化倾向得到了极大的拓展（吴缚龙，马润潮，张京祥，2007）。受地方政府的企业化倾向及政绩考核等因素影响，城市政府的核心目标就是促进城市经济增长、推进城市景观建设，而在这一过程中，地方政府却严重忽视了广大城市居民的公共利益，离其公共服务的基本职能渐行渐远。大肆建设政绩工程，过度追求城市景观的繁荣；追逐短期财政收益，出卖城市生态空间；蚕食城市公共空间，破坏历史文化资源；盲目征用土地，过度依赖"房产经济"；等等。土地成为城市政府实现经济增长的主要工具，许多城市的土地储备制度已经演变成一种由公权力保障的具有强制力的行政征收行为（张京祥，于涛，2007）。但是，公共利益的需求却被漠视。

在当前城市经济快速发展与社会矛盾不断加剧的背景下，必须建立一种新型的发展理念与科学的城市发展观。必须将城市经济发展与社会公共利益保障纳入同一个框架，实现二者协调发展，同时促进单一目标的"增长型"政府向综合目标的"发展型"政府转变。

基于上述研究背景，我国正处于城市空间结构的快速转型时期，城市物质空间的现代化快速建设是必然趋势，但是必须充分重视物质空间建设对社会空间的影响作用，积极响应城市社会空间的转型与重构，而不是单纯追求城市设施与景观的繁荣，应将城市社会空间的发展需求、功能升级与结构优化贯穿于城市物质空间建设的始终，避免由于城市社会空间发展严重滞后，而对城市物质空间进行"艰难"调整。因此，探索城市物质与社会空间的耦合与协调发展是我国城市空间结构有序转变的重要实践研究课题。

第二节　研究视角与研究意义

一　研究视角

传统的城市空间结构研究往往集中在以经济空间格局为主的物质空间结构和以社会区域划分为主的社会空间结构上，这种单一的研究视角难以实现对城市物质与社会空间的融合，同时，也难以有效揭示在社会转型的复杂背景下，城市空间结构的发展演化规律。因此，为促进城市物质与社会空间协调发展，本书研究视角将区别于以往城市空间结构研究，选择城市物质与社会空间耦合视角作为本书研究的切入点，从全新视角重新审视城市空间结构的发展演化。

本书认为，城市物质空间是社会空间存在的基础，城市社会空间的需求增长是物质空间变化的动力，城市社会空间的形成与完善是城市空间建设的最终目标。二者之间相互影响、相互作用，通过彼此之间的耦合与互动共同勾画着城市的整体空间格局与形态结构。探索城市物质与社会空间相互作用关系与作用机理是揭示城市空间结构演变规律的有效路径。

长春市曾是伪满时期的都城，城市建设也主要是从这一时期开始。新中国成立后，作为国家重点建设的老工业基地城市，老工业区和单位大院的物质与社会空间特征突出；改革开放后，市场经济发展促使长春市社会经济快速推进，城市规模不断扩张，城市物质空间建设不断加快；进入新世纪，受全球化、新自由主义、社会转型等新背景、新因素的影响，城市空间发展又呈现出许多新的特征。多年来，政治体制、市场化、全球化等因素对长春城市空间结构形成与发展产生了深刻影响，城市物质空间建设与社会空间结构经历了复杂激烈的变动过程，这为本书研究提供了充分的实践基础。同时，当前的城市发展重点高度集中于老工业基地改造与振兴的物质空间建设，产业转型和城市空间快速开发带来的城市社会空间问题是我国大城市普遍存在的问题，因此，本书选题以长春市为研究案例具有较强的代表性。

二 研究意义

（一）理论意义

开拓城市空间结构研究的新视角。目前，国内外学术界对城市空间结构已有相关研究，主要侧重于从城市物质空间（土地利用空间与经济空间）或城市社会空间（社会区的划分）的"单一"视角进行研究，缺乏从城市物质空间与社会空间相互作用关系的角度来分析城市空间结构。城市空间结构应该是城市物质与社会要素相互影响、相互作用关系在城市空间中的"投影"，因此，本书强调从二者耦合关系的角度来重新认识城市空间结构，以便破解城市空间结构研究盲点，开拓城市空间结构研究的新视角。

促进城市物质与社会空间理论研究的融合。在现有城市物质空间、城市社会空间研究的基础上，提出城市物质与社会空间耦合的概念，建立我国城市物质与社会空间相互作用的理论与方式研究框架。试图在城市空间结构的研究"平台"上，促进城市物质空间和社会空间理论研究的"融合"，以改变长期以来我国城市物质空间与社会空间研究"分割"的状况，为城市地理学、城市经济学、城市规划以及城市社会地理学等学科理论体系的完善提供研究思路与方法的借鉴。

（二）实践价值

促进城市物质规划与社会规划的协调发展。长期以来，我国城市规划只注重于城市的"物质建设"与"形体规划"，严重忽视了城市社会空间规划。本书通过城市物质与社会空间耦合调控路径的研究，为编制突出公共利益与社会公平的城市规划提供理论指导，以改变我国城市物质与社会空间发展错位的状态，形成城市物质与社会空间发展的良性互动机制。

促进我国大城市空间有序转型与健康发展。鉴于我国城市化发展阶段和转型时期城市空间发展面临的突出矛盾与问题，本书试图从城市物质与社会空间协调发展的角度提出促进城市空间转型与重构的指导对策，消除许多地方由于财力有限，城市建设被开发商"牵着鼻子走"的"无奈"状况。同时，鉴于本书研究案例的典型性，本书的研究成果可以为我国其他城市物质与社会空间实践问题的解决提供有益的借鉴。

第三节　拟解决的关键问题

以城市物质与社会空间相互作用关系为研究主线，拟解决四个方面的关键问题：一是城市物质（环境）与社会（结构）在空间上是如何相互作用的，这种相互作用的具体表现是什么；二是怎样判断城市物质（环境）与社会（结构）之间的相互作用关系是否协调，在具体空间上如何对二者耦合关系进行评价与测度；三是城市物质与社会空间耦合的动力机制是什么，并且通过何种方式实现；四是针对当前我国大城市普遍存在的物质与社会空间"非耦合"的典型问题，如何进行有效的调控。

（一）物质与社会空间相互作用方式与耦合系统

在理论探索方面，要解决城市物质与社会空间的相互作用方式，揭示城市物质与社会空间耦合的内涵本质，这是研究城市物质与社会空间耦合的基础与关键环节，也是本书所要研究的重点问题。解决这一问题首先需要对国内外城市物质与社会空间相互作用的地理事实进行比较分析，对城市物质与社会空间耦合的概念与内涵进行科学界定，建立城市物质与社会空间耦合系统，对系统要素、结构与功能进行辨识，形成我国城市物质与社会空间耦合研究的概念与特征体系，为本书研究奠定理论基础。

（二）物质与社会空间相互作用程度与耦合评价

分析与评价城市物质与社会空间相互作用程度及耦合状态是本书拟解决的关键问题之一。解决这一问题首先需要选取准确、科学的评价指标，建立能够反映城市物质与社会空间相互作用的评价指标体系，并构建协调度与耦合度的测度模型，进行城市物质与社会空间相互作用程度与耦合状态的定量分析，依据耦合协调程度，判断城市物质与社会空间耦合协调的阶段水平，并进行耦合地域类型的划分。这也是本书研究过程中可能遇到的难点与方法上拟解决的关键问题。

（三）物质与社会空间相互作用机制与耦合机理

研究城市物质与社会空间的相互作用机制，揭示城市物质与社会空间耦合机理，建立城市物质与社会空间耦合理论框架体系，这是本书拟解决的核心问题。鉴于我国处于"动荡"的社会转型时期，诸多社会问题源于社会制度变化，在社会制度转型对城市物质与社会空间耦合动力分析的基础上，通过长春市物质与社会空间耦合的实证分析，确定城市物质与社会空间耦合系统的影响因子，研究城市物质与社会空间耦合机制和耦合方式，建立我国大城市物质与社会空间耦合的理论分析框架。

（四）物质与社会空间不相协调问题与耦合调控

针对当前我国大城市普遍存在的城市物质与社会空间不相协调问题，本书将提出促进我国城市物质与社会空间耦合的调控对策，这是本书拟解决的主要实践问题。基于转型时期社会经济背景变化，研究长春市及我国其他大城市物质与社会空间非耦合问题特征，并预测物质与社会空间耦合系统的变化趋势与变化格局。基于城市物质与社会空间耦合状态评价结果和存在问题，研究促进长春市及我国其他大城市物质与社会空间相互耦合、协调共生的调控路径。

第四节　研究框架与技术路线

一　研究内容与框架

本书研究的内容框架主要由四部分八章所组成。四部分包括导论（第一章）、理论与实践基础（第二章、第三章）、理论与实践核心（第四章至第七章）以及结论与展望（第八章），其主要研究内容如下：

导论部分从确立选题的研究背景与立论依据入手，明确了本书研究的切入点和理论与实践研究意义，并提出了本书拟解决的几个关键问题，阐述了城市物质与社会空间耦合研究的内容框架。

理论与实践基础部分是理论核心部分研究的基础和支撑。第二章对国内外城市物质与社会空间相互作用关系的研究进展进行了综述，并提出了本书研究的主题与框架；第三章对城市物质与社会空间耦合的概念与内涵进行科学界定，对城市物质与社会空间耦合的要素、结构与功能进行辨识，形成我国城市物质与社会空间耦合研究的概念与特征体系，同时探讨城市物质与社会空间耦合研究的基础理论，为本书研究奠定了理论基础。

理论与实践核心部分是本书研究的主体，主要包括四个方面的内容。第四章重点探讨了长春市物质与社会空间耦合的演变过程及其阶段性特征，分析了不同时期长春市物质与社会空间耦合状态、结构模式及影响因素，揭示了长春市物质与社会空间耦合结构模式的动态变化规律。第五章对长春市物质与社会空间耦合进行了系统评价，分析了长春市不同空间单元城市物质与社会空间耦合所处的阶段水平，并根据耦合度空间差异，划分了城市物质与社会空间耦合的地域类型，揭示了长春市物质与社会空间耦合的地域分异规律。第六章在对社会经济转型时期不同力量对城市物质与社会空间耦合影响分析的基础上，通过长春市物质与社会空间耦合的典型地理事实分析，研究长春市物质与社会空间耦合影响因子与影响机制，分析城市物质与社会空间相互作用的方式，形成城市物质与社会空间耦合机理框架。第七章构建了城市物质与社会空间耦合的调控体系，针对长春及我国大城市普遍存在的物质与社会空间"非耦合"问题特征，结合对未来城市发展趋势的判断，提出促进城市物质与社会空间耦合与协调发展的主要策略。

结论与展望部分总结了本书研究的主要结论，并对研究的不足以及下一步的研究进行了展望，为今后的研究指明了方向。

本书的总体研究结构与内容框架如图1-1所示。

二　研究方法与技术路线

本书采用了理论分析与实证研究相结合、定性与定量分析相结合的研究方法，具体包括：

（1）采用系统分析方法，建立城市物质与社会空间耦合系统，并构建城市物质与社会空间耦合的概念模型与分析框架；应用系统识别方法，对城市物质与社会空间耦合系统进行识别和解析。

（2）应用因子生态分析方法，利用多次人口普查数据，确定影响城市社会区域类型的主要影响因子，对长春市不同时期的社会区域类型与空间结构进行研究，进而分析不同时期长春市物质与社会空间耦合结构模式。

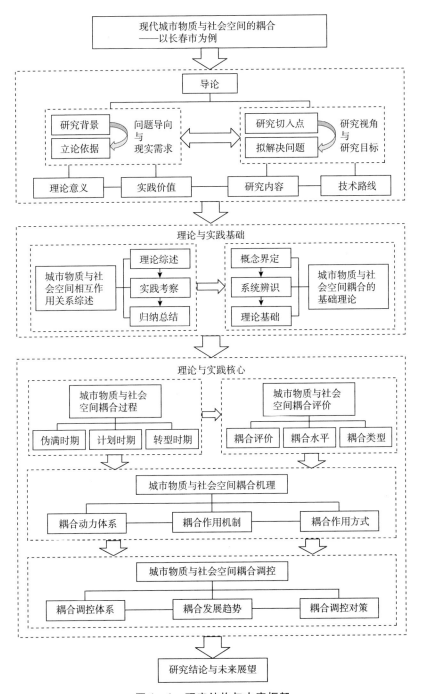

图 1-1 研究结构与内容框架

（3）选取城市物质与社会空间耦合评价指标，建立城市物质与社会空间耦合评价的指标体系，构建城市物质与社会空间关联度与耦合度模型，并根据城市不同空间单元耦合度的大小，判断不同地域空间耦合阶段水平。

（4）利用建立的城市物质与社会空间耦合评价指标体系，构建城市物质与社会空间耦合系统地域类型的判别体系，通过主成分分析与聚类分析方法，结合实地考察与定性判断，划分长春市物质与社会空间耦合区域类型，研究城市物质与社会空间耦合的地理分布规律。

（5）通过实地考察与调研，对长春市单位大院、老工业区、高档社区、棚户区、开发区等典型空间进行了调查，增强了对长春市物质与社会空间现实状态的感官认识；采取深度访谈等社会地理学方法，对不同社会群体行为进行了分析，为长春市物质与社会空间耦合机制的社会因素分析提供了理论依据。

本书的研究方法与技术路线如图 1 - 2 所示。

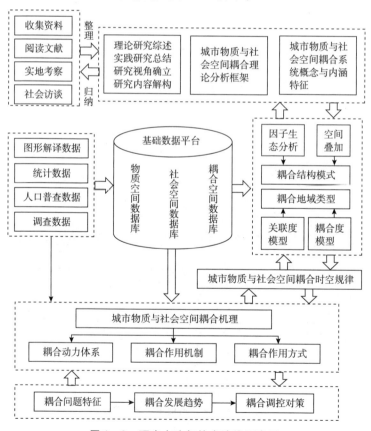

图 1 - 2　研究方法与技术路线示意图

第五节　研究特色

（一）提出城市空间结构研究的新视角

本书提出的城市物质与社会空间耦合的概念具有一定的创新性。改革开放以来，我国在城市物质与社会空间研究领域取得了丰硕成果，而且一定程度上涉及了"对方领域"的研究内容，但二者的整合研究尚未形成。本书认为，依靠传统的城市空间结构的"各自"研究难以有效解决我国转型时期出现的各种社会问题和空间矛盾，而必须从二者整合研究视角，借助城市物质与社会空间耦合平台才能实现。同时，本书认为城市物质空间与社会空间研究不走向"融合"，各自领域的研究就难以深入下去。

（二）构建城市物质与社会空间耦合理论框架

当前，我国大城市空间问题的解决迫切需要进行新理论的探索，以弥补现有城市物质空间、社会空间理论的不足。本书在已有大量的城市物质空间和社会空间研究成果基础上，通过实证分析，从城市物质与社会空间耦合过程、耦合格局、耦合机理、耦合作用方式等方面建立起了我国大城市物质与社会空间耦合理论框架，以促进我国传统城市空间理论体系的拓展与完善，形成物质与社会的整合，适应"以人为本"，和谐发展的新的城市空间结构研究体系。

（三）探索城市物质与社会空间耦合研究方法

城市物质与社会空间耦合是一个新的研究命题，相关的技术方法体系尚未形成。本书对城市物质与社会空间耦合的研究方法进行了重点探索。通过对城市物质与社会空间耦合的系统分析，构建了城市物质与社会空间耦合的评价指标体系，并采用灰色关联分析方法，构建了城市物质与社会系统之间的关联度和耦合度模型。通过具体的主成分分析、聚类分析可以实现对城市内部空间单元物质与社会空间耦合协调状态的定量评价和耦合分异程度的空间类型划分。

（四）开展典型老工业基地城市物质与社会空间耦合研究

传统的城市空间发展策略往往只重视物质空间建设，严重忽视了社会空间发展，特别是老工业基地城市，在社会经济快速转型时期呈现出的城市物质与社会空间非耦合问题更加突出。本书以长春市为例，开展了典型的老工业基地城市的物质与社会空间耦合的研究，强调从城市物质与社会空间协调发展的视角出发，提出了促进我国城市物质与社会空间耦合的新策略，为我国老工业基地城市以及其他大城市解决日益突出的社会问题和空间矛盾提供理论支撑。

第二章 城市物质与社会空间互动关系研究综述

第一节 城市空间结构理论研究

一 城市空间结构概念与内涵

(一) 城市空间结构的概念

城市是一种特殊的地域,是地理的、经济的、社会的、文化的区域实体,是各种自然要素和人文要素的综合体(周一星,1995)。城市作为一个完整统一的系统,其各组成部分或各要素之间并非处于无序状态,而是通过一定的关联方式有组织、有规律地凝结在一起,形成一定的结构。这种城市结构不是单纯抽象的概念,它必然通过城市所在的地域空间体现为城市空间结构。

城市空间结构一般多指城市内部空间结构,在西方又称城市内部结构。城市空间结构作为城市地理学、城市经济学、城市社会学、城市规划学等多学科的研究对象,由于不同学科、不同学者的研究视角不同,对城市空间结构概念的界定也存在一定差异。

富勒(Foley L D)是试图建构城市空间结构概念框架的早期学者之一。他从四个层面提出了城市空间结构的概念框架:第一,城市空间结构包括文化价值、功能活动和物质环境三种要素;第二,城市结构包括空间和非空间两种属性;第三,城市空间结构包括形式和过程两个方面,分别指城市结构要素的空间分布和空间作用的模式;第四,城市空间结构具有时间特性(Foley L D,1964)。韦伯(Webber,1964)从城市结构的空间属性(包括形式和过程两个方面)角度指出,城市空间结构的形式是指物质要素和活动要素的空间分布模式，过程则是指要素之间的相互作用，表现为各种交通流。相应地，城市空间被划分为"静态活动空间"（如建筑）和"动态活动空间"（如交通网络）（唐子来，1997；周春山，2007）。

波恩（Bourne L S）试图用系统理论的观点来描述城市空间结构的概念。他描述了城市系统的三个核心概念。一是城市形态，指城市各要素（包括物质设施、社会群体、经济活动和公共机构）的空间分布模式；二是城市要素的相互作用，指城市要素之间的相互关系，这些关系把城市要素整合为一个功能实体，不同功能节点之间的"流"表示城市要素之间的相互作用；三是城市空间结构，指城市要素的空间分布和相互作用的内在机制，把各个子系统整合成为城市系统。波恩对城市空间结构的定义不仅指出了城市空间结构的构成要素（既有物质要素，又有经济、社会要素），同时又强调了各要素之间的相互作用（Bourne L S，1982）。

布罗茨（Brotchie）认为城市空间结构是居住和非居住城市活动的模式及其相互作用，这种作用是通过它们所在的建成环境来体现的（Brotchie，1985）。贝里（Berry）认为，城市空间结构就是城市的内部结构，包括居住方式以及社会经济方式（Berry，1994）。凯塞尔（Kaiser）认为，城市空间结构涉及城市地区的物质要素与土地使用的秩序和关系，城市空间结构是三种主要体系之间的相互作用，即活动体系、土地开发体系等在时空中的持续（Kaiser，1997）。诺克斯（Knox）指出，城市空间结构反映了城市运行的方式，既把人和活动集聚到一起，又把他们挑选出来，分门别类地安置在不同的邻里和功能区（Knox，2000）。

近年来，我国学者也对城市空间结构的概念进行了研究，研究成果往往反映出不同学科对这一概念具有的不同理解。

建筑学主要强调实体要素在城市空间上的反映，偏重于城市自然要素、建筑、设施等在空间上的组合方式。夏祖华、黄伟康认为最基本的城市空间构成方式只有两种，实体围合形成空间或实体占领形成空间，这两种都是通过实体物质的设置或组合构成的城市空间（夏祖华，黄伟康，1992）。赵和生认为，可以通过建筑、树木、地面、灯杆、座椅等实体要素构成不同尺度、不同形状、不同形象、不同特征和不同氛围的城市空间（赵和生，1999）。

城市规划学更多强调城市结构与城市形态的相互联系。李德华认为，城市结构是城市功能活动的内在联系，是城市、经济、社会、环境及空间各组成部分的高度概括，是他们之间相互作用的抽象写照（李德华，2001）。黄亚平认为，城市空间结构是指城市的物质与非物质要素，在一定空间范围内的分布与联结状态（黄亚平，2002）。陈鹏认为城市空间结构不是城市各种功能在空间上的简单组合或者随机分布，而是复杂的社会、经济、文化等要素综合作用的必然结果（陈鹏，2009）。

城市经济学往往偏重于城市功能与城市经济空间结构的研究，蔡孝箴认为，城市空间结构是城市内部功能分化和各种活动所造成的土地利用的内在差异而形成的一种地域结构（蔡孝箴，1998）；郭鸿懋等认为城市空间结构是城市建成区内的土地功能分区结构，或是城市内部功能分化和各种活动所连成的土地利用的内在差异而形成的一种地域结构（郭鸿懋等，2002）。江曼琦则认为城市空间结构是城市功能组织在地域空间系列上的投影，表现了城市各种物质要素在空间范围内的分布特征和组合关系（江曼琦，2001）。

城市地理学对城市空间结构的认识也并不完全统一。武进强调城市内部存在不同的功能分区，它们相互组合共同构成整个城市的结构（武进，1990）。胡俊认为，城市空间结构是在特定地理条件下人类各种活动和自然因素相互作用的综合反映，是城市功能组织方式在空间的具体表征（胡俊，1995）。顾朝林认为，城市空间结构是从空间的角度来探索城市形态和城市相互作用网络在理性的组织原理下的表达方式（顾朝林等，2001）。柴彦威认为城市空间结构是各种人类活动与功能组织在城市地域上的空间投影，是城市地域内部各种空间的组合状态（柴彦威，2000）。朱喜钢将城市空间结构理解为城市物质要素在多种背景下所形成的城市功能组织方式及其内在机制相互作用所决定的空间布局特征（朱喜钢，2002）。冯健认为，城市内部空间结构就是作为城市主体的人，以及人所从事的经济、社会活动在空间上表现出的格局和差异（冯健，2004）。

综合国内外学者对城市空间结构概念的界定，大体呈现出了建筑空间、功能空间以及社会空间三种属性形态及其空间组合，这三种空间形态实际上可以总结为城市物质空间（物质要素占据的空间）与社会空间（社会群体生活居住的空间）的集合。因此，本书认为城市空间结构是指城市各个要素（包括各种物质要素与社会要素）的空间分布形式，同时包含了各要素的相互作用关系及其相互作用的内在机制。

（二）城市空间结构的内涵

1. 城市空间结构的构成

顾朝林认为城市空间结构具有五大构成要素，分别为节点、梯度、通道、网络、环与面（顾朝林，2000）。其中，节点为城市中不同功能的地块组成的实体空间；梯度是由于节点的存在而形成的城市核心向外缘的空间梯度；通道则是各个节点之间形成的能量疏散、流通的通道；节点与通道组成了城市空间的网络系统；环与面是由网络的边界构成不同的环，由环生长成各具特色的面。江曼琦从密度、布局、城市形态三个方面解释了城市空间结构的要素内涵，认为密度表现了城市内部不同地段土地利用的强度；布局是指城市地域的结构和层次；城市形态则是指城市空间结构的整体形式，是城市空间布局和密度相互影响、相互作用而引起的城市形状和外观的表现（江曼琦，2001）。

通过对城市空间结构概念的解析和前人已有研究成果的描述，本书认为，城市空间结构的构成应包括五个方面的内容：①活动元素，指城市日常活动中的各种物质与非物质元素，如设施、机构、社会群体、经济活动等；②组织元素，指城市各种活动元素的组织规则，如土地利用、功能分区等；③机制元素，指各种活动元素得以组织和运行的影响机制，如经济运行方式、政府行为等；④形态元素，指城市活动元素在各种组织规则和运行机制影响下反映出的点、线、面等形态特征的空间组合；⑤时序元素，城市空间结构具有从初级到高级、从简单到复杂的历史演化特征。

2. 城市空间结构的特征

城市空间结构的内涵特征丰富，主要反映在城市空间结构具有的系统性、开放性、动态性和复杂性几个方面。

①系统性

城市空间结构具有系统性的特征，主要表现在城市空间结构的各组成要素是城市发展不可或缺的重要组成部分，各组成要素通过一定规则形成一个完整的系统，支撑着城市发展的基本和非基本活动。从系统论角度来看，城市空间结构是城市中的多种要素在空间上的组合方式及其内在的相互作用机制。同时，城市空间结构还包括若干子系统，如城市的人口空间结构、经济空间结构、社会空间结构、文化空间结构等。

②开放性

贝里（Berry）曾将城市地理学的研究内容定义为"城市体系研究"和"作为体系中的城市的研究"（Berry，1964），这一定义反映了城市与区域之间是不能相互脱离的，彼此有着能量的输出与交换。同样，城市空间结构也不是封闭的，它在影响区域的同时，也受区域的制约作用。随着城市规模的不断扩大，城市区域与区域城市的概念已经出现，城市与区域的"边界"日渐模糊，承载城市空间结构的地域范围被不断扩大，都市区、郊区化、多核心等空间结构形态的出现不断地反映出城市空间结构开放性的特征。

③动态性

生产力在不断发展，人类社会在不断进步，其生活的场所也由原始的村庄聚落发展到今天的国际大都市。城市始终处于一个动态发展的变化过程，同样，城市空间结构也具有动态性的特征。城市空间结构的变化是一个由简单到复杂、由低级到高级的动态变化过程，从单核心到双核心再到多核心，从老城区到新城区（开发区）再到都市区，受多种要素影响，城市空间结构与形态始终处于不断发展与变化的过程。

④复杂性

由于城市空间结构的组成要素多样，且各要素之间的相互作用关系复杂多变，因此，城市空间结构还具有复杂性的特征。同时，随着城市的不断发展演化，城市空间结构也呈现出多样化的特征，受市场化、全球化等因素的影响，城市空间结构演变的动力机制日趋复杂，人口、经济、社会、文化等多种因素不断作用于城市空间结构，城市空间也是在复杂多变的各要素综合影响下处于不断地重构的过程。

3. 城市空间结构的影响因素

国内外城市空间发展实践表明，经济因素、社会因素、技术因素和制度因素是城市空间结构变化的主要影响因素。

经济因素突出表现在对城市经济功能变化的影响上。如我国城市近年来出现的"退二进三"的变化趋势，促使功能空间表现出城市中心CBD的形成，外围依托工业项目的城市蔓延，城市空间规模不断扩大，城市边缘开发区成为城市中最活跃的空间地域。社会因素主要反映在人口和社会阶层的变化对城市空间结构的影响方面。城市人口增长、人口结构、家庭结构等通过对住房和相关设施布局的影响，进而对城市空间结构变化产生影响。技术因素对城市空间结构影响较大，突出反映在交通和通信工具的变革所产生的效应上。交通方式的不同，城市居民的出行时间和能力也不同，因此，从距离上对城市空间结构的变化产生了不同程度的制约。北美的城市发展历史表明，现代城市空间结构的形成在很大程度上是交通和通信水平提高的结果（Glaab A，Brown T，1967）。制度因素对城市空间结构的影响往往通过土地制度来发挥作用。西方国家的城市受市场因素的影响，通过地租、地价反映城市空间结构的形态变化。我国计划经济时期的经济制度对城市空间结构影响则表现为土地的功能分区、单位制空间等。改革开放后，我国的住房制度改革、城市土地有偿使用制度等都对城市空间结构变化产生了重要影响。

4. 城市空间结构演变的动力机制

西方国家不同的理论对城市空间结构变化的动力机制有着不同的解释，包括来自经济学、社会学、文化－政治学以及政治经济学等学科的解释。从我国城市空间结构变化的实证研究来看，不同学者对我国城市空间结构变化的动力机制进行了深入分析。张庭伟指出城市空间结构的形成和变化是城市内部、外部各种社会力量相互作用的物质空间反映。他将影响城市的社会力量总结为"政府力""市场力""社区力"，并构建了三种力量相互作用下形成的三个模型，分别为合力模型、覆盖模型和综合模型（张庭伟，2001）。

石崧总结了城市空间结构演变的动力机制，认为动力主体是政府、城市经济组织和居民，城市空间结构在自组织与被组织的过程中受到多种力量的作用，最终的结构形态是多力平衡的结果（石崧，2004）。付磊通过上海市的实证研究指出，城市经济空间结构、社会空间结构和制度空间结构的交互作用过程构成了城市空间发展和结构演变的综合机制，亦即城市空间结构演化是在全球化和市场化进程中由制度转型推动的社会结构和经济结构重组，以及结构体系之间的互动作用，通过各类经济组织、城市居民和各级政府的互动行为机制而实现的空间化过程（付磊，2008）。

二 城市空间结构研究的发展演变

(一) 西方城市空间结构研究阶段进展

西方城市空间结构研究与人文地理学哲学思潮的发展及相关学派的产生与发展密不可分。随着城市空间结构的演变，不同时期的研究成果形成了反映不同时代背景与特征的典型代表。概括起来，大致可划分为四个主要阶段。

1. 思想形成阶段（20 世纪初至 20 世纪 30 年代初）

该阶段主要是各种城市空间结构思想的出现与形成时期，特别是工业革命以后，城市的急速发展引发了许多社会问题，为了解决这些问题，一些学者创造性地提出了不同的城市空间结构与形态模式。如空想社会主义者欧文（Owen）、傅立叶（Fourier）提出的"合作新村"的市镇模式，马塔（Mata）的"带型城市"，霍华德（Howard）的"田园城市"，戛涅（Garnier）的"工业城市"，赖特（Wright）的"广亩城市"，柯布西埃（Corbusier）的"光辉城市"，沙里宁（Sarinen）的"有机疏散"理念等，这些理念对城市空间的布局与形态模式产生了重要影响，成为后期城市空间结构理论形成的启蒙思想。

2. 理论萌芽阶段（20 世纪 20 年代中至 20 世纪 40 年代末）

该阶段城市研究的生态学派兴起，以帕克（Park）为首的芝加哥学派从城市社会生态学的视角对城市空间结构进行了研究，标志着城市空间结构系统研究的开始。后期学者伯吉斯（Buregess）、霍伊特（Hoyt）、哈里斯（Harros）、厄尔曼（Ulman）等人基于城市土地利用提出了同心圆、扇形和多核心三大古典模型，曼（Mann）、埃里克森（Ericksen）等在他们的基础上对三大古典模型进行了修正，提出了同心圆加扇形的空间结构综合模式以及折中理论。同时，城市社会地理研究也开始成为热点，史域奇（Shevky）、贝尔（Bell）、莫迪（Murdie）等从人的经济地位、家庭类型、种族背景三个维度提出了城市生态结构理想模型，成为城市社会空间结构的理论基础。

3. 计量化、模型化阶段（20 世纪 50 年代初至 20 世纪 60 年代末）

受地理学"计量革命"影响，该时期城市空间结构研究大量应用实证主义、计量方法和数学模型，对城市结构与形态的研究也从单纯的定性描述转向定量分析，同时，更加强调区位和空间的分析。典型代表是新古典主义学派对城市经济空间、土地利用、居住区位模型等的研究，如阿隆索（Alonso）用新古典主义经济理论解析了区位、地租和城市土地利用之间的关系，先后出现了米尔斯（Mills）的密度梯度模型、贝鲁克纳（Brueckner）的城市经济理论模型以及克拉克（Clark）的人口空间分布模型等。另外，艾伦（Allen）的自组织模型、齐门（Zeeman）的形态发生学数学模型，以及弗洛斯特（Forrester）的城市演变的生命周期理论也都是该时期的代表性成果。

4. 多元化理论研究阶段（20 世纪 70 年代初至今）

这一时期，行为主义、人文主义、马克思主义、新韦伯主义、结构主义、后现代主义、女性主义、新自由主义等各种人文地理学研究思想不断涌现，城市空间结构呈现出多元化发展趋势。人口分布的多核心模型、郊区化与城市蔓延、行为空间与意向空间、信息化与网络空间、社会空间分异与极化、性别与社会空间、后现代空间等研究不断兴起，城市空间结构研究领域不断拓宽，研究内容日益深化，城市空间结构研究的理论体系日趋成熟与完善。

（二）我国城市空间结构研究阶段演化

与西方国家相比，我国城市空间结构的研究起步相对较晚。20 世纪 80 年代之前，主要是对西方理论方法的引进和介绍，城市空间结构的研究成果也极少，真正意义上的研究主要开始于 80 年代以后。概括起来，大致可划分为三个阶段。

1. 成果介绍阶段（20 世纪 80 年代末以前）

20 世纪 80 年代末之前主要是对西方成果的介绍与引入，我国城市空间结构的研究成果相对较少。主要成果如虞蔚的"城市社会空间的研究与规划"（1986）、李小建的"西方社会地理学中的社会空间"（1987）、沈玉麟的《外国城市建设史》（1989）、崔功豪的"中国城市边缘区空间结构特征及发展"（1990）、陶松龄的"城市问题与城市结构"（1990）、李永文译的"社会空间的研究方法"（1993）等。另外，值得一提的是，许学强系统地运用因子生态分析方法对广州城市社会空间结构模型进行了实证研究，开辟了我国城市社会空间结构研究的先河（许学强等，1989）。

2. 研究起步阶段（20世纪90年代初至20世纪90年代末）

在充分借鉴国外城市空间结构研究基础上，20世纪90年代初，国内学术界对城市空间结构的研究逐渐形成许多"内生"成果。主要是基于我国国情，对城市空间结构开展了广泛的研究。研究内容包括城市人口的空间分布、大城市用地扩展与郊区化、城市空间结构动力机制、大城市空间形态、城市商业空间结构等。与此同时，城市社会空间结构研究取得了一定进展，主要是借鉴西方城市社会空间分析方法，对我国城市社会空间结构进行描述性研究。

3. 蓬勃发展阶段（21世纪初至今）

2000年以来，我国城市空间结构研究进入蓬勃发展阶段，研究成果不断丰富、研究热点不断出现。主要表现在城市社会空间的研究逐渐成为新的热点领域，研究内容集中在社会空间分化、居住空间分异、住房空间结构、城市贫困空间等方面。同时，城市经济空间结构研究也逐渐丰富，出现了一些新的热点，如创意产业空间、CBD功能与空间结构、信息时代的城市经济空间、高新技术产业与城市空间结构等。总体来看，围绕城市空间结构的研究内容不断细化，研究成果不断丰富。

三　城市空间结构研究的理论视角

综观国内外城市空间结构研究的内容体系，可以发现，城市空间结构的理论研究视角主要集中在人口与城市空间结构、城市物质空间结构（侧重于土地利用空间和产业功能空间）和城市社会空间结构三个方面。

（一）人口与城市空间结构

1. 西方理论研究进展

西方学者对人口与城市空间结构问题的研究主要集中在城市内部的人口迁居与人口的空间分布上。围绕这两个方面形成了许多理论模型，如人口迁居原因模型、人口密度距离衰减模式等。

①城市人口迁居

人口迁居在西方城市研究中占有重要地位，主要是源于人口的迁居会导致城市空间结构的变化，如由于城市内部人口的迁移所发生的郊区化、逆城市化、绅士化等过程。周春山、许学强系统总结了西方国家城市人口迁居的研究进展，并划分了三个阶段，第一阶段为20世纪60年代中期以前，该阶段形成了城市人口迁居的入侵演替理论、过滤理论、家庭生命周期理论和互补理论；第二阶段为 20 世纪 60 年代中期至 70 年代中期，该阶段主要集中在运用空间分析、数量模型、行为分析等方法对城市人口迁居的研究；第三阶段为 20 世纪 70 年代中期至现在，该阶段对西方绅士化等现象进行了介绍（周春山，许学强，1996）。

从研究内容来看，西方学者主要集中在对城市居民迁居的类型、主体、原因、决策行为、目的地及空间方向等方面。罗西（Rossi）提出了家庭生命周期理论，通过对不同阶段家庭人口变化与迁居的关系进行分析，认为一个人一生中可能发生 5 次迁居（成长、离开家庭、结婚、有孩子、年老）（Rossi，1955）。阿贝努胡德（Abu - Lughood）和费利（Foley）创建了将住宅位置与住户在家庭生命周期中所处的阶段相联系的模式，并在构建模式的运动原因上，结合了人的成长过程和迁居（Johnston，1969）。贝尔（Bell）从家庭生活方式角度对迁居进行了分析，他认为不同家庭类型具有不同类型的迁居动机，他划分出了家庭型、事业型、享受型、社区型 4 种家庭类型，不同的家庭类型会因为不同的需求而做出不同的迁居决策（蔡莉，许美林，2005）。摩尔（Moore）研究了迁居者的决策行为，认为迁居行为源于内部的生命周期和生活方式的变化，外部则来源于住宅和邻里等居住环境的变化（Moore，1971）。

克拉克对迁居原因进行了分类，提出了相对综合的迁居原因模型（如图 2 - 1）。他将迁居的原因分为自发型和强制型两大类，前者是指为了改善居住环境、适应生活方式等方面的变化而主动迁居；后者则是指住房破坏、住房被占、离婚、家庭等原因引起的被动迁居（Clark，1983）。戈利奇和斯蒂森（Golledge & Stinson）提出了居民迁居的"价值期望"模型（如图 2 - 2），该模型认为个体和家庭的特征、社会和文化规范、个人的特性、机会构成、信息五个因素是导致居民迁居的主要原因（Golledge & Stinson，1997）。

②城市人口分布

对城市人口空间分布的研究主要集中在人口郊区化过程和人口密度分布模型两个方面。霍尔（Hall）通过将城市演变划分为六个阶段来反映城市人口分布的变化过程，这六个阶段依次是流失中的集中、绝对集中、相对集中、相对分散、绝对分散、流失中的分散。前三个阶段以向心集聚为主，后三个阶段以离心分散为主。从相对分散阶段开始，郊区人口开始增

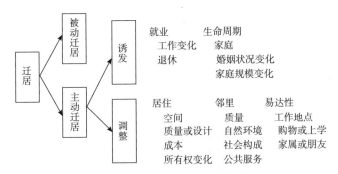

图 2 - 1　城市居民迁居的原因

资料来源：Clark & Onaka，1983。

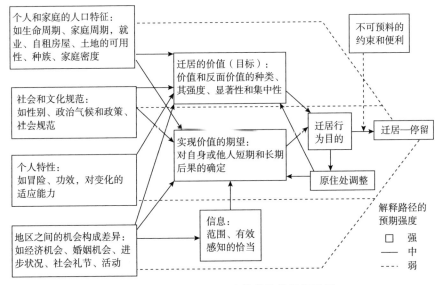

图 2 - 2　城市居民迁居决策的价值期望模型

资料来源：Golledge & Stinson，1997。

长，郊区化过程出现，至绝对分散阶段，郊区人口将超过中心城区人口。在最后一个阶段，都市区的人口大量外迁，一部分被郊区吸引，另一部分则向非都市区扩散转移，都市区的人口总量开始下降，标志着城市进入了逆城市化阶段（Hall，1984）。

从定量研究来看，围绕城市人口空间分布形成了许多理论模型，如单核心模型、多核心模型等。其中，最具代表性的是克拉克（Clark）于1951年提出的负指数函数，又称人口密度距离衰减模式，指出随着从市中心向外距离的增加，城市人口密度趋向于指数式衰减，即人口密度与距离之间是负幂指数关系，其数学表示式为：

$$D\ (x)\ = D_0 \exp\ [\ -\gamma x]\qquad\qquad (2-1)$$

式中：$D\ (x)$ 为距中心商业区 x 处的人口密度；D_0 为中心商业区的人口密度；x 为距中心商业区的距离；γ 为倾斜度，γ 越大表明随着距中心商业区距离的增加，人口密度下降得越快，反之亦然。在克拉克提出人口密度负指数模型后，支持克拉克模型的实证研究进入一个繁盛阶段。为了准确描述现实中的城市人口密度分布，众多学者又尝试了各种函数类型，如正态分布函数、线性函数、γ 函数、二次函数等。

2. 国内研究现状

国内学者对城市人口分布与空间结构的研究起步相对较晚。20 世纪 80 年代以后，陆续出版的人口地理学或人文地理学教材对此略有涉及，有的对方法论略有介绍。总体来看，我国学者对人口与城市空间结构的研究内容集中在以下几个方面。

①城市人口分布研究

中国城市人口分布的实证研究最早开始于广州，取得了较多的研究成果。郑静等利用 1990 年人口普查数据对人口构成的多个方面的空间形态进行了分析，发现广州城市人口空间分布极不均衡，并呈现出同心环型、阶梯型、中心型、对角型、随机分布型等多种空间形态，但对这些形态形成的机制分析不足（郑静，许学强，陈浩光，1994）。魏清泉、周春山总结了改革开放以来广州人口空间分布的趋势、特征和类型，并根据广州人口空间分布特征提出了相应的城市规划对策（魏清泉，周春山，1995）；随后，周春山、许学强进一步总结了广州人口空间分布的地域类型，认为广州市人口分布正从年轻阶段走向成熟阶段（周春山，许学强，1996）；罗彦、周春山又系统总结了 50 年来广州人口分布及其城市规划方案比对特征（罗彦，周春山，2006）。总体来看，广州人口分布的实证研究具有时间上的连续性、研究内容的丰富性等特征，同时又与城市规划紧密结合，在国内同类研究中具有较强的代表性。

②城市内部人口迁居研究

周春山、柴彦威、冯健等是国内城市内部人口迁居研究的主要代表学者。周春山总结了人口迁居理论，并对中国城市人口迁居特征、迁居原因和影响因素进行了分析，认为迁居者本身、社区因素、经济发展、人口政策、土地制度和住房政策是人口迁居主要影响因素（周春山，1996）。柴彦威、史中华等利用问卷调查法对天津、深圳等城市内部人口迁居的迁移方向、迁移距离、迁移类型等属性特征进行了总结，并提出了迁移原因及城市空间结构调整的主要对策（柴彦威，胡智勇，仵宗卿，2000；史中华，柴彦威，刘志林，2000）。冯健、周一星基于千份问卷调查结果对北京城市内部居民迁居空间特征进行了分析，指出单位福利分房和原居住地拆迁是居民迁居的主要原因（冯健，周一星，2004）。总体而言，国内城市内部人口迁居研究成果还较少，而已有成果往往集中于居民迁居属性特征的描述上，对迁居机理的研究还有待进一步深入。

③城市人口密度模型研究

近年，国内对城市人口密度模型的研究逐渐开展，王法辉、沈建法和王桂新等通过对北京、上海人口密度分布研究，认为人口分布基本符合负指数函数（Wang F H, Zhou Y X, 1999；沈建法，王桂新，2000）。陈彦光借助最大熵方法对克拉克模型进行了推导，并对其进行了验证分析（陈彦光，2000）。冯健、谢守红、吴文钰等根据克拉克模型对杭州、广州、上海等城市人口密度空间分布进行了模拟分析（冯健，周一星，2000；谢守红，宁越敏，2006；吴文钰，马西亚，2006）。吕安民、林飞娜等则基于遥感和 GIS 方法对城市人口密度空间分布开展了研究（吕安民等，2006；林飞娜，赵文吉，张萍，2008）。与国外相比，我国对这一领域的研究较为落后，当前研究主要集中在对相关模型的解释与验证上，实证研究与理论总结都十分薄弱。

④大城市人口郊区化研究

借助人口普查资料，结合城市人口分布及其变动规律，国内学者对北京、广州、上海、杭州、武汉、西安等大城市人口郊区化过程、模式、驱动机制及发展趋势等开展了广泛研究，普遍认为中国大城市已经进入以人口郊区化为代表的城市郊区化阶段，且这一趋势将进一步加强。可以预见，随着我国城市规模的不断扩大和郊区化特征的凸显，大城市人口郊区化领域的研究将进一步深化。

（二）城市物质空间结构

1. 西方主要理论及研究进展

西方城市的物质空间结构研究早期反映在城市的静态结构形态中，往往强调以宗祠、王府、市场等为核心的空间结构布局以及规整化、理想化的静态结构形态。公元前 5 世纪的古希腊建筑师希波丹姆（Hippodamus）强调构筑棋盘式的道路网为城市空间骨架。公元前 1 世纪古罗马维特鲁威（Vitruvius）在《建筑十书》中设想了蛛网式八角形的城市结构模式。

工业革命后，城市的快速发展引发了许多问题的出现，为了解决这些问题，许多学者提出了具有创造性的城市结构与形态模式。19 世纪的空想社会主义者欧文（Owen）、傅立叶（Fourier）提出了"乌托邦""法郎吉""合作新村"等理想的城市空间组织方案。1919 年，英国的霍华德（Howard）提出建设"田园城市"的空间结构形态。1931 年，法国学者柯布西埃（Corbusier）提出了提高城市空间密度的"光辉城市"思想。1932 年美国的赖特（Wright）则提出了完全相反的、分散的、低密度的城市空间形态模式，即"广亩城市"思想。另外，马塔（Mata）的带形城市、戛涅（Gamier）的工业城市、沙里宁（Sarinen）的有机疏散理论等都是这一时期提出的典型的城市空间结构形态模式。

第二次世界大战后，城市物质空间结构形态的研究从定性描述逐渐转向定量分析，该时期的新古典主义学派、行为学派、空间学派等从不同视角对城市空间结构开展了研究。其中，运用新古典经济理论解析区位、地租和土地利用之间关系的竞标地价理论是最具代表性的理论。阿隆索（Alonso）在《区位与土地利用》一书中提出了地租竞价曲线（bid - rent curves）（如图 2 - 3），他认为，每一种土地利用类型（商业用地、工业用地、居住用地）都应该有一种竞标地租曲线，反映他们预备为距中心商务区距离不同的地点支付的价格，商业用地、工业用地和居住用地的竞标曲线依次平缓，其地租价格随距市中心距离的远近也依次下降，且下降趋势依次趋缓（Alonso，1964）。另外，米尔斯（Mills）和贝鲁克纳（Brueckner）运用数学方法在阿隆索的基础上也提出了相应的城市结构模型（Mills，1972；Brueckner，1978）。

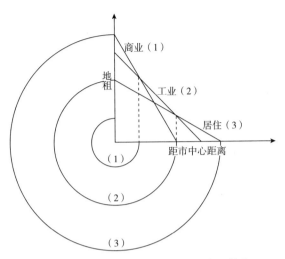

图 2 – 3　阿隆索的城市土地竞标地租模式

资料来源：Alonso，1964。

20 世纪 60 年代，部分学者从城市空间的物质属性角度对城市空间及其形态演化进行了分析。琼斯（Jones）根据建筑年代、使用功能、建筑形式等建筑物的特征，对城市物质环境进行了类型划分，并在空间上总结出了城市风貌的地域分布模式（Jones，1958）。康泽（Conzen）曾提出"边缘带"（fringe belt）和"定位线"（fixation line）的概念，他认为"定位线"是城市物质空间发展的障碍，如自然因素（河流）、人工因素（铁路、高速公路）和无形因素（土地产权）。一定时期内，城市物质空间的扩展将会受到上述条件的制约与束缚，但最终会打破这些界线，产生新的城市边缘带，直至遇到新的定位线，城市物质空间的布局模式就是在这种相互影响与制约的过程中形成的（Conzen，1960）。斯麦思（Smailes）通过进一步研究发现，城市物质形态的演变是一种双重过程，包括向外扩张和内部重组，分别以"增生"和"替代"的方式形成新的城市形态结构，而替代过程往往既是物质性的又是功能性的，特别是在城市核心地区（Smailes，1966）。

进入 20 世纪 90 年代以后，区域化、全球化、信息化、网络化等对城市物质空间结构的影响成为西方城市研究关注的重点领域。该时期出现的新城市主义（new urbanism）、精明增长（smart growth）、紧凑城市（compact city）、多中心城市（polycentricity）、信息城市（information city）、比特之城（city of bits）、网络城市（network city）等反映了新时期、新背景、新因素对城市空间结构的影响，同时，在各种因素影响下也形成了新的城市空间结构与形态模式。卡斯特（Castells）出版的《信息城市》（The Information City）和《网络社会的崛起》（The Rise of the Network Society）是该时期的典型研究成果，他将都市形式的最新演变描述为由传统的城市空间组织——"地方空间"（space of place）向新空间逻辑下的"流动空间"（space of flows）的转变（Castells，1989；曼纽尔·卡斯特，2001）。

2. 我国研究发展现状

我国城市物质空间结构真正意义上的研究开始于 20 世纪 80 年代以后，研究内容集中在我国古代城市空间结构的形成、发展与演化等，主要代表性成果有董鉴泓的《中国城市建设史》（1982）、叶骁军的《中国都城发展史》（1987）、俞伟超的《中国古代都城规划的发展阶段性》（1985）等。进入 20 世纪 90 年代，学术界对我国城市空间结构的形态、特征和演化机制进行了系统研究，包括武进的《中国城市形态：结构、特征及其演变》（1990）、胡俊的《中国城市：模式与演进》（1994）等。2000 年以后，我国学者对城市空间结构的研究成果更加丰富，研究视角更为广阔，多学科综合性特征更加突出，研究手段与方法更加多样化。这一时期代表性成果主要有顾朝林的《集聚与扩散——城市空间结构新论》（2000）、江曼琦的《城市空间结构优化的经济分析》（2001）、柴彦威的《中国城市的时空间结构》（2002）、朱喜钢的《城市空间集中与分散论》（2002）、黄亚平的《城市空间理论与空间分析》（2002）、冯健的《转型期中国城市内部空间重构》（2004）、周春山的《城市空间结构与形态》（2007）等。

从我国城市物质空间结构研究的主要内容来看，主要集中在城市物质环境的质量评价、城市土地利用与空间形态、城市空间结构的演变规律、城市的产业空间结构与商业空间结构等。

①城市物质环境的质量评价

汪和建、梁伟对城市物质环境的质量评价开展了研究。汪和建对城市物质环境进行了概念和类型的界定，同时分析了影响城市物质环境质量的主要因素，包括城市经济发展方式、城市人口水平和人口流动、城市区位、城市主体行为，并建立了城市物质环境质量评价的指标体系（汪和建，1994）。梁伟考察了城乡物质环境建设，并主要针对农村物质环境进行了量化研究（梁伟，1998）。吴启焰借鉴西方建造环境供给结构观点，对南京市及我国其他城市都市景观演化进行了评价与实证分析（吴启焰等，2001）。

②城市土地利用与空间形态

崔功豪以南京为例，探讨了中国城市边缘区的发展过程、社会经济特征、用地形态和空间结构等（崔功豪，武进，1990）。顾朝林等研究了中国大城市边缘区的特性，对大城市边缘区的经济功能、经济特征以及城市边缘区土地利用特征和地域空间结构进行了细致探讨（顾朝林等，1995）。史培军等利用遥感图像研究了深圳市土地利用变化的空间过程，认为经济特区的开放政策、城镇人口的增长、外资大量涌入以及以房产为主的第三产业的快速发展是深圳土地利用变化的驱动力（史培军，陈晋，潘耀忠，2000）。刘盛和等采用 GIS 的空间分析技术，对北京城市土地利用扩展的时空过程进行了空间聚类和历史形态分析，揭示了城市土地利用扩展的空间分异规律及时空迁移模式（刘盛和等，2000；刘盛和，2002）。

③城市空间结构的演变规律

杨荣南从经济发展、自然地理环境、交通建设、政策与规划控制、居民生活需求等诸多因素的影响分析了城市空间扩展的动力机制（杨荣南，张雪莲，1997）。张庭伟认为城市空间结构演变动力为政府力、市场力和社区力（张庭伟，2001）。石崧则从行为主体、组织过程、作用力、约束条件等多层次逐步深入探讨了城市空间结构的动力机制（石崧，2004）。顾朝林等提出城市空间演化一般遵循地域分异规律、空间渐进推移规律、空间填充规律、城市－区域空间演化规律四项规律（顾朝林等，2000）。赵荣从城市规模、行政职能区、城市经济职能、居住区四个方面总结了唐代以来西安城市空间结构演化的主要特点（赵荣，1998）。黎夏等利用 CA 模型模拟了珠江三角洲地区的城市空间发展布局（黎夏等，2002）。赵燕菁总结了过去二十年深圳城市空间结构演化规律（赵燕菁，2004）。

④城市产业空间结构研究

张晓平，刘卫东等基于我国大城市开发区发展状态，提出了开发区与城市空间结构演进的基本类型，包括双核结构、连片带状结构、多极触角结构等，并指出开发区与城市空间结构的演进主要是由跨国公司主导的外部作用力、城市与乡村的扩散力和开发区的集聚力共同作用的结果（张晓平，刘卫东，2003）。阎小培、姚一民等围绕第三产业、信息产业对广州城市发展的影响、城市地域结构的类型及其变化、办公活动的时空差异等开展了大量的实证研究（阎小培，姚一民，1997；阎小培，1999）。娄晓黎等对长春市产业空间结构进行了实证研究，提出了城市功能分区与产业空间结构的基本框架（娄晓黎，谢景武，王士君，2004）。

⑤城市商业空间结构

徐放研究了北京的商业服务地理，对北京商业服务进行分类，对商业服务中心进行分级，并探讨了影响商业中心区位的因素（徐放，1984）。宁越敏围绕商业中心的范围、分类、等级体系、影响因素等几个方面，探讨了上海市区商业中心的区位问题（宁越敏，1984）。高松凡回顾了北京市场发展变迁的历史过程，对市场空间结构演变及影响因素等进行了分析（高松凡，1989）。李振泉等研究了长春市的商业地域结构（李振泉，李诚固，1989）。杨吾扬对北京零售商业和服务业的形成机制和空间结构进行了研究，并对未来北京商服中心和副中心进行了预测（杨吾扬，1994）。仵宗卿（2000）对北京市商业活动的空间结构进行了分析，总结了北京市商业活动的地域结构和商业中心的空间结构（仵宗卿，2000）。阎小培等研究了广州 CBD 功能特征与空间结构，探讨了中国特大城市 CBD 功能与结构演变的一般规律（阎小培等，2000）。

（三）城市社会空间结构

1. 西方城市社会空间结构研究进展

社会空间一词作为专门术语，最早是在 19 世纪末期由法国学者迪尔凯姆（Durkheim）提出来的。根据李小建的总结，西方社会地理学中的社会空间具有不同视角的概念内涵，主要包括作为群体居住区域的社会空间、作为人类活动产物的社会空间、作为个人行为和网络组织产物的社会空间、作为地区空间的社会空间以及作为文化标志的社会空间（李小建，1987）。无论哪种解释，毫无疑问的是社会空间自 20 世纪初就已经成为西方城市研究中的重点领域，城市社会空间结构则是西方城市社会地理学研究的主要内容。

西方城市社会空间结构研究成果丰富，形成了基于多个学派的研究体系。早期成果集中体现在芝加哥人类生态学派的研究，后期，结构学派、行为学派、马克思主义学派、新韦伯主义学派等不断出现，研究内容进一步深化、研究的方法手段更加多样。20 世纪 70 年代以来，受人本主义、结构主义等思潮和激进马克思主义的影响，西方城市社会空间的研究内容进一步分化和细化，研究内容反映在社会极化、居住空间分异、种族隔离与集聚、行为与感知空间等多个方面。近年来，在全球化和"后福特主义"背景下，当前国外城市社会空间研究主要侧重于研究全球化和"后福特主义"对城市社会空间的影响及城市社会空间的转变（Izhak Schnell，2005）；对产业转变在城市社会空间形成中所扮演的作用与概念模型的研究（Coiacetto E，2007）；研究"绅士化"（Gentrification）对城市社区和邻里重组的影响（Loretta Lees，2000；Walks，R. A，2008）；对城市"防卫社区"及其与相近邻里关系的研究（Coy M，2006；Manzi T，2005）；对女性、移民、单亲家庭等城市特定人群的社会空间分异研究（Sundstrom R，2001；Katleen Peleman，2005；Mona Domosh，1995）；对东欧及俄罗斯"后社会主义城市"（post - socialist cities）社会空间结构的研究（Sykora，1999；Thomas att，2001）等。

从研究方法与手段来看，较为常用的主要包括三种，第一种是社会区（Social Area Analysis）的方法，通过人口普查资料抽取影响城市社会空间结构变化的主因子，代表人物是史域奇和贝尔（Shevky & Bell）；第二种是从人的行为出发，通过对人的日常生活行为的分析来研究城市社会空间结构的变化特征，代表人物是瑞典地理学家哈格斯特朗（Hagerstrand）创立的时间地理学方法体系；第三种是借鉴心理学等理论方法对城市不同群体的心理认知进行描绘，并站在被研究群体视角看待问题，即从"局外人"角色转向"局内人"，借此探寻城市社会空间结构的发展演变规律（Herbert S，2000；Rankin K N，2003；姚华松，薛德升，许学强，2007）。

综观西方城市社会空间结构研究发展历程，影响最为深远的主要还是社会区的分析，这种研究已经成为城市社会空间结构研究的一种范式，是解释与描述城市社会空间结构最重要的研究手段。最早研究城市社会区的是美国社会学家史域奇（Shevky E）、威廉斯（Williams M）和贝尔（Bell W），他们在 20 世纪 40 年代末和 50 年代初利用洛杉矶和旧金山的城市人口普查数据中的职业、受教育程度、生育率、女性从业人口、年轻无子女家庭、住房类型、黑人/其他人种/外来白种人数量等人口属性数据，采用因子分析方法归纳出社会经济状况、家庭状况和种族状况，这些状况是上述两城市社会空间分异的主要因子，进而通过聚类分析方法划分不同城市社会区，分析城市社会空间结构的分布特征（Shevky，1949；Bell，1955）。同时，他们总结了城市社会的三种趋向，即社会经济关系的深度和广度变化、功能分化和社会组织复杂化，以及不同的社会区因素形成不同的社会空间类型：社会经济状况的空间分异呈扇形；家庭状况多体现为同心环结构；种族状况一般呈分散的群组分布。这三种社会空间类型叠加在一起，就是现实中的综合的城市社会空间，它们表现出高度的差异性和异质性特征（许学强，周一星，宁越敏，1997）。在史域奇（Shevky）与贝尔（Bell）之后，城市社会空间结构研究进入了实证积累阶段，基于社会区分析的城市社会空间结构研究大量开展，实证案例涉及北美和欧洲各主要城市。

2. 中国城市社会空间结构研究进展

长期以来，工业化、城市化一直是中国城市发展的主要目标，在此目标导向下，城市物质环境建设、功能设施更新、土地利用布局、产业空间集聚得以被重视。国内学者对城市空间结构的研究也主要集中在城市建设的物质层面，社会空间长期被忽视，对社会空间的理论与实证研究相对滞后。近年来，随着我国社会经济的快速转型和社会阶层分化、贫富差距扩大、城市住房矛盾等社会问题的层出不穷，城市社会空间研究得以兴起，并迅速成为城市地理研究的热点领域。

①研究阶段进展

中国城市社会空间的研究历程大致可划分为三个阶段，1980～1990年的研究兴起阶段；1990～2000年的研究发展阶段；2000年以来的研究丰富阶段。

1980～1990年的研究兴起阶段。该阶段主要以引进西方城市社会地理学的理论与方法为主，李筑、虞蔚、李小建等是较早对西方城市社会空间研究进行探讨的代表人物。在阐释西方城市社会空间理论同时，借鉴因子生态分析方法，部分学者对我国广州等城市开展了实证研究。该阶段研究成果较少，且主要偏重于对国外城市社会空间理论的介绍，但此阶段研究意义重大，它正式揭开了中国城市社会空间研究的序幕。

1990～2000年的研究发展阶段。该阶段我国城市社会空间研究获得较快发展，研究内容更加广泛，人口空间结构、社会分化与极化、社会空间结构、行为空间、城市环境质量等都有所涉及；因子生态分析法、问卷调查法、统计分析方法、行为分析方法等在研究中都得到应用。实证研究地域也进一步拓展，以北京、上海、广州等城市为例开展了广泛研究。该阶段是我国城市地理学快速发展时期，借助学科发展机遇，城市社会地理实现快速发展；另外，我国城市中逐渐突出的社会问题也成为促进城市社会空间研究发展的主要因素。

2000年以来的研究丰富阶段。2000年以后，我国城市社会空间研究进入迅猛发展阶段，研究内容不断深化，研究成果日趋丰富。其深层原因在于社会经济发展进入全面转型，长期积累的社会矛盾与社会问题在此阶段逐渐显露，如社会极化、城市住房、农民工流动、居住分异、城市贫困等为我国城市社会空间研究提供了丰富的素材，第五次人口普查数据的更新为城市社会空间研究提供了有效的数据支撑。居住与就业空间、生活环境质量、行为空间、意向空间以及其他不同视角下的社会空间研究得以广泛开展；研究方法与手段也更趋多元化，传统的因子生态分析方法、半结构式访谈法、GIS的空间叠加分析法等得到广泛应用；实证研究成果不断涌现，对北京、广州、上海、深圳、南京、西安、天津、长春等大城市的社会空间研究持续开展。中国城市社会空间的研究真正进入了丰富多彩的阶段。

②社会空间结构研究视角与内容

虞蔚是国内最早对社会空间开展研究的学者之一。他在介绍西方城市社会空间规律和研究方法的基础上，定性分析了上海社会空间特点、形成条件及其与社会空间规划的关系（虞蔚，1986）。从此以后，国内学者采用因子生态分析法、问卷调查法、质性研究和深度访谈法等对国内主要大城市开展了大量实证研究，内容则主要集中在社会区分析、社会空间特征、社会空间结构影响因素、社会空间结构演变、社会空间结构形成机制及社会空间治理等方面，形成了较为丰富的研究成果。通过总结可以发现，我国城市社会空间结构的研究主要基于两个视角，一方面是基于因子生态分析的社会空间宏观结构解析；另一方面是基于微观视角的社会空间实证研究。

基于因子生态分析的城市社会空间结构研究。因子生态分析引入国内城市地理学后，已经成为我国城市社会空间结构研究的主要手段，而大量、丰富的人口普查数据为其方法应用的实现提供了数据来源，可以说，基于因子生态分析的社会空间结构研究已经成为中国城市社会地理研究的一种范式，在此框架下，大量实证研究成果不断涌现（许学强，胡华颖，叶嘉安，1989；郑静，许学强，陈浩光，1995；顾朝林，王法辉，刘贵利，2003；冯健，周一星，2003；吴骏莲等，2005；周春山，刘洋，朱红，2006；李志刚，吴缚龙，2006；徐旳等，2009）。这些学者主要对广州、北京、上海、南京等大城市社会空间结构进行了研究，其研究思路主要是基于因子生态分析法得出社会区类型，根据社会区空间分布，概括提出社会空间结构模型，这类研究大多集中在对社会空间结构状态的描述与解释，部分学者也已经开始注意到了对其形成机理的深度研究。

基于微观视角的城市社会空间结构研究。基于微观视角的城市社会空间结构研究主要表现在两个方面，一方面，研究尺度的微观，研究地域范围不再以整个城市为对象，而是选择在城市中的某个功能区域或城市社区。如李志刚等选取了上海三个典型社区进行了实证分析，探讨了上海社会空间分异在微观空间层次上的现状、特征和主要机制（李志刚，吴缚龙，高向东，2007）。冯健则对中关村高校周边居住区社会空间特征及其形成机制进行了分析（冯健，王永海，2008）。由于微观层次数据较难获取，这类研究侧重于采用问卷调查或访谈的方法进行分析，研究内容更加具体和细化，达到了从微观视角透视城市社会空间结构演变规律的研究目的。

另一方面，体现在研究群体的微观层面，不以整个城市社会群体为研究对象，而是对城市社会群体进行细分，研究某一特定群体的社会空间结构。如李志刚等对广州黑人聚居区社会空间的特征和形成原因的分析（李志刚等，2008）；袁媛对广州户籍贫困人口社会空间结构及分异机制的研究（袁媛，薛德升，许学强，2008）；魏立华、王桂新等利用区位商的分析方法对广州、上海的从业人员社会空间的研究（魏立华等，王桂新，魏星，2007）；以及付磊对上海市外来人口社会空间结构演化特征与机制的研究（付磊，唐子来，2008）。这些研究对象都是细化了的城市社会群体，有助于从能动者层面认识城市社会空间结构的变化规律。

我国城市社会空间研究还存在一些不足，主要表现为：第一，目前大量研究成果集中于城市社会区的划分与特征分析，虽然部分研究涉及形成机制分析，但研究不够深入，并没有上升到理论层面上；第二，研究以静态分析为主，基于特定时段的社会空间研究成果较多，缺少动态分析；第三，研究案例主要限于上海、广州、北京、南京等少数城市，缺乏对其他地区城市社会空间研究和不同城市社会空间的比较研究，这不利于对我国城市社会空间的整体认识；第四，理论方法的创新与中国模式的综合研究成果较少（周春山，2006），缺乏对我国城市社会空间的形成机理与成长模式的理论研究。理论的匮乏使学术界对我国城市社会空间诸多问题的解决显得"力不从心"，但国内学者已经意识到我国城市社会空间研究正在从结构描述向机制解释的转变（魏立华，2005）。

第二节　物质与社会空间相互作用关系研究

一　国外研究进展

（一）城市物质环境与社会空间的辩证关系研究

索加（Soja）、诺克斯（Knox）等人是较早涉猎城市物质与社会空间关系的学者，索加提出了社会空间辩证法（socio - spatial dialectic）的概念，是较直接地研究城市物质与社会空间关系的早期成果。索加认为人们创造了城市空间，同时又作用于城市空间，并尽其所能地改变和调整环境，使之满足他们的需要并体现他们的价值。同时，人类自身又逐渐适应了自然环境和周围的人。他将此解释为城市发展存在一个连续的双向过程，即人们在创造和改变城市空间的同时又被他们所居住和工作的空间以各种方式控制着（Soja，1980）。诺克斯指出了城市空间与社会环境的关系。认为邻里和社区被创造、维系和改造，同时，居民的价值、态度和行为也被其周围的环境以及人的价值、态度和行为所影响。而方兴未艾的城市化进程构成了变化的背景，在此过程中，经济、人口、社会和文化力量在城市空间中不断地相互作用（Knox，2000）。

迪尔（Dear）和沃尔奇（Wolch）的观点有助于进一步认识社会空间辩证法，他们提出了社会空间辩证法的三个基本特征：①社会关系中的事件是通过空间而形成的，就像位置特征影响居住地布局一样；②社会关系中的事件受到空间的限制，如由于废弃的建筑环境所产生的惯性，或者物质环境便利或阻碍人们行动的程度；③社会关系中的事件受空间调解，就像"距离摩擦"的普遍作用促使包括日常生活方式在内的各种社会活动的发展（Dear & Wolch，1989）。

（二）城市社会结构与资本主义空间生产的互动关系研究

列斐伏尔（Lefebvre）、哈维（Harvey）等马克思主义地理学家提出了社会空间统一体理论，用来表述社会—空间相互作用的范畴，其主要目的是将城市发展过程与资本主义的社会结构联系起来。这是城市物质与社会空间相互作用关系研究的代表性成果。

列斐伏尔是法国马克思主义社会学家，他在20世纪60年代提出将"空间中的生产（production in space）"转变为"空间的生产（production of space）"，其区别在于前者指自然属性的空间，而后者指社会属性的空间。空间的生产意味着：①空间是社会性的：它牵涉再生产的社会关系，亦即性别、年龄与特定家庭组织之间的生物 - 生理关系，也牵涉生产关系，亦即劳动及其组织的分化；②空间作为一个整体，进入了现代资本主义的生产模式：它被用来生产剩余价值；③资本主义空间的主要矛盾源自私人财产造成的空间粉碎化（pulverization of space）、对可以互相交换之断片（fragments）的需求，以及在前所未有的巨大尺度上处理空间的科学与技术（信息）的能力（Lefebvre，1991）。

以哈维为代表的新马克思主义研究者运用马克思主义的分析方法，对城市发展和规划进行了认识和分析，探究城市空间运行和组织的深层原因，并将重点置于城市社会经济结构与城市空间结构不平衡发展的关系，以求揭示空间增长的社会过程。哈维在其代表作《社会公正与城市》中指出应该从物质空间和社会空间的相互关系中理解城市空间结构。同时，他的研究也与以往对城市内部结构研究的出发点不同，以往研究都是建立在私有制的基础上，接受资本主义制度这一现实，然后按照资本主义社会中发生的过程及事物间的联系来解释城市结构，哈维的分析则直接从社会制度这一更基本的层次上来进行（Harvey，1975）。

（三）城市物质空间演变的社会响应研究

20世纪80年代以来，西方大城市空间结构演变的三个主要特征是城市中心的全面复兴，内城的局部更新和郊区的继续发展。西方国家在城市空间结构演变过程中对城市物质空间和社会空间关系有所触及，但并不是系统的研究二者关系，而是在其中某一尺度（多数是微观层次）上研究物质空间或社会空间中的某几个部分之间的关系。

斯瑞福特（Thrift）提出了新生代中产阶级的概念，认为在城市中心复兴过程中，城市中心地区逐渐成为新生代中产阶级所青睐的高尚住宅区，这些历史街区的"中产阶级化"使城市中心的社会 - 经济构成（socio - economic structure）发生变化，是西方大城市的社会空间结构重组的重要特征，同时认为，城市空间结构的演变是与宏观层面上的经济结构和社会结构的重组相关联的（Thrift，1987）。

佩克万斯（Pickvance）等讨论了内城更新与社会空间的关系。他认为内城更新的主要变化是物质更新（physical renewal）而不是经济复兴（economic regeneration），围绕公共资源的社会冲突是内城更新的主要机制，为了获取公共资源，各种具有共同利益的社会群体在地域（社区）基础上组成地域联盟（territorial coalition），为本地域争取更多投资以实现地区物质环境的改善（Pickvance，1985）。

（四） 城市物质与社会空间的规划协调研究

西方国家的城市规划经历了一个从物质规划到社会规划的演变过程。20 世纪 50 年代以前，城市规划所关注的只是城市的物质层面，即所谓的"物质规划"（Physical Planning），很少关注城市发展的社会经济内容，因而很多城市社会问题并未得到有效解决。在现实社会问题的压力与学者们对传统物质规划的批判和对社会规划的倡导下，城市规划也从只注重物质形态规划转向了对社会、经济问题的普遍关注，从理想化的"社会城市"设想逐渐演变为对现实的社会问题的理解和解决（李伦亮，2004）。

雅各布斯（Jacobs）是对传统的只注重城市物质规划批判的代表人物，她在其著作《美国大城市的死与生》（The Death and Life of Great American Cities）中严厉的批判了大规模的城市更新改造对城市社会公平的破坏，特别是对公众利益的忽视和邻里社区的瓦解。她认为，城市大规模改造是对城市传统文化多样性的破坏，是国家投入大量资金让政客和房地产商获利，而让平民百姓成了旧城改造的牺牲品。城市更新很难关注公众的利益，公众几乎没有参与城市更新的机会，社区邻里内部出现的社会混乱和经济萧条，导致了社区邻里的衰退。事实表明，通过简单的推倒重建进行旧城改造是很难取得成功的（Jacobs，1961）。

大卫多夫（Davidoff）也在其著作《规划中的倡导与多元主义》（Advocacy and Pluralism in Planning）中指出，"规划师应代表城市贫民和弱势群体，应首先解决城市贫民窟和城市衰败地区，要走向民间和不同的居民组群沟通，为他们服务"（Davidoff，1965；于泓，2000）。

1996 年在南卡罗莱纳州召开了新城市主义会议第四次大会并批准了新城市主义宪章，该宪章在论述城市物质空间与社会空间关系时，认为仅仅依靠物质环境的改善不能完全解决社会问题，如果没有一个明确的体形框架（物质空间）作为支持，同样也不能维持经济的活力、社会区的稳定性。

（五）城市物质与社会空间互动的其他相关研究

斯克内尔和本杰明（Schnell 及 Benjamin）从全球化对城市社会空间结构影响的角度对以色列首都特拉维夫进行了实证研究（Schnell & Benjamin，2005）。他们评述了城市社会空间结构的芝加哥模型和洛杉矶模型，同时针对特拉维夫提出其自身模型，并认为全球性城市更有可能产生异质性的居住空间，同时他们还从个人行为、日常生活空间和社会网络等角度分析了城市社会空间的分异。

阿佐卡（Azocar）等研究了智利中部 Los Angeles 的城市化模式对城市社会空间重构的影响，认为新的城市化过程和全球经济城市导致像 Los Angeles 一样的大多数城市社会空间结构发生了深刻的转型，主要体现在农业环境、城市空间的重新界定、乡村人口向城市迁移以及城市社会空间极化和破碎化（fragmentation）（Azocar et al.，2007）。

近年来，随着城市经济背景的变化，城市物质空间与社会空间关系的研究往往体现在更加微观的层面，研究内容更加具体、更加细化，主要集中在绅士化（Gentrification）与城市社区和邻里重组关系的研究（Walks & Maaranen，2008；Butler，2008）；街道、广场、购物中心等城市物质空间对城市社会融合促进作用的研究（Sauter & Huettenmoser，2008；Staeheli & Mitchell D，2006）；封闭式住区开发与城市社会发展关系的研究（Lemanski，2006；Coy，2006；Manzi & Smith - Bowers，2005）；低收入群体与弱势群体同城市空间的融合问题的研究（Bernard，2008；Has K，2008）等。

二　国内研究现状

多年来，我国学者在城市空间结构的物质领域与社会领域都取得了较为丰富的研究成果。但是，国内学者对于城市空间的物质层面和社会层面的相互关系的研究尚不多见，系统性地研究二者的空间耦合关系则更少，多数成果体现在对城市物质空间与社会空间的"各自"研究中。只有少数学者近年来注意到这一研究命题，主要研究内容体现在以下几个方面：

（一）城市实体结构与社会空间的相互关系研究

周尚意以北京市德外大街改造工程为例，探讨了交通廊道对城市社会空间的侵入作用。她认为，社会空间是以实体空间作为存在的物质基础的，二者相互作用，其结果可以分为两种情况：其正向作用产生一种拉力，促使社会空间各要素沿着实现社会发展目标的方向发展；负向作用则产生与此相反的拉力，阻碍城市社会的健康发展。

城市实体结构是城市社会空间的重要影响因子，而城市交通廊道又是最活跃的一种城市实体要素。交通廊道对城市社会空间的作用有侵入、隔离、接替等。她的研究从一个侧面挖掘了美国地理学家莫迪"城市社会空间结构模型"中城市实体层面对社会空间层面的作用机制，即交通廊道是通过切断社会空间关联来影响所经社会空间的。另外，她提出在城市大型交通廊道建设中，应该注意保持城市居民生活基本空间单元的完整性。同时指出城市社会空间是一个有机体，不同类型的城市社会空间单元在适应实体空间变化上存在差异性（周尚意，王海宁，范砾瑶，2003）。

（二）物质要素对社会空间结构演变的影响研究

大多数学者在对城市社会区分析、城市社会空间结构演变的研究中都或多或少地涉及城市物质要素，并将物质要素变化作为影响城市社会空间演变的重要因子。

顾朝林认为，北京市社会空间结构转变与城市功能国际化和服务业、高技术产业发展密切相关，认为城市功能结构转变、外国直接投资和技术引进、巨大的农村流动人口潮是社会极化的动力机制（顾朝林，C·克斯特洛德，1997）。同样，在分析北京城市社会区时，认为北京市呈同心圆模型的土地利用强度在形成新的城市社会空间结构过程中发挥了关键的作用（顾朝林，1997）。

冯健在研究北京都市区社会空间结构演化过程中，将社会空间结构演化机制划分为宏观、中观和微观三个层次，并指出城市产业结构调整、城市空间扩张与发展方式对城市社会空间的演化产生了重要影响（冯健，周一星，2003）。

类似的，其他学者如魏立华（2007）、李志刚（2007）、周春山（2006）等在对广州、上海等城市社会空间结构的实证研究中，都将某些物质空间因子变化作为城市社会空间的演化动力之一。总结起来，主要物质空间变化因子包括城市空间发展模式、城市产业结构调整与产业空间变化、城市新区建设、经济全球化及其空间调整、城市土地利用强度变化等（李志刚，吴缚龙，2006；李志刚，吴缚龙，高向东，2007）。

（三）城市功能单元与社会空间互动关系研究

城市功能单元主要指城市中以某种职能为主体占据的地域空间，如城市开发区、边缘区、城市老工业区等。

1. 城市边缘区与社会空间

周婕研究了城市边缘区的社会空间演进，对边缘区人口空间组织，边缘区社会空间演进动力机制进行了分析，认为现代城市功能的需求、城市经济发展、城市基础设施改进等是城市边缘区社会空间演进动力（周婕，王静文，2002）。魏立华以广州市为例，分析了郊区化过程中的社会空间的"非均衡破碎化"，从郊区化的典型特征和乡村转型角度探讨了广州市郊区社会空间"破碎化"的影响机制（魏立华，闫小培，2006）。

2. 城市开发区与社会空间

王战和、王慧等研究了开发区与城市社会空间极化分异的关系。王战和从高新区建设发展形成的产业更新、设施环境、创新阶层等角度分析了其对城市社会新富裕阶层和中等收入阶层形成的重要影响，并分析了高新区建设发展对城市社会空间分异的影响及其带来的城市社会空间的矛盾与冲突（王战和，许玲，2006）。王慧从开发区"特区"运作机制、"新经济"型产业结构、配套住宅开发策略等开发区独特开发模式及内在结构特性入手，以西安市为实证，剖析了开发区建设发展与城市经济－社会空间极化分异之关联及其典型过程与效应，并通过开发区与非开发区、新城与老城、新经济区与旧产业区之间在投资强度、发展速度、软硬环境、形象面貌、经济活力与潜力、人口成分与素质等诸多方面分异对比，论证了开发区建设发展已成为强化凸显当代中国城市经济－社会空间极化演变的机制之一（王慧，2006）。

3. "单位"与社会空间

受我国计划经济体制下的单位制度的影响，在城市老工业区或旧城区形成了"单位大院"的社会空间单元，对这一社会区类型的研究也得到了学者们的广泛重视。柴彦威以兰州为例，通过对单位的考察，得出了中国城市内部空间结构由三个层次构成，分别是由单位构成的基础生活圈、同质单位为主形成的低级生活圈、以区为基础形成的高级生活圈（柴彦威，1996）。柴彦威还从单位制度的起源、变迁、发展趋势等角度分析了城市空间的演化过程和演化趋势（柴彦威，陈零极，张纯，2007）。

（四）城市物质与社会空间的协调发展研究

城市旧城区、老工业区、城中村是城市物质空间与社会空间矛盾突出地域，因此，城市物质空间与社会空间的协调发展研究主要体现在上述地域空间的治理过程中对城市物质空间建设与社会群体利益的协调。

张伊娜探讨了旧城改造的社会性思考，从旧城改造引发的社会问题出发，批判了传统的以经济为主导的旧城改造模式导致的社会公平丧失、城市低收入群体与弱势群体利益边缘化，进而从政府、规划、居民等角度提出了走出困顿的主要策略（张伊娜，王桂新，2007）。黄亚平、陈育霞也指出了当前旧城更新所导致的社会空间困境，包括家园的失缺、谋生环境的消失、社会网络的断裂等，并提出了一系列的保护低收入居民利益的对策和物质空间与社会空间协调措施（黄亚平，2002；陈育霞，黄亚平，2004）。

在研究深圳城中村改造问题时，马航指出，深圳城中村是非农化农民群体"小传统"依附的"新社会空间"。他还指出了城中村大规模改造导致的弊端和危害，特别提出不仅破坏了物质空间结构，同时加剧了社会不公，导致社会资源的严重浪费。最后，他从整体性、自发性、连续性、人文尺度等方面提出了城中村改造的主要原则（马航，2007）。蓝宇蕴认为城中村改造至为关键的问题是，需要顾及城中村赖以形成和维系的基层性、民间性社会因素，即要考虑到城中村改造的社会基础。该社会基础主要包括城市流动人口的居住及生活问题、城市化农民的利益机制，以及城市生存型经济方式的存在和发展空间问题（蓝宇蕴，2007）。

（五） 城市物质与社会空间的规划协调研究

部分学者从城市规划角度研究了城市物质空间（对应于物质规划）与社会空间（对应于社会规划）的相互关系，形成了一系列的研究成果。

虞蔚较早地提出了城市物质空间规划与社会空间规划的关系。他认为城市是一个由物质空间和社会空间两个部分组合而成的空间实体。城市规划与设计最终可以归结为城市的人和地的规划。所谓人的规划主要指社会空间规划，而地的规划指物质空间的设计。同时指出城市社会空间研究的目的是指导城市社会空间规划。城市社会空间研究是从具体城市社会空间分析中，概括和提取出其特点和规律；而社会空间规划则是依据城市社会空间研究的成果来改造和创造一个新的社会空间（虞蔚，1986）。

张庭伟同样指出城市具有物质性和社会性这两重性。城市由建筑、道路等物质实体构成，这是其物质性的一面。但城市又并不止于无生命的"物质"，而是由生活在其中的人来建造、管理、运作的。这样，城市又具有社会性。同时，他在城市两重性基础上，提出了一系列规划理论问题，强调对物质规划与社会规划协调发展的重视（张庭伟，2001）。

马航、李伦亮、黄亚平等人也较早认识到我国城市规划存在的弊端，共同认识到了我国城市规划中的物质规划严重滞后于社会规划的现实。马航指出，中国的城市规划理论与方法，长期受到以形体规划为核心的西方现代主义城市规划理论思想的深刻影响，规划人员往往对传统城市"功能与空间的混乱无序"持彻底否定态度，强调功能分区与用途纯化，追求"理性"的城市空间形态和统一的视觉空间秩序等，却忽视了更为重要的人与社会的规划，忽视了公众的利益。同时提出，规划与设计应从单纯的物质环境改造转向社会、经济发展规划和物质环境改善规划相结合的综合的人居环境发展规划（马航，2007）。

李伦亮认为中国城市社会问题主要表现在城市发展的结构性变化、城市盲目发展、城中村和边缘村的存在所导致的社会问题，以及城市中心大规模房地产开发和城市更新改造引起社会分化并破坏了原有城市社会网络。同时，他也提出了城市规划的解决对策，其中最关键的是要改变中国城市规划只注重"形体规划"而忽视社会、经济规划和重实践轻理论的现状，应注重城市规划理论研究对解决城市社会问题的作用，注重研究城市社会问题产生的根源（李伦亮，2004）。

　　黄亚平研究了城市空间环境建设与城市社会发展目标的关系，并指出作为城市发展建设总体导引的城市规划，长期以物质性规划为主导，忽视城市空间环境背后的社会意义及规划的政策调控作用，忽视了规划的本质特征，即保障城市的整体利益及公共利益、保障城市发展的社会绩效的作用。与此同时，他提出应通过控制城市土地使用及空间变化来间接地对城市社会改良施加特定的影响，如倡导城市功能的适度混合及土地使用兼容、关注城市多质性社会共同生活住区的营建、鼓励旧城的人文化改造、协调城市地域间发展的平衡、注重城市开放空间环境的人性化塑造（黄亚平，2005）。

第三节　研究评述与趋势展望

一　城市空间结构理论研究评述与展望

　　经过长期研究积累，西方学者在城市空间结构研究上形成了比较完善的理论体系与丰硕的实践成果。这些成果最典型的特征是形成了从不同研究视角透视城市空间结构的不同派系，如新古典主义学派从个体选址行为角度形成的城市空间结构理论；生态学派应用生态学原理（竞争、淘汰、演替和优势）对城市空间结构的研究；结构主义学派的社会结构体系理论；马克思主义学派从资本主义空间生产视角提出的城市空间理论等。正因如此，西方城市空间结构的理论成果往往突出反映在"单一性"的城市空间研究上，如根据人口增长与迁居变化的人口与城市空间结构研究，基于物质环境、土地利用与聚集效应的城市物质与经济空间结构研究，以及基于社会区分析、群体关系和人类行为感知的社会空间结构研究等。同时，西方学者较早注意到了城市空间结构的综合研究，如社会空间辩证法、社会空间统一体、空间的生产等概念与理论的提出。

　　从我国城市空间结构研究文献来看，很大程度上汲取了西方城市空间结构研究的理论和方法，特别是对城市环境要素、功能结构、形态布局等物质层面的空间结构研究已经相当成熟，实证研究案例也非常丰富。同时，由于受到社会经济转型大背景的影响，近年来城市社会空间结构研究也取得了丰富的成果，尤其是在利用人口普查数据和因子生态分析方法对城市社会空间结构的描述与解释方面取得大量成果，实证研究上也涉及北京、上海、广州、西安等众多城市，而且许多研究成果不断深化，更加重视形成机理的解析与理论的总结。但当前我国对城市空间结构的研究没有形成物质层面与社会层面的综合集成研究，即缺乏各类"空间"的"融合"研究。

城市空间结构演变是一个复杂的过程，它不仅是城市实体空间面貌的改善、经济空间结构的演化、社会空间结构的分异等单一空间的变化过程，更是各种"空间"在城市地域上的"摩擦"与"碰撞"、相互影响与相互作用所形成的彼此镶嵌耦合的格局与形态。同样，城市空间结构的运行机制也不可能是某一机制的单独效应，而应是物质层面的演变机制与社会空间的发展机制在不同空间尺度上共同作用的结果。尤其是在当前全球化与地方化的空间博弈、经济转型与社会"动荡"变化的背景下，城市空间结构演化机制更加错综复杂，对城市空间结构的研究思路亟须转变，必须从更具综合性、创新性的视角重新审视城市空间结构的发展变化，正如唐子来在对城市空间结构研究展望中所述，"城市空间结构的研究必须包括发生在不同范畴（资本、政府和社群）中和作用在不同层面（城市、国家和世界）上的各种社会过程"。

二 物质与社会空间相互作用关系研究评价

国内外城市空间结构研究都经历了一个由物质主义向人文主义转向的过程。过去的城市空间研究"重物质、轻社会"，完全从物质要素角度（城市功能区、土地利用等）来研究城市空间结构模式和运行机制，相应地规划实践方面也主要是为城市建设服务，城市空间结构的调整优化往往以形成更合理的城市经济空间格局为目标。近些年来，随着城市社会问题的日益突出，特别是转型时期我国城市发展所暴露出的一系列问题，基于这种问题导向，我国学者逐渐开始重视城市社会空间的研究，实践层面上也开始强调城市社会规划，尤其是对弱势群体利益的关注日益引起广泛重视。城市空间结构研究方向从地域结构要素发展到生活空间结构、社会空间结构，国内外学者对城市物质与社会空间相互作用关系的研究取得了一定的研究成果，尤其是形成了诸如社会空间辩证法、城市空间统一体等相关理论，在协调城市物质与社会空间关系，指导城市建设与社会发展过程中发挥了重要的作用。

但是，总体来看，目前国内外关于城市物质与社会空间耦合关系的研究仍处于探索阶段，还存在许多不足，主要表现在以下几个方面：

第一，尚未形成城市物质与社会空间耦合关系的系统深入的理论框架，西方学者提出的社会空间辩证法、城市空间统一体等相关理论更多探讨的是资本主义生产方式与社会结构的关系问题，而且对城市物质与社会空间相互作用关系问题的认识往往限于哲学层面的思考，缺乏系统深入的研究和明确的理论体系。

第二，西方学者对城市物质环境与社会空间关系的研究往往局限于微观层面上的现象阐释，同时侧重于对内城、邻里单元、居住区等地域空间变化和不同社会群体演化的相互之间关系的研究，缺乏对整个城市宏观的把握和在不同层面上的机制的探讨。

第三，国内学术界对城市物质与社会空间关系的研究，还是处于各自"单一"的研究阶段，对于"二者"相互关系关注不足。侧重于城市环境要素、功能结构、空间形态的研究相对成熟，成果也较为丰富，对社会空间的研究近年来也取得了长足进步，但是对二者关系的研究，尤其是理论层面上的探讨还未充分引起学界关注。

第四，目前国内已有的对城市物质与社会空间二者相互关系的研究成果多为概念与背景方面的一般意义上的讨论，更多的是体现在规划实践层面上的分析，如过度重视城市物质规划，忽视城市社会规划，提倡社会空间规划等，缺乏系统的实证研究和理论探索。

三　空间耦合：透视城市空间结构的新视角

以往学术界对城市的研究大多都是从单一视角（或物质，或社会）去理解城市空间结构。实际上城市空间结构的运行机制既包括物质层面上的演变机制，也包括社会空间的发展机制，整个城市空间结构的形成演化应该是这两个系统在不同层面上的共同作用的结果，只注重从其中一个角度来理解城市空间结构都是片面的，自然也都无法准确明晰城市空间格局与发展规律。

约翰·弗里德曼（Friedman J）在研究中国城市的过程中曾经指出，

中国城市研究需要在各种不同的维度上展开，他概括出了 7 个方面，包括人口学维度、社会维度、文化维度、经济维度、生态维度、物质空间维度以及对城市全体成员的管治，他认为上述各个维度都可以进行单独研究，最终需要进行整体研究，因为他们相互依存，没有任何一个维度能够同时既不影响其他维度，也不受其他维度的影响而存在（Friedman J，2006）。约翰·弗里德曼的观点明确了城市空间研究的综合性，而这 7 个维度综合在一起实质上又可以概括为城市的物质层面和社会层面两个维度，物质层面可以包括空间要素、生态环境、产业等，社会层面可以包括人口、文化、制度等要素，城市空间结构则可以看作物质层面的布局形态和社会构成的空间分布在城市空间地域上的组合形式，而这种城市物质与社会空间相互作用关系的研究将是揭示城市空间结构发展、演变特征与形成机理的重要视角。

西方国家和城市已经进入后工业化社会，城市化也已经进入后期发展阶段，城市空间发展的焦点不再是物质空间的建设与城市景观的塑造，而更多的是体现为对城市社会群体的利益协调以及对城市社会空间的改良与优化，因此，近年来，伴随着西方社会的人文主义、自由主义思潮，城市空间结构研究出现社会与文化转向，国外城市空间结构研究的大量文献更多关注的是城市社会空间发展问题以及城市社会群体利益的协调问题。

与西方国家国情不同，我国正处于社会主义初级阶段，经济建设仍然是国家发展的中心任务，推进城市化、进行物质空间建设、优化城市经济空间结构仍是未来一段时期城市发展的核心；但同时我们也应注意到，我国已经进入经济社会转型期，城市发展也越来越多地面临着各种各样的社会问题，优化城市社会空间刻不容缓。因此，我国城市空间发展既不能"重物质、轻社会"，也不能"轻社会而重物质"，必须综合考虑二者关系，调解二者之间的矛盾，才能保障我国城市健康、可持续的发展。

通过对国内外成果文献的分析可以看到，国外学术界对城市物质与社会空间相互作用关系的学术思想逐渐明确，并且提出了一些经典的理论。国内部分学者也开始关注这一问题，已经注意到城市物质与社会空间不协调发展带来的诸多弊端，但目前我国学术界对这一领域的概念、基本理论与方法的研究还处于起步状态。同时，也应该认识到我国学术界对这一领域的研究具有较好的基础，改革开放以来我国城市地理学、城市规划学等学科对以功能地域结构与形态为主要内容的城市空间研究（物质层面）和集中于特征辨识、区域划分、形成机制等内容的城市社会空间研究两个方面都取得了令人瞩目的研究成果。可以说，这两个层面的研究成果为二者的"融合"研究奠定了坚实的基础。随着我国城市建设与城市空间变化的社会性约束的进一步突出，社会需求和利益关系的整合将是未来城市空间开发与结构演变的主体动力。因此，在这种理论与实践双重需求的背景下，城市空间研究必将及时转向物质和社会层面的有机结合，可以预见，建立物质与社会融合的城市空间结构新的概念和理论体系将是未来我国城市空间结构研究的重要理论方向。

因此，本书在借鉴国内外已有研究成果基础上，强调对城市物质与社会空间耦合关系及耦合机理的研究，试图构建基于中国国情的城市物质与社会空间相互作用关系的理论研究框架与研究方法，从城市物质与社会空间耦合视角来透视我国城市空间结构的运行机制，将有利于更为全面、准确地把握我国城市空间发展规律及发展趋势。同时，针对长春市以及我国大城市存在的典型的物质与社会空间非耦合问题，提出促进我国大城市物质与社会空间整合的调控路径，这将对优化我国城市空间结构、促进城市物质与社会空间融合具有重要实践意义。

第三章 城市物质与社会空间耦合的基础理论

第一节 物质与社会空间耦合的概念

一 概念界定

(一) 城市物质空间

国外学者在城市物质空间（physical space）研究过程中主要应用建成环境（built environment）、城镇景观（urban landscape）、物质环境（physical environment）或形态学地域（morphological regions）等相关概念。西方学者对其概念含义的解释也不尽相同，多数学者认为建成环境是为人类活动提供的一种人工环境，涵盖了从大尺度的城市环境到个人处境，主要包括房屋、建筑、街道、公共空间及其组成的城市形态，看似更倾向于建筑学的概念与含义（Hillier，2008）。哈维认为建成环境是一种包含许多不同元素的复杂混合商品，是一系列的物质结构，包括道路、港口、工厂、仓库、住房、教育机构、文化娱乐机构、商店、污水处理系统、公园、停车场等，城市就是由各种各样的建成环境要素混合构成的一种人文物质景观。同时，哈维还将建成环境划分为生产性建成环境和消费性建成环境，前者主要指固定资产项目，如工厂、高速公路、铁路、办公楼等；后者主要指作为消费的物质架构，如住房、人行道等。

我国学术界与城市物质空间相类似的概念主要包括物质环境、实体空间等，我国学者对城市物质空间的概念也没有统一的表述。汪和建认为，城市环境是指满足城市主体（即城市居民）基本生存和发展需要的各种物质和社会条件，包括自然环境、人工物质实体环境和社会环境（汪和建，

1994）；潘海啸认为城市空间结构在物质形态上表现为各级的城市中心、开敞空间、居住区、工业区的分布及相应的交通系统等（潘海啸，1994）；艾大宾等认为城市的物质空间主要是指城市的土地利用空间，是城市规划和设计的主要对象（艾大宾，王力，2001）。

（二）城市社会空间

在西方，不同学科对社会空间的界定不同。社会学倾向于将社会空间定义为在由个人集合构成的社会中，不同的人处于不同位置和地位构成不同的"场所"，这些"场所"就是社会空间。哲学家则认为社会空间是社会运动的延伸，是社会系统各要素之间并存的关系及其特征。地理学往往侧重于社会现象所占据的城市空间，如一个社会群体占据的空间，或一种社会思潮影响的空间，如约翰斯顿（Johnston）认为社会空间是指"社会群体使用并感知的空间"（Johnston，2000）。欧美地理学往往将城市社会空间分为不同的空间等级，如邻里、社区、社会区三个层次。其中，邻里（Neighbourhood）被认为是城市社会的基本单位，是相同社会特征的人群的汇集；社区（Community）被认为是指占据一定地域，彼此相互作用，不同社会特征的人类生活共同体；社会区（Social Area）是指占据一定地域，具有大致相同生活标准，相同生活方式，以及相同社会地位的同质人口的汇集（许学强，周一星，宁越敏，1997）。

我国学者也对城市社会空间的概念进行了界定，但也未形成统一表述。魏立华认为城市社会空间是社会属性相近的人通常依据种种理由聚居在一起形成的居住空间分异（魏立华，闫小培，2006）。刘苏衡认为城市社会空间是由城市生活中的人们的行为、目的、场所构成的多样的空间，是城市空间的一部分（刘苏衡，张力民，2008）。王兴中将城市社会空间结构基本单元划分为家庭、邻里单元、社群、社区和社会区域五个层次（王兴中，2000）。周尚意认为在中国多数城市中，除家庭空间外，社会空间自小到大依次是居民委员会—街道办事处—区县（周尚意，王海宁，范砾瑶，2003）。人文地理学词典中对城市社会空间的解释是指具有相同社会属性或人口统计学特征的人群在城市地域中的集聚、交往占据的空间（约翰斯顿，2004）。

（三）耦合

《辞海》对"耦合"（coupling）的解释是两个（或两个以上的）体系

或运动方式之间通过各种相互作用而彼此影响的现象。耦合一词是物理学中的一个基本概念，原意是指两个或两个以上的电路元件或电网络的输入与输出之间存在紧密配合与相互影响，并通过相互作用从一侧向另一侧传输能量的现象。近年来，耦合一词被广泛应用于社会科学研究，耦合的社会科学的含义一般是指两个或两上以上的系统或运动方式之间通过各种相互作用而彼此影响以至联合起来的现象，是在各子系统间的良性互动下，相互依赖、相互协调、相互促进的动态关联关系。耦合也被广泛应用于地理学领域的研究，何绍福在研究农业耦合系统时，将农业耦合系统定义为两个或者多个子系统之间强烈的相互吸引作用（何绍福，2005）。王琦在研究产业集群与区域经济空间耦合时认为，耦合是两个系统通过各自的耦合元素产生相互作用彼此影响的现象（王琦，2008）。张振杰等在研究城乡耦合地域系统时指出，耦合是城乡过渡地区子系统间存在诸般相互依赖、相互制约以至相互促进的动态关联的耦合现象（张振杰，杨山，孙敏，2007）。另外，还有关于城市化与生态环境的耦合、水资源与经济社会耦合、区域土地利用与生态环境耦合以及经济增长与环境的耦合等相关研究。

（四）城市物质与社会空间耦合

实际上，城市物质空间与社会空间的概念只是从不同角度认识城市空间组织的两种方式，城市物质空间是从城市的自然环境、各类建筑、各种设施等物化了的要素所占据的空间来认识城市空间结构，而城市社会空间是城市中各类人群集聚、交往所占据的空间，从任何单一的角度来认识城市空间或城市空间结构都是不完整的。因此，本书强调城市空间结构不仅是城市地域范围内各种物质要素的空间组合，它还是城市居民社会活动所整合而成的社会空间系统，城市空间具有物质和社会的双重属性，城市的物质层面构成主要包括城市的经济活动类型（工业、商业等）、设施供给（基础设施和社会服务设施）以及生态景观（河流、湖泊、绿地、公园）等；城市的社会层面构成的主体是具有不同特征属性的人群，主要是因职业、经济地位、民族、种族、家庭结构、生活习俗、消费水平等特征的不同而分化出来的不同社会群体，同时也包括各群体的社会活动。

在这种对城市空间结构认知的前提下，本书提出的城市物质与社会空间耦合是指城市发展过程中物质层面与社会层面构成（要素、结构与功能）在城市地域空间上相互作用的关系和相互依赖的状态。这种耦合是城市物质与社会构成互为依存和相互作用关系在地域空间上不断变化的过程，在生产力水平与社会制度变化的不同时期，城市物质与社会空间耦合主导因素和耦合结构状态是具有时序差异性的，表现为城市物质与社会空间耦合从低水平到高水平的变化过程。同时，受空间尺度与空间环境属性差异的制约，城市物质与社会空间耦合具有明显的地域分异特征和不同耦合类型的地域变化。

二　特征分析

城市物质与社会空间耦合是一个系统的概念，通过对二者相互作用关系的分析，可以发现城市物质与社会空间耦合具有系统性、等级性、动态性和开放性等特征。

（一）系统性

城市本身就是一个由多要素构成的系统，城市物质与社会空间耦合也表现出系统性的特征。从系统论角度来看，城市的物质层面与社会构成均是组成城市的子系统，物质层面包含着城市存在与发展的基础条件，如各种基础设施、社会服务设施等，每一种又可以细分为不同的要素；社会构成则主要是包含了不同人群、阶层在内的社会群体及其社会活动，如产业工人、低收入者和弱势群体、富裕阶层、中产阶层等。城市物质与社会空间耦合的系统性特征则反映在各个方面，如构成要素的系统特征、城市不同空间等级的系统特征等，而整体上的城市物质与社会空间耦合系统由若干个相互制约、相互联系的子系统组成，各个子系统之间，通过不同方式与途径发生着密切的联系。

（二）等级性

由于城市地域空间等级层次不同，城市物质与社会空间耦合表现出等级性的特征，体现为不同空间尺度上的微观、中观和宏观三个层面的物质与社会空间耦合特征：在城市的宏观层面上主要是指在整个城市空间地域范围内的物质与社会空间的相互作用关系及其相互依赖状态，城市的物质生产为整个城市运行与发展提供基础，城市社会群体也在此空间范围内表现出社会空间分异的特征，二者在整个城市空间上彼此影响与作用；中观层面上主要体现为城市分区或相对独立的行政单元内二者的相互耦合关系，如开发区、老工业区等产业功能特征相对明显的区域，或者是按行政区划划分的城市辖区或街道等区域，中观层面往往反映出物质与社会空间耦合的类型区，区域物质与社会具有彼此相适应的典型特征；微观层面的耦合往往突出表现为社会个体与居住环境之间的相互关系，如城市社区中的居民与其所居住生活的区域环境之间的关系，通过微观层面的典型研究，可以实现从个体行为的区位选择视角分析城市物质与社会空间耦合的关系和内在机制。

（三）动态性

城市物质与社会空间耦合具有动态变化的特征。在不同发展时期，城市的经济生产能力、基本活动、城市规模以及城市发展政策等环境不同，由此产生了城市物质与社会耦合的类型、方式、动力机制及其空间表现等方面的差异。在早期城市发展过程中，城市物质生产能力有限，主要集中在少数权贵群体中，城市物质与社会空间耦合呈现出明显的"权力"空间的特征；工业革命以后，城市的物质生产能力大大提高，社会群体的分化程度也不断加大，城市物质与社会空间耦合表现出多样化组合的主要特征；近代科学技术的快速发展在促使城市物质生产能力提高的同时，进一步细化与完善了不同社会群体的物质需求，城市物质与社会空间耦合的类型与空间分异特征更加明显。总之，城市物质与社会空间耦合因不同时期的社会经济背景、制度要素等差异表现出明显的动态变化特征，总体来看，表现为城市物质与社会空间耦合从低水平到高水平的变化过程，在这个渐次发展过程中，城市物质与社会空间耦合的适应性逐渐增强。

（四）开放性

城市物质与社会空间耦合的系统性、等级性和动态性决定了其开放性的特征。一个系统要想实现不断发展与升级，就必须与外界或其他系统不断地进行要素、能量和信息的转移和交换，即系统之间的交互作用。城市物质与社会空间耦合的开放性表现为除了城市自身的物质与社会空间相互作用外，还会受到诸如国家政策、法律、制度以及全球化、区域化等因素的影响和制约。在当前全球化浪潮席卷下，无论主动与否，城市的发展都必须接受来自外部的有利的和不利的因素的影响，城市物质与社会空间耦合的演变也需要接受来自外界的经济、社会、制度以及空间等不同系统要素的影响，在这一过程中，可以通过调控机制和手段来规避缺陷和风险因素，从而实现其从低水平耦合向高水平耦合的演进。但毫无疑问的是开放性特征是城市物质与社会空间耦合得以不断运动和升级的必然属性。

三 内涵阐释

城市物质与社会空间耦合的内涵关键在于如何理解城市物质与社会的相互作用关系及其在空间上的表现形式和作用特征。本书认为，城市物质与社会的相互作用关系主要表现为城市的物质要素对社会发展的支撑效应和城市社会发展对物质要素的推动效应，二者的空间耦合主要体现为城市物质与社会构成在空间上的适应性。

（一）物质要素对社会发展的支撑效应

城市物质要素是社会发展与进步的基础和前提条件。在城市的物质要素构成中，各种经济活动成为社会发展的主要推动力，其所生产的产品成为社会消费的必需品；城市中各类基础设施是城市社会得以组织和运行的骨架和纽带，如城市道路交通、供水供电、排水系统等；城市中的各种社会服务设施是满足城市居民正常生活和精神需求的基本条件，如医院、学校、文化馆、体育场等。没有物质要素条件的支撑，个人的基本生存都将难以得到保证，更不用讲社会的有效运行和发展。因此，城市物质要素对社会发展的作用主要体现在其对社会发展的支撑效应。

通过上述城市物质与社会空间耦合的动态性特征分析，我们已经了解到，在城市发展的不同时期，由于生产力水平的变化，城市的物质生产能力在逐渐提高，显然，城市的物质要素对社会发展的支撑效应也在随着生产技术水平的提高而不断强化。当前，我国在快速城市化过程中，城市物质建设快速推进，以工、商业经济活动为主要功能的开发区建设、轻轨与地铁等大运量客运交通的发展、城市社会服务设施的丰富与完善等都反映出城市物质要素的进步，其所发挥的对社会发展的支撑效应也进一步增强。

（二）社会发展对物质要素的推动效应

社会发展对城市物质要素的更新和完善具有明显的推动效应，这种推动效应主要体现在社会群体的需求方面。随着经济发展水平的提高，社会群体的需求不断扩大，不同类型的社会群体的需求对城市物质要素施加不同的压力和影响，促使城市物质要素的更新、完善和差异化。当物质要素的发展无法满足社会群体的需求时，社会群体对物质要素的变化愿望变得强烈，迫使物质要素向有利于社会群体需要的方向发展。与此同时，不同类型的社会群体的物质需求不同，弱势群体、低收入群体、中产阶级、富裕阶层等群体在被动接受和主动需求城市提供的物质生产水平差异明显，弱势群体和低收入群体消费能力有限，对社会服务设施的要求也不高，满足基本生活需要即可；而中产阶级和富裕阶层的消费需求较高，对社会服务设施、服务水平等要求相对较高，需要较高的物质条件和完备的服务设施。因此，社会发展在推进物质要素的更新与完善的同时，也使得城市物质要素因社会群体的不同需求而产生明显的分异。

（三）耦合本质：物质与社会在空间上的适应性

物质要素对社会发展的支撑效应和社会发展对物质要素的推动效应是二者相互作用关系的主要表现。当加入空间要素时，即落实到具体城市空间地域上，物质与社会空间耦合的本质往往表现为二者在空间上的适应性。物质与社会空间耦合并不是物质空间与社会空间相互耦合的概念，即不存在"两个空间"的概念，而是在城市空间地域范围内的物质要素与社会构成的耦合关系，这种耦合既反映了二者在空间上的相互作用关系（支撑与推动），同时也包含了相互依赖状态的含义（适应性）。

这种空间上的适应性可具体解释为：在城市内部不同空间单元上，城市物质供给与社会需求之间需要相互适应，达到平衡的状态。物质设施建设的超前或滞后、社会需求能力的增强或减弱都需要彼此平衡，达到一种合理、有序的状态。例如，城市低收入阶层居住空间的物质设施建设满足其需要即可，如果物质设施超前建设，将会导致低收入群体的空间剥夺，被迫迁移和边缘化；如果物质设施建设落后，则无法满足低收入群体的基本需求。与之类似，高收入阶层的居住空间也需要实现物质供给和社会需求的平衡与适应。但同时我们应该认识到，尽管低收入阶层与高收入阶层的居住空间都可以达到物质供给与社会需求相适应的程度，但这种适应水平是有明显差异的。本书的实践研究目标就是在实现物质与社会空间适应的同时，逐渐消除不同水平之间的差异，促进物质与社会空间耦合由低水平向高水平发展，实现我国城市物质与社会空间的合理化与有序化。

第二节 物质与社会空间耦合系统辨识

一 耦合系统的要素

（一）城市物质结构要素

本书认为，城市物质结构要素是城市物质与社会空间耦合系统的基础，主要包括城市的经济活动、城市各类设施以及生态景观等。

1. 经济活动

经济活动是城市发展的动力源泉，各种要素也都是为经济活动发展而服务的。按三次产业结构划分，经济活动类型可以划分为第一产业、第二产业和第三产业；按产业部门划分，可以划分为农业、工业、商业和服务业等。经济活动在城市物质与社会空间耦合系统中所扮演的角色更多的是一种宏观背景，它是物质要素建设与发展的基础，城市物质要素和社会发展程度都会受到经济发展水平的影响和制约。经济活动在提供一种背景与基础作用的同时，它所占据的场所（经济区位）也在耦合系统中发挥着重要的作用。

2. 设施体系

城市设施体系是城市物质结构要素的重要组成部分，主要包括基础设施和社会服务设施。城市基础设施体系主要包括道路交通、给排水、供电、供热、供气、通信、环卫、防灾等，由于城市基础设施供给水平相对均衡，因此，其在城市物质与社会空间耦合中所发挥的作用有限。社会服务设施主要包括商业服务、教育、文化、医疗卫生、体育、休闲娱乐等配套设施，各类服务设施的发育水平及其空间组合的供给能力在城市物质与社会空间耦合系统中发挥着重要的作用，是城市物质与社会空间耦合地域分异的主要影响因素。

3. 生态景观

城市生态景观主要包括自然生态景观和人工生态景观，其中，自然生态景观包括山体、海滨、河流、湖泊、植被等，人工生态景观包括城市中的公园、绿地、广场、风景名胜区以及郊区农田等。生态景观并不是城市物质结构要素的核心，但生态景观的存在与否却对物质结构以及城市物质与社会空间耦合产生重要影响。良好的生态景观条件将提升城市物质环境质量，同时，也将成为城市物质与社会空间耦合类型分异的重要影响因素。

（二）城市社会结构要素

城市社会结构要素的主体是人和人的社会活动，借鉴社会学相关理论，本书中的城市社会结构要素主要包括个人、社会群体和社会阶层。

1. 个人

"个人"是社会结构要素中的基本组成单位，体现了社会关系中的共性和特殊性的个体差异。除个人的自然生理属性之外，社会属性是其差异化的主要特征，包括个人的出身、社会地位、经济地位、职业、民族、价值取向、社会观念、生活方式、行为举止、文化修养等。以上各种社会属性决定了个人的社会身份和社会角色，由此可以判断个人在社会关系网络中的层级及其发挥的功能和作用。

2. 社会群体

社会群体是指通过一定的社会关系结合起来进行共同活动的集体（顾朝林，2002）。社会群体由一定数量的个人所组成，按不同分类方式可分为不同社会群体，如按血缘关系结合起来的集体为氏族、家庭群体；以地缘关系结合起来的集体为邻里群体；以业缘关系结合起来的则是各种职业群体。社会群体成员之间往往具有某种共同的目标和社会交往活动，其价值准则、观念、信仰也具有同质性，并且群体成员会由某种纽带（社会关系）联系在一起。弱势群体属于社会群体的一种特殊类型，如妇女、儿童、老年人、残疾人、流动人口等，其社会地位不高，且获得的城市公共资源有限，处于弱势地位。

3. 社会阶层

依据职业、收入、社会地位等因素的差异，不同国家对社会阶层的划分标准不同。本书认为，当前我国城市社会阶层的划分应包括以下三种类型。第一，富裕阶层。指家庭收入普遍高于城市小康水平的社会群体，包括私营企业主、房地产开发行业职员、部分个体工商户、三资企业雇员以及某些专门人才等（医生、律师、演员、银行职员、设计师、科研人员、大学教授等）。第二，中产阶层。指收入水平、社会地位在社会群体中处于中间位置，且受过高等教育的非体力劳动者。如某些私营企业主、知识分子和专业经营者。第三，贫困阶层。指长期处于最低生活保障线以下的社会群体，如下岗职工、文化程度较低的普通工人、无正式工作的临时工等。

二　耦合系统的结构

本书认为，城市物质与社会空间耦合系统的结构是指耦合系统内各构成部分之间所确定的关系形式。一般因城市空间单元的尺度不同而表现出不同的结构形式。

（一）个人居住空间

在微观尺度上，城市物质与社会空间耦合的结构形式往往表现为个人的居住空间。对于个人来讲，直接影响其在城市空间中的区位的最主要因素是对居住空间的选择。个人对居住空间的选择往往由个体的需求和居住空间环境的供给共同来决定，如果居住空间环境满足个体的经济支付能力、工作便利、教育、就业、购物等生活要求，并符合个人住房偏好等，那么，个人的居住空间就将被固定下来。一方面，居住空间为个人提供了适宜的物质环境；另一方面，个人的社会需求得以被满足，二者在空间上达到了相互依赖、彼此和谐的状态（理想程度）。但受物质环境本身和个人能力等各种因素影响，现实中的个人居住空间并非都能达到耦合状态或仅处于低水平耦合状态。

（二）群体生活空间

在中观尺度上，城市物质与社会空间耦合的结构形式表现为群体的生活空间。社会群体内部成员之间具有经济收入、社会地位、相似职业、类似社会观念与价值观等共性的社会特征，使得不同的社会群体形成不同的生活空间（主要包括居住、工作、日常交往、社会活动等空间）。同一社会群体的共性需求产生了为这一社会群体服务的物质环境，在物质与社会空间耦合上表现为同一社会群体生活空间的均质性，如低收入群体、弱势群体的生活空间必然伴随着低端化、边缘化等特征。同样，不同社会群体对物质环境供给和需求的不同，会使其群体生活空间表现出明显的异质性特征，使城市物质与社会空间耦合的差异性尤为突出。

（三）阶层社会空间

在城市空间的宏观尺度上，城市社会结构更多地反映为阶层这种相对庞大的具有某些共性特征的社会群体；物质环境所占据的空间也被放大至整个城市空间地域。空间单元的放大使得物质环境要素和社会结构要素的差异相对模糊，但总体上仍因阶层的社会特征不同而表现出物质与社会空间耦合的类型差异，这种差异更多地反映为阶层社会空间的不同。与社会群体不同，阶层的划分往往以经济收入为标准，其对物质环境要求的差异更多地反映为不同阶层所能支付的经济能力。因此，在宏观尺度上城市物质与社会空间耦合的结构形式更多地反映为阶层的社会空间。整体上的结构形式有助于更好地认识城市物质与社会空间耦合，但是，必须认识到，这种结构形式所确定的物质与社会的空间耦合关系相对模糊，是一种缩小了的，忽略了内部差异的结构形式。

三　耦合系统的功能

通过对城市物质与社会空间耦合系统的内涵解析，可以发现，二者相互作用及其达到的协调状态和空间上的适应性将是耦合系统功能发挥的源泉。通过进一步分析，本书认为城市物质与社会空间耦合系统的形成将具有实现社会公平与空间公正、促进资源配置的空间优化两项主要功能。

（一）实现社会公平与空间公正

在市场经济规律作用下，经济效益成为社会资源分配的主导因素，这样就使得优越的物质环境资源向经济地位、社会地位较高的阶层倾斜，而弱势群体、贫困阶层等只能被动接受质量较差的环境资源，形成空间"极化"和"分异"现象，导致社会公平与空间公正的缺失。

城市物质与社会空间耦合系统的建立将有助于实现社会公平与空间公正。一方面表现为机会的平等性，城市物质与社会空间的有序耦合可以为各类群体、阶层提供满足其基本需求的居住与生活空间；另一方面表现为空间的共享性，在实现"人有所居""人有所处"的前提下，耦合系统的功能还体现为空间资源的共享。社会公平与空间公正不仅意味着社会主体对土地空间资源、场所服务设施、生态景观环境等具有共同享有、占用和参与的权利与义务，而且意味着不同类型的社会结构主体有权利实现其各自不同的正当的基本生活需求，尤其是对于弱势群体或贫困阶层，更应该有效发挥耦合系统的功能，为其谋得更多实质性的帮助与支持。

（二）促进资源配置的空间优化

耦合系统资源配置的空间优化功能的实现主要表现为两个方面。一方面，耦合系统促使社会结构主体具有获得物质要素资源的空间临近性；另一方面，耦合系统可以实现设施、环境的供给和社会结构主体需求的匹配与空间适应。

在物质要素资源的空间配置过程中，通过对区位条件的优化和空间距离的测算，可以提高社会结构主体在获得资源上的空间可接近性和便利程度。例如，通过对医院、学校、购物场所、体育场馆等设施的空间优化配置（服务半径的优化），在满足社会结构主体的需求的同时，还可以提高社会结构主体的空间认同与空间归属，同时也能够提高物质资源的利用效率。

不同类型的社会群体应有与之相对应的物质环境，以满足社会结构主体需求的差异性，因此，需要在物质环境的空间配置过程中体现出空间的差异性，这将实现设施、环境的供给和社会结构主体需求的匹配和空间适应。高收入群体、富裕阶层等对物质环境的要求较高，且具有一定的支付能力；低收入群体、弱势群体、贫困阶层等支付能力有限，但也应满足其基本的资源环境需求。因此，物质与社会空间耦合系统就需要从空间资源配置优化的角度发挥其满足差异性群体的多元化要求的功能。

第三节　物质与社会空间相互作用关系理论

一　新马克思主义城市理论

20 世纪 60 ~ 70 年代，西方发达国家经济处于停滞和萧条状态，社会科学家开始重视利用马克思主义理论对资本主义发展过程中所遇到的问题进行解释。在此过程中，马克思主义迅速融入各个研究领域，产生了诸如"马克思主义城市社会学""马克思主义地理学""新城市政治经济学""激进城市理论"等多个学派。"新马克思主义"（Neo – Marxism），也就是中国学者通常所说的"西方马克思主义"。新马克思主义城市理论，简而言之，就是运用马克思主义思潮研究城市所形成的基本理论。代表性人物主要有列斐伏尔、卡斯泰尔斯和哈维，他们最早在城市学领域进行了比较系统的马克思主义分析，对马克思主义城市研究做出了开拓性的贡献（顾朝林等，2008；高鉴国，2006）。

（一）列斐伏尔的空间生产理论

空间生产理论是列斐伏尔于1974年在其《空间的生产》（The Production of Space）一书中提出的。他认为空间是社会关系的载体与容器，既要看到空间的物质属性，又要看到空间的社会属性和空间与社会的互动关系。一方面，每一社会空间都产生于一定的社会生产模式中，是某种社会过程的结果；另一方面，空间也是一切社会活动、相互矛盾和冲突的一切社会力量纠葛一体的场所，是社会的"第二自然"（Lefebvre，1991）。

列斐伏尔提出了空间生产的三种活动类型，即物质性空间活动（指空间的物质和物品流动、转让和互动，以保证生产和社会再生产）、空间的标识（指能够表达和理解物质空间活动的所有日常性或专业性标志、符号和知识）和标识性空间（指社会创造物，如代码、标志和符号性空间等，能够使空间活动产生新的含义）。这三种空间也被解读为"三元组合概念"，即空间实践、空间再现与再现空间。空间实践是指空间性的生产，围绕生产和再生产，以及作为每一种社会构成的具体地点，资本主义条件下的现代空间实践与城市道路、网络、工作场所及休闲娱乐等密切相连。这种具体化的、社会生产的、经验的空间即是"感知"空间，它在一定范围内可进行准确测量与描绘。空间再现是概念化的空间，是科学家、规划师、城市学家和其他各种专家政要的空间，他们都把实际可感知的空间当作构想的空间，这实际上是一种乌托邦的空间。再现空间是通过相关意向和象征而直接生活出来的空间，因此，它是"居民"和"使用者"的空间。这是被支配的空间，是消极体验到的空间，但想象力试图改变和占有它。哈维在考察空间概念时，提出了绝对空间、相对空间和关系空间，与列斐伏尔的三元空间组交错形成了"空间性的一般矩阵"（见表3-1）。

表 3 - 1 空间性的一般矩阵

	物质空间 (经验的空间)	空间再现 (概念化的空间)	再现空间 (生活的空间)
绝对空间	墙、桥、门、楼梯、楼板、天花板、街道、建筑物、城市、水域、实质边界与障碍、门禁社区等。	开放空间、区位、位置和位置性的隐喻;行政地图;地景描述。	围绕着壁炉的满足感;安全感或封禁感;拥有、指挥和支配空间的权力。
相对空间 (时间)	能量、水、空间、商品、人员、资讯、货币、资本的循环与流动、加速与距离摩擦的衰减。	主题与地形图;情境知识、运动、移位、加速、时空压缩和延展的隐喻。	进入未知之境的惊骇;交通堵塞的挫折;时空压缩、速度、运动的紧张或快乐。
关系空间 (时间)	电磁能量流动与场域、社会关系、污染集中区、能源潜能、气味和感觉。	超现实主义、存在主义、网络空间、力量与权力内化的隐喻。	视域、幻想、欲望、挫败、梦想、记忆、幻象、心理状态。

资料来源:Harvey,2006。

列斐伏尔不仅指明了空间的社会属性,也指出了空间是具有生产性的,而且描述了空间生产形式的本质。为了解决资本主义生产过程中过度生产和积累所引发的矛盾,过剩的资本需要转化为新的流通形式或寻找新的投资方式,此时,资本往往转向对城市建成环境(built environment)的投资,来为生产、流通、交换和消费创造一个更为整体的物质环境。资本转化的循环性和过度积累,以及在建成环境中过度投资而引发的新的危机,使得在资本主义条件下创造出来的城市空间带有极大的不稳定性。这些矛盾进一步体现为对现存环境的破坏(对现存城市的重新规划和大拆大建),从而为进一步的资本循环和积累创造新的空间。因此,空间生产实际上是资本主义生产模式维持自身的一种方式,它为资本主义的生产创造出了更多的空间(汪原,2006)。

空间生产理论对于城市研究的最大价值是将城市空间的物质属性与社会属性辩证联系在一起,视城市空间为社会关系再生产的物质工具,摆脱了以往空间空洞的概念(宋伟轩,朱喜钢,吴启焰,2009)。列斐伏尔指出城市空间的组织和意义是社会变化、社会转型和社会经验的产物,特定的社会结构根据自身需求生产出特定的空间。空间生产理论同样适用于我国城市研究,尤其是在当前的社会经济转型时期,在经营城市理念下,政府的企业化倾向越发明显,城市的物质空间(尤其是土地)生产所创造的经济效益成为政府追求的主要目标，而社会群体的利益（尤其是弱势群体）在空间生产的过程中不断地被忽视与漠视，空间生产所产生的社会剥夺与社会不公平问题日益严峻。在这样的背景下，空间生产理论及其对城市物质空间生产和社会群体利益协调等带来的启示值得我们去重视与思考。

（二）哈维的资本循环与城市过程

哈维于 1973 年发表的《社会公正与城市》（Social Justice and the City）一书是他论述资本主义城市发展的重要著作之一。哈维认为资本主义城市建成环境的生产和创建过程是在资本的控制和作用下完成的，是资本本身发展需要创建的一种适应其生产目的的人文物质景观的后果。他将此总结为资本主义下的城市化过程就是资本的城市化，同时，哈维在对资本主义矛盾分析的基础上提出了资本三次循环和城市过程之间的关系（如图 3-1）。

哈维将工业资本生产过程视为资本的"第一循环"（primary circuit），在资本第一循环中存在的内在矛盾是资本过度积累所形成的过度积累危机，主要表现在商品过剩、资本闲置或对劳动力剥削加强等。而当产生这种过度积累危机时，资本主义的应付方法就是将投资转向"第二循环"（secondary circuit）。

第二循环包括资本投资于建成环境的生产，建成环境则包括生产的建成环境和消费的建成环境。哈维认为，当第一循环中的工业生产面临回报率下降时，资本的反应是转向第二循环投资。美国 20 世纪 70 年代的房地产投机就是这种形式。在哈维看来，城市建成环境是资本积累、资本危机和资本循环的产物，是资本主义发展所必需的。城市中的道路、住房、工厂、学校等物质景观都是资本在利润的驱使下形成的，因此，可以说资本主义下的城市化过程就是资本的城市化。哈维还指出，资本进入第二循环并没有真正解决过度积累的问题，这个矛盾在城市建成环境中也会产生，城市物质基础设施或其他固定资本项目生产价值的周期过长，会导致资本的贬值，同时还易引发金融、信用和货币危机以及国家财政危机。解决这种危机的方法则是资本向"第三循环"（tertiary circuit）的转移。

资本的第三循环主要向两个方面投资，一是向科学和技术研究领域投资，二是对与劳动力再生产过程有关的社会开支方面的投资。第三循环同样无法消除过度积累的趋势，生产性投资机会同样会出现枯竭，危机的表现形式则是城市各种社会开支的危机、住房危机和技术与科学的危机。对第三循环引发的危机的解决办法，哈维认为是"空间整理"（spatial fix），也即在全球寻找新的可让资本投资的地方（Harvey，1975）。

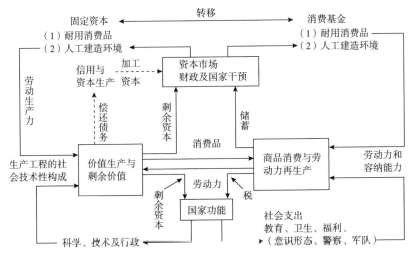

图 3 - 1　哈维的资本循环模型

资料来源：朴寅星，1997。

哈维的资本循环理论过多地强调了全球经济力量、资本积累、资本循环等因素在城市社会发展过程中的决定作用，将城市空间的生产变化仅仅看作资本主义生产方式和资本积累等深层社会力量作用的结果和表现。同时，他对社会现实的抽象化描述也使他的部分观点显得过于主观和武断，但毫无疑问，哈维关于城市的研究对城市社会学、城市地理学、城市规划学等学科发展都具有深远影响。

当前我国经历的高速城市化过程，实际上也可以解释为资本过度积累所导致的空间扩张的过程，土地价值引发的房地产资本投资促使城市边缘区不断被纳入城市建成区范围，新的城区不断产生，以住房为标志的居住空间分异也随之加剧。更为严重的是，空间城市化快速推进过程中，城市边缘区失地农民利益遭到严重损害，土地、家园丧失殆尽，社会归属感不复存在，可以说，由于过度城市化影响，城市边缘区的物质与社会空间都在经历着一个高频率的变动过程，物质层面表现在城市地域空间的扩张、房地产的开发、各种设施的建设等；而社会层面则表现在原有失地农民群体的空间剥夺、边缘区社会群体的多元化（外来务工人员、郊区别墅的高收入群体、原失地农民）等方面。

（三）卡斯特的城市消费观

曼纽尔·卡斯特在《城市问题》（*The Urban Question*）中曾提出了城市社会体系结构分析的框架（如图3-2），他将社会体系综合成为经济、政治、意识形态等。与此同时，他阐述了不同层次以及各层次之间和各层次内部的矛盾和相互影响、相互作用的关系，进而形成了他的空间结构理论（Castells，1977）。从卡斯特的城市结构分析框架可以看出，经济层面的生产、消费、交换和调控主要表现在经济空间，反映在城市、区域、空间相互作用和城市规划中；政治层面则表现在地方政府对城市行政管理的制度性空间；意识形态层面表现在城市的象征空间。

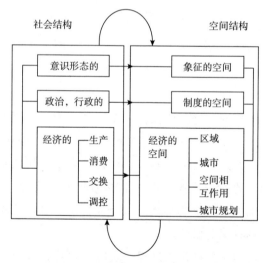

图3-2 卡斯特的城市结构分析框架

资料来源：朴寅星，1997。

卡斯特论述的另外一个非常重要的概念是集体消费（collective consumption）。他认为政府提供住房、教育、医疗、公共服务等集体消费性服务，这些可以解决城市中存在的某些社会问题，但同时也成为市民争取改善服务的内容。政府未进行干预之前，一些社会问题被认为是客观存在或者无法避免的，但政府提供这些集体消费服务后，市民便认为提供服务是政府的责任，久而久之，城市各利益群体为争取更多的利益便向政府施压，城市危机与自我矛盾随之产生。他还指出，城市规划和国家解决体制上的矛盾而采取的这些干预手段同社会科学的理论之间存在某种关系（朴寅星，1997）。

卡斯特的早期著作由于过分抽象而受到了来自马克思主义者和非马克思主义研究者的批判，他接受了来自批评者的声音并在后期著作中改变了一些重要理论，试图对阶级、政治及城市矛盾间的相互关系进行更加冷静、综合的分析。在他的《城市和人民》（*The City and Grassroots*）一书中，他着重探讨了城市的社会性移动概念，并将其定义为：为了改变历史形成的城市形态和功能以及内在的社会理解和价值而进行的有意识的集体行动（Castells，1983）。

二　新韦伯主义学派理论

新韦伯主义学派产生于 20 世纪 70 年代，它认为城市是一个社会 - 空间系统（a socio - spacial system），并将芝加哥学派城市理论与韦伯社会学的重要概念及方法结合起来，用于分析和解释与城市空间客体相对应的社会现象（蔡禾，张应祥，2002）。传统的城市空间概念是新韦伯主义分析城市的基本出发点，而由城市社会 - 空间系统产生的城市资源分配不平等及由此引发的社会冲突是他们关注的焦点问题。新韦伯主义对城市空间资源和社会阶层的研究主要体现为"城市经理人"理论和"住房阶级"理论，代表人物主要是帕尔（Pahl）、雷斯（Rex）和墨尔（Moore）。

（一）城市经理人理论

1. 城市空间 - 社会系统分析框架

帕尔指出，城市是一个空间结构和社会结构合二为一的系统，可概念化为一个具体的空间 - 社会系统。在这个系统分析框架中应包括三个要点内容。

第一，强调空间概念在城市分析中的重要性。帕尔认为对城市资源分配的限制性因素、过程及模式的考察是城市空间 - 社会系统研究的理论宗旨，而城市资源的独特性在于其空间属性，城市所提供的各项设施的区位具有唯一性，不能由两个或两个以上的人同时占有。

第二，帕尔认为城市资源的不平等分配并不是由空间或区位所决定的，而是在社会系统中占据重要位置的个体的行为后果。这也是他所提出的"城市经理人"（urban managers）的出发点，这些城市经理人决定着不同类型的城市稀缺资源在不同人群中的分配，通过分析他们的目标、价值取向和行动可以解释城市资源分配模式的形成。

第三，帕尔强调由城市资源的稀缺和不平等分配而导致的冲突是任何社会里都不可避免的，差别只是在于这种不平等的强度的不同，而这种差别主要源于个体在不同类型的城市资源分配体系中所处的地位。

2. 城市经理人的理论内涵

帕尔认为，在城市空间有限及资源短缺的情况下，资源分配必然会导致社会冲突和不公平。很明显，居住在高档社区的中上层居民会享有良好的居住环境和完善的服务设施，他们所得到的社区资源要比居住在贫民窟的低下层市民多。同时，帕尔指出，城市资源的分配并非完全取决于自由市场，部分资源是通过政府的科层制架构，如住房署、福利署等去分配的。最明显的例子是公共住房，入住公房并不由你在私人市场中的价值高低来决定，而是通过住房署这个科层系统，分配给低收入或最需要的住户（Pahl，1975）。

在城市资源的分配过程中，有一部分人扮演着重要的角色，如城市设计师、建筑师、开发商、住房事务经理、地产从业员、社区工作者等，帕尔将这些人定义为"城市经理人"（urban managers）或"城市守门人"（urban gatekeepers）。由于这些经理人的价值倾向和意识形态的不同，他们在达到其自身目标的过程中会对城市资源的分配产生一定影响，这种影响要么强化要么减弱现存的社会不平等。

城市经理人也引发了部分学者的批判，主要源于两个方面。一是城市经理人的界定问题，在帕尔的定义中，从科层制的最低级到最高级的官员都可以作为经理人，但很明显，不同级别的官员对资源分配所产生的影响相差巨大，如何对各种不同类型的经理人及其所发挥的作用进行评判，甚至制定相应标准，是引起学者争议的主要方面。二是城市经理人的自主性问题，资源分配过程中，是否完全受城市经理人的价值、观念的影响。后来的研究表明，城市经理人不仅受到城市空间等因素的限制，同时也受到市场因素、科层制组织结构等因素的制约。

针对学者们对城市经理人的各种批判，帕尔对他的理论学说进行了修正。首先，他对城市经理人进行了重新界定，明确指出城市经理人为公共服务体系中负责执行政策的人，私人服务的雇员或在政府科层制度以外者不包括在内。而且，经理人主要是高级官员或掌有实权的人，而不是一般低级职工。其次，城市经理人理论的应用范围只局限在地区资源的分配上，但在中央政策的层面经理人影响作用有限。最后，城市经理人不是一个独立的影响因素，他们只发挥着局部的影响力。

尽管帕尔的城市经理人是在西方社会、经济、制度背景下提出来的，但他的相关思想对处于转型时期的我国城市发展所面临的日益严重的资源分配不均等社会问题同样具有重要借鉴与启示意义。可以说，我国的城市政府领导、职能部门机构、城市规划师、房地产开发商等在一定程度上扮演着"城市经理人"的角色，对城市物质设施建设与更新，社会资源分配与布局，以及城市物质与社会空间相互作用的区位选择、作用模式等都具有一定的影响作用。

（二）住房阶级理论

1967 年，雷斯和墨尔在其《种族、社区和冲突》（*Race, Community and Conflict*）一书中，通过对英国城市伯明翰的住房与种族关系的实证研究，提出了"住房阶级"理论。试图用人类生态学和韦伯的阶级理论去分析一个城市中各个社会群体争取有限资源的情况。他们发现，城市中的居民对住房资源的要求都有一个共同的价值倾向，每个人都希望居住在环境优美的高档住区或郊区。中产阶级可以通过其政治经济优势购买到郊区的高档住宅，工人阶级尽管财力不足，但可以通过国家相关制度获得条件相对良好的住房，而许多"边缘人群"如失业者、单亲家庭、外来移民等只能居住在内城贫困区。这种住房区位模式的变化可以解释为：在共同的居住区位价值取向条件下，优越住房成为一种稀缺资源，不同的社会群体通过不同的途径，经过激烈竞争获得这种稀缺资源，由此，形成了城市中的居住区位、住房质量和居住人群的明显分异。

雷斯和墨尔还按照不同人群住房环境的不同划分了不同的住房阶级类型，分别为：①拥有私房者；②银行按揭购房者；③租住公共住房者；④租住全套私人住房者；⑤有私房但需出租房间付银行按揭者；⑥租住一个房间者。可以看出，不同的住房阶级他们的居住条件和处境差异十分明显

（Rex & Moore，1967；顾朝林，2002）。

桑德斯（Saunders）在评论住房阶级理论时同样认为，现代社会的分层并不是像马克思主义者所说的简单分为资产阶级和无产阶级，而是如韦伯所言的基于人的市场状况、是否拥有住房、土地等划分为不同的阶级。在现代社会中，则可以根据个人的住房状况而划分为不同的住房阶级（Saunders，1978）。

雷斯和墨尔的住房阶级理论的主要贡献在于他们提出了与传统的芝加哥人类生态学派研究相区别的新方法，强调城市的社会结构与空间结构的密切联系，尝试将主流的社会学理论同传统的城市社会学对空间的关注融合在一起，对城市社会学的理论发展起到了一定的推动作用（蔡禾，张应祥，2005）。

我国城市土地制度和住房制度改革以来，城市中的住房对个人生活、城市经济的影响越来越大。与计划经济时期的"单位大院""均质化"住房不同，当前的城市住房在质量、区位、公共服务设施等方面分异明显，正如桑德斯所述，"住房划分甚至比职业划分更能准确地划出现代社会的分层状况"。另外，从某种意义上来讲，住房也成为城市物质与社会空间相互作用的一个重要媒介，一方面，住房可以反映出对城市优质空间资源的占有状况；另一方面，也可以反映出城市社会群体的差异，因此，对住房的研究将是转型时期揭示我国城市物质与社会空间相互作用机理的重要视角之一。

第四节　物质与社会空间相互作用模式理论

一　城市空间结构的三大古典模型

城市空间结构中最重要的理论模型是基于城市土地利用而提出的城市社会结构模型，其中，最具影响力的是伯吉斯、霍伊特、哈里斯和厄尔曼提出的同心圆模型、扇形模型和多核心模型。这三个古典模型不仅是城市空间结构的重要理论基础，同时也是反映城市物质与社会空间相互作用模式的基础理论，从这三个模型中可以发现城市中不同的社会群体在城市物质空间上（不同土地利用类型）具有的不同的分布类型，反映了城市物质环境（侧重于不同的土地利用类型或城市功能区）与社会群体在空间上的作用方式，同时，这三个模型也解释了西方城市物质与社会空间相互作用的结构模式。

（一）伯吉斯的同心圆模型

20世纪20年代，伯吉斯（Burgess）以芝加哥作为研究对象，提出了著名的同心圆模型（Concentric Ring Model）。芝加哥的中心商业区（CBD）位于都市中央临近密歇根湖畔，白天为繁盛的商业区，夜晚人潮散去，中心商业区几乎没有居民。商业区外是住宅区，首先是包括少数民族聚集区的贫民聚集的旧区，之后是高级住宅区，沿着北边的湖畔呈环状分布，远离工业区。芝加哥已经有市郊化出现，城市外围环绕着广大的通勤带，每天大量人口进入中心商业区。

通过对芝加哥的研究，伯吉斯推论出城市土地利用分布的形成原因。同时，基于一系列的假设描绘出了同心圆模型。他假设土地利用是由生态过程所引发的，包括竞争、优势、侵入和演替。通过出价地租机制（Bid–rent mechanism），地价由市中心向外下降，由于市中心的可达度高，能产生最高的回报，因此土地的竞争最剧烈，是最高地价所在。由于越远离市中心，运输成本越高，地租则较为便宜，从商业中心区开始，地租呈随距离递减的现象，出价地租曲线描述两者之间的取舍，此曲线显示了随距离递减效应（Distance–decay effect）。

根据伯吉斯的同心圆模型，一般城市土地利用空间结构模式可划分为五个圆形或环状地带（如图3–3），分别是：①中心商业区（CBD）；②过渡地带（Zone of transition），过渡带混合了商业及住宅土地利用；③工人住宅区（Working–class residential zone）；④中产阶级住宅区（Middle–class residential zone）；⑤通勤带（Commuter zone）。从本质上来看，伯吉斯的同心圆空间模型呈现城郊二元特征，中心商业区和居住区组成了城区，通勤区则构成了郊区。

这种理论在城市中的应用一般可解释为：①由于城市发展的需要以及人口增长的需求，城市边界扩张表现为外延的特征。②城市在发展初期只有一个核心，各区围绕中心布置，在城市边缘区富人建设新住宅，穷人和富人之间有隔离区。③必须有较为高效的运输系统来满足城市边缘的富裕阶层。④城市人口分异明显，由于职业、人种和种群特征的差异，城市内部产生不同的社区（Park，1925）。

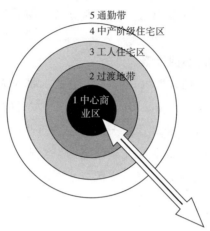

5 通勤带
4 中产阶级住宅区
3 工人住宅区
2 过渡地带
1 中心商业区

图 3 - 3　伯吉斯的同心圆模型

资料来源：Park & Burgess，1925。

（二）霍伊特的扇形模型

1939 年，霍伊特（Hoyt）通过分析美国 64 个中小城市及纽约、芝加哥等著名城市的住宅区提出了城市空间结构的扇形模型（Sector Model）（如图 3 - 4）。此模型的前提是围绕着城市中心，混合性的土地利用得到发展，而且随着城市的扩展，每类用地以扇形的方式向外扩张。在他的模型中，保留了同心环模式的经济地租机制，加上了放射状运输线路的影响，即线性易达性（Linear Accessiblilty）和定向惯性（Directional Inertia）的影响，使城市向外扩展的方向呈不规则式。他把中心的易达性称为基本的易达性，把沿着辐射运输路线所增加的易达性称为附加的易达性。轻工业和批发商业对运输路线的附加易达性最为敏感，所以呈楔形，而且不是一个平滑的楔形，它可左右隆起。至于住宅区，贫民住在环绕工商业土地利用的地段，而中产阶级和富人则沿着交通大道或河道、或湖滨、或高地向外发展，自成一区，不与贫民混杂。当人口增多，贫民区不能朝中产阶级和高级住宅区发展时，也会循不会受阻的方向作放射式发展，因此城市各土地利用功能区的布局呈扇形或楔形。

霍伊特的扇形模型的空间结构如下：①中心商业区（CBD）；②轻工

业和批发区（Manufacturing）；③低收入的住宅区（Poor housing），相当于过渡区或工人住宅区；④普通住宅区（Medium housing），是中产阶级居住的地方；⑤高级住宅区（Superior housing），是富有者居住的地方。其中，中心商业区位于城市中央，轻工业和批发区沿交通线从市中心向外呈楔形延伸，中心区商业区、轻工业和批发区对居住环境的影响导致居住区呈现出由低租金向中租金过渡的特征，高房租地区则沿一条或几条交通干道从低租区向郊区呈楔形延伸（Hoyt，1939）。

扇形模式是总结较多城市的客观情况而抽象出来的，所以适用于较多的城市。但这个模式还有许多缺陷：一是过分强调财富在城市空间组织中所起的作用；二是未对扇形下明确的定义；三是建立在租金的基础上，忽视了其他社会经济因素对形成城市内部地域结构所起的重要作用。

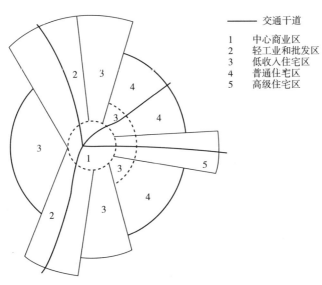

图 3-4　霍伊特的扇形模型

资料来源：Hoyt，1939。

（三）哈里斯和厄尔曼的多核心模型

多核心理论（Multiple Nuclei Theory）最先是由麦肯齐（Mckenzie）于1933年提出，后由哈里斯（Harris）和乌尔曼（Ulman）于1945年加以发展的。多核心的理论模型假设城市内部结构除主要经济胞体（Economic

Cells)，即中心商业区（CBD）外，尚有次要经济胞体散布在整个体系内。这些胞体包括未形成城市前，中心地系统内各低级中心地和在形成城市过程中的其他成长点。这些中心地和成长点都随着整个城市的运输网、工业区或各种专业服务业的发展而发展。其中交通位置最优越的最后成为中心商业区，其他中心地则分别发展成次级或外围商业中心和重工业区（如图 3 – 5）。

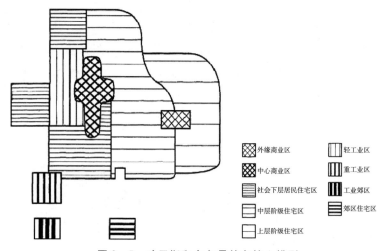

外缘商业区　　　轻工业区
中心商业区　　　重工业区
社会下层居民住宅区　　工业郊区
中层阶级住宅区　　郊区住宅区
上层阶级住宅区

图 3 – 5　哈里斯和乌尔曼的多核心模型

资料来源：Harris & Ulman, 1945。

哈里斯和乌尔曼的多核心的空间结构模型可以概括为：①中心商业区（CBD）；②轻工业区（Light industry）；③社会下层居民住宅区（Low class residential）；④中层阶级住宅区（Medium class residential）；⑤上层阶级住宅区（High class residential）；⑥重工业区（Heavy industry）；⑦外缘商业区（Outlying business district）；⑧郊区住宅区（Residential suburb）；⑨工业郊区（Industrial suburb）。（见图 3 – 5）在这个结构模型中，中心商业区不一定居于城市几何中心，却是市区交通的焦点；轻工业区不仅靠近市中心，而且位于对外交通联系方便的地方；居住区分为三类，其中社会下层居民住宅区靠近中心商业区和轻工业区，中层阶级和上层阶级住宅区为寻求更好的居住环境往往偏向城市一侧发展，且具有自己的城市次中心，重工业区和卫星城镇主要分布在城市郊区（Harris &

Ulman，1945）。

这种都市空间结构多核心的形成有 4 种因素：①有些活动需要特殊的设施或资源；②同样的活动往往聚集在同一地方；③引起相互冲突的不同性质的活动不宜聚集在同一地方；④有些活动在金钱上无力与某些活动于同一地方争地盘，只能选择都市边际处进行活动。这几种因素相互作用的结果，促使相互协调的职能机构向不同的中心点集结，不相协调的职能机构在空间上彼此隔离，由此出现了同一都市的商业多核心、工业多核心、住宅多核心等现象。

上述三种都市空间结构理论代表了都市生态学的古典模式。这些理论都以相同的活动为基础，并得出了一个共同的结论，即住宅等区域的不同主要决定于土地的价值。这三种理论有两个共同的弱点：一是在强调经济因素对都市空间结构的影响时，忽视了社会文化因素的影响；二是在讨论不同活动，尤其是对立活动的隔离性时，有绝对化的倾向（Pacione，2001）。但同时我们也不难看出，上述三种都市空间结构模型实际上都可看成是城市物质与社会空间相互作用模式的基础理论。

在这三种模型中，都涉及以城市土地利用空间为基础的城市物质要素与社会构成之间的相互作用关系，这种物质要素往往体现为城市土地利用、基础设施（交通）、产业区等，社会构成则更多地体现为城市中不同收入阶层的分异，如低收入阶层、中产阶级和富裕阶层等。在城市空间上，物质要素与社会构成的相互作用则体现为不同社会群体在居住空间上的区位选择及其与不同土地利用功能区的作用规律与作用方式，最终呈现出的则是一种概念化与模型化了的城市物质与社会空间相互作用模式。

二　现代城市空间结构的典型模型

在三大古典模型之后，城市社会经济发展面临着新的背景与因素，不同学者根据不同国家、地区和城市的差异，对三大古典模型进行了进一步的检验和修正，提出了多种现代城市空间结构的理论假说和结构模型，丰富了这一问题的研究，同时，也为城市物质与社会空间相互作用模式理论提供了更为丰富的理论成果和案例研究。

（一）迪肯森的三地带模式

1947 年，迪肯森（Dickinson）根据对欧洲众多城市的考察，将历史的发展与地带的结构加以综合，提出了一个在形态上与伯吉斯的同心圆学说相似，但实质内容有区别的三地带模式理论（Three Zones Theory）。他认为城市在地域上由三部分组成，分别是中央地带（Central zone）；中间地带（Middle zone）；外缘地带（Outer zone）或者郊区地带（Suburan zone）。1954 年，埃里克森（Ericksen）又将同心圆理论、扇形理论和多核心理论综合在一起，提出了折中理论（Combined Theory）（如图 3 - 6）。该理论将城市土地利用类型简化为商业、工业和住宅三类，市中心的商业区呈放射状向外伸展，中心商业区的外围是工业用地，而住宅用地处于各放射线与工业区围起来的地方。这一城市地域结构模式更接近于现代工业城市的地域空间结构。

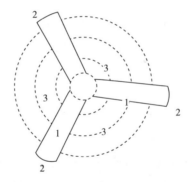

1.中心商业区；　2.工业用地；　3.住宅用地

图 3 - 6　Ericksen 的折中结构模式

（二）曼的同心圆 - 扇形模型

伯吉斯的同心圆模型和霍伊特的扇形模型都是基于美国城市土地利用情况而提出的。1965 年，曼（Mann）在研究英国的城市结构模型时综合了同心圆和扇形两种结构模型，并结合英国中等城市的土地利用现状，提出了针对英国中等规模城市的同心圆加扇形（Concentric Zone - Sector Theory）的空间结构综合模型。该理论与上述两种模型最大的不同之处在于城市外围通勤人员住区变成了独立的通勤村，同时，每个扇形区代表了不同收入阶层所居住的区域，然后与同心圆环带结合，说明房屋的类型质量。

另外，该模型还考虑了城市风向问题，认为最好的住宅区（多为高收入阶层）通常位于城市西部的上风带，而城市东部的下风带则是工业集中区和低收入阶层居住区（如图3-7）。

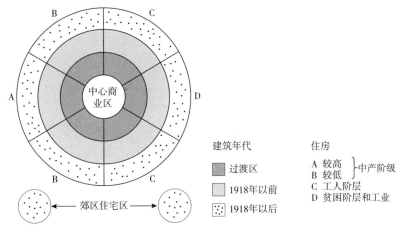

图3-7 Mann的同心圆-扇形结构模型

资料来源：Mann，1965。

（三）塔弗的理想城市模型

1963年，塔弗（Taaffe）、加纳（Garner）和蒂托斯（Teatos）从城市社会学角度提出了城市地域的理想结构模型（如图3-8）。整体来看，塔弗的城市地域理想结构模型呈现出环状与放射状相结合的特征，并由五个主要部分所构成：①中心商务区。这里集中了大量银行、金融、股票、保险公司等交易场所以及文化娱乐场所和百货商店。②中心商务区边缘区。是中心商务区的延伸区域，往往由若干扇面组合而成，商业地段、工业小区和住宅区分布其中。③中间带。由高、中、低不同收入阶层的住宅区组成，呈现出混合型的社会经济特征，距中央商务区较近的住宅区密度较高，低密度住宅区分布在其外围。④外缘带。作为城市新区，这里成为轻工业主要集聚地带，中等收入者多在此拥有独立住宅，形成连片的住宅区；同时，这里还是环城道路和区域性干道枢纽的集中地带，各种旅馆、停车场、大型购物中心均分布在此。⑤近郊区。受城市对外高速公路影响，本区交通条件十分便利，逐步形成了近郊的住宅区、工业区和农牧区等（Taaffe，Garner，Teatos，1963）。

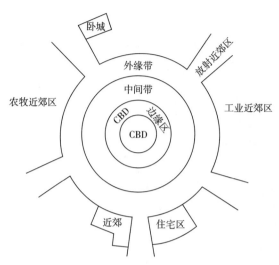

图 3 – 8　塔弗的城市地域理想结构模式

资料来源：顾朝林，2002。

（四）麦吉的东南亚港口城市模型

1967 年，麦吉（McGee）通过大量的殖民化城市地域结构研究发现，现代城市是由前工业社会城市和工业社会城市两种文化相互作用而发展起来的，他通过对东南亚港口城市的观察，提出了针对东南亚港口城市的空间结构模型（如图 3 – 9）。在麦吉的模型中，他考虑到殖民势力及后殖民时代的外来移民的影响，商业区由于经营者种族的不同而产生了明显的分异，主要表现在已西方化了的中央商务区和外围商业区之间存在明显的差异，边缘地带的工业区和内城的家庭手工业区之间也存在明显的差异，即使在高密度拥挤的商店、街道和舒适的中产阶级居住区之间也仍保留着乡村特点。同时，城市在增长过程中也融合了传统村落的发展演化，不断影响到城市周围的农村地区，并逐渐形成扩展都市区（extended metropolitan region）（McGee，1967）。

（五）拉美城市空间结构模型

福德（Ford）曾针对拉丁美洲城市提出了空间结构模型，试图将传统城市结构要素与现代化城市进程相结合，包括市区、商业中心带、社会精英居住区以及一系列反映居住质量随距离衰减的同心环带，该模型在拉丁美洲城市中具有一定的普遍性（Ford，1980；1996）。格阿多（Gerardo）在此基础上研究了智利中等城市的空间结构模型（如图

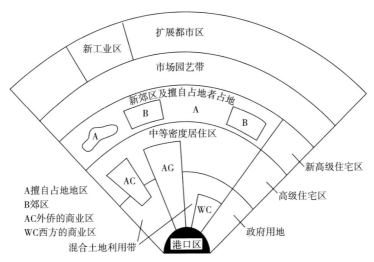

图3-9 麦吉的东南亚城市结构模型

资料来源：冯健，2004。

3-10），发现在不同的土地利用、社会经济区、人口密度和景观环境的影响下，城市空间结构呈现出同心圆和放射轴相结合的城市形态模式。传统的放射状和扇形结构仍可以解释拉美城市空间结构，但城市空间转型的新因素影响也较大。在城市中心表现出密实化（densification）的特征，产业和仓储区远离城市，沿着主要交通轴线则产生了许多缺陷空间（Gerardo et al.，2007）。

（六）莫迪的城市生态结构理想模型

莫迪（Murdie）通过对加拿大城市的研究提出，当社会经济状况、家庭状况和种族状况被叠加在城市的物质空间上时，它们应该被看作社会空间主要维度的代表，它们扮演了把各社会均质区分隔成"用扇形-带状"的蛛网格子限定的小单元的角色。在这种具有叠加特征的城市社会空间结构模型中（如图3-11），社会经济状况使社会区呈现扇形结构，家庭状况包括年龄和家庭结构等，使社会区呈现同心圆结构，种族状况的影响呈现出分散状的群组分布。同时，莫迪认为，这些扇形和带状不是简单地叠加在城市形态之上的，而是经过与城市形态复杂的相互作用而形成的。例如，放射状的交通线可能会控制着扇形的分布并使带状区发生变形，同样，扇形和带状的构造还可能受到特定的土地利用模式和城市扩张模式的影响（Murdie，1979）。

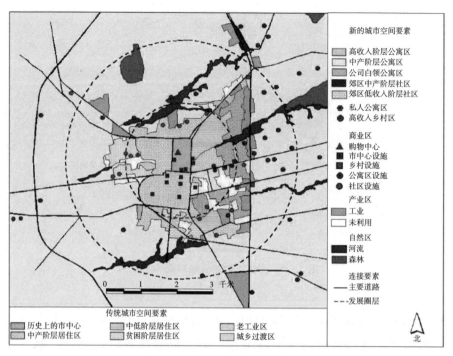

图3-10 拉美城市空间结构模型

资料来源：Gerardo，2007。

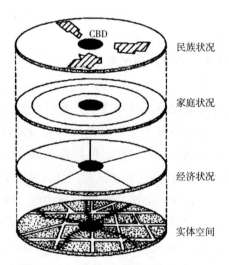

图3-11 城市生态结构的理想模型

资料来源：Murdie，1979。

（七）东欧社会主义国家城市结构模型

托马斯（Thomas）对比了社会主义时期和后社会主义时期东欧城市结构模型的发展演化特征，并对两个时期的城市分别提出了不同的结构模型（如图 3 – 12 和图 3 – 13）。在托马斯的社会主义城市结构模型中，主要包括以下区域：①历史性的中心区；②由工业发展或战后结构调整出现的城市扩展区；③社会主义新区；④工业区；⑤早期的上层社会和中产阶级居住区；⑥20 世纪 50 年代的社会主义居住区；⑦20 世纪 60 ~ 80 年代的住宅区和相邻地区合并形成的居住区；⑧公开的或计划单列的"隔离带"（isolation belts）；⑨农场、森林、矿山等（包括旅游资源）。另外，在城市中心往往有中心广场。后社会主义时期城市结构发生了明显的变化，最主要的特征是社会空间分异的出现，主要是由转型时期的不断扩大的收入差异和转变中的住房体系所导致，城市中不断出现的新的工业区和新的居住区与原有功能区相互作用，城市功能格局变得更加复杂，由社会阶层分化导致的居住空间选择的差异又进一步加剧了城市空间的分异过程（Thomas，2001）。

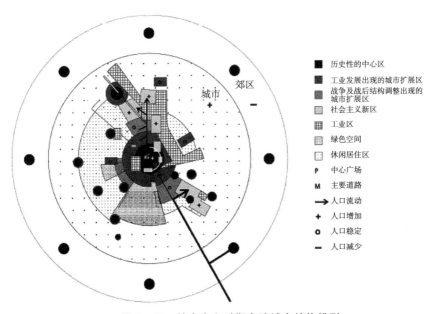

图 3 – 12　社会主义时期东欧城市结构模型

资料来源：Thomas，2001。

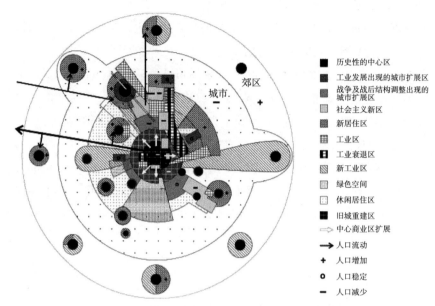

历史性的中心区

工业发展出现的城市扩展区

战争及战后结构调整出现的城市扩展区

社会主义新区

新居住区

工业区

工业衰退区

新工业区

绿色空间

休闲居住区

旧城重建区

中心商业区扩展

人口流动

人口增加

人口稳定

人口减少

图 3 - 13　后社会主义时期东欧城市结构模型

资料来源：Thomas，2001。

第四章 耦合过程：物质与社会空间互动关系演变

长春地处东经 124°18′~127°02′，北纬 43°05′~45°15′，是东北地区重要的中心城市之一，吉林省省会。长春兴起于近代时期中东铁路的建设，在日本殖民统治时期，作为伪满"国都"（新京），尽管城市建设得到快速发展，但城市物质空间和社会空间受殖民主义影响深刻，表现出典型的殖民城市特征。新中国成立后，在社会主义计划经济体制下，长春城市功能实现转型，成为我国重要的老工业基地城市，该时期城市物质与社会空间受计划经济体制及其社会组织制度影响深刻。随着改革开放、社会主义市场经济转型与东北振兴，长春在社会、经济等方面向多元化方向转变，城市物质与社会空间及其耦合特征也呈现出复杂化的趋势。

总体来看，长春市物质与社会空间发展过程在我国大城市中具有一定的代表性，基本反映了 20 世纪中国社会制度更替下城市物质与社会空间的变迁。通过对伪满统治时期、新中国成立后的社会主义计划经济时期和社会主义市场经济转型时期三个阶段长春市物质与社会空间演化过程的分析，试图呈现不同政治、经济和社会制度背景下城市物质与社会空间的生产与再生产过程及其互动关系的演变特征。

第一节 物质与社会空间耦合的历史基础

一 封建社会时期城镇的兴衰与演化

长春及整个东北地区真正意义上的开发是在清朝"封禁"政策解除以

后。在"封禁"政策实施以前,长春经历了汉与南北朝时期的扶余王城,唐与渤海时期的边陲军事重镇,宋、辽、金时期的古城建设以及元、明、清时期的游牧地等几个发展阶段。

(一) 汉与南北朝时期的扶余王城

两汉时期,长春所在地属于古扶余国。西汉初期,扶余国的中心在今长春市农安县,扶余王城的规模虽不及中原城市,但在东北各少数民族所建城市中,仍处于领先地位,是古代东北中部地区的中心城市。扶余王城出现于长春原始聚落向古代城市演变的过渡时期,揭开了长春地区城镇历史发展的序幕。长春地区的农业开发也始于此时期,有"地宜五谷,不生五果"之说,畜牧、手工业较发达,扶余王城后于太和十八年(公元494年)毁废于战火。

(二) 唐与渤海时期的边陲重镇

公元698年,肃慎的后裔靺鞨族建立了渤海国,并在唐朝的支持下不断扩大疆域。渤海国行政区域大大超过扶余时期,并在扶余故地设扶余府,扶余府下辖扶、仙二州,扶州治所与扶余治所同在农安县城,长春地区隶属扶余府,为主要农垦地区。被毁的扶余王城后期得到了复苏,主要功能为边贸中心,军事重镇和交通要冲。渤海国兴起后,其传统的以狩猎为主的经济功能逐渐弱化,农业成了主要经济部门,商业迅速发展,出现了一批城镇。

(三) 宋、辽、金时期的古城建设

两宋时期,长春地区曾先后受辽、金两个封建王朝管辖。农安古城在辽时期更名为黄龙府,是东北中部地区的行政、交通和军事中心。现长春周围残留的古城遗址,除农安外,几乎全部建于辽代,如长春市奋进乡的小城子古城、榆树市下坡乡的下城古城等。辽被金灭后,改黄龙府为济州,后又更名为隆州。随着中原汉人的移入,长春地区在原有基础上有所发展,在农安古城附近分布有中小型古城50多座,形成了以农安古城为中心的大小不等、功能不同的城镇。

(四) 元、明、清时期的游牧地

元初,由于"减丁"政策的实施,长春地区人口锐减;明代,长春地区人口先减后增,明末时期人口迅速增加。元、明、清(中叶)时期,长春地区主要是蒙古族的活动区域,受其游牧民族"志在掳掠,得城旋弃",易发动战争的生活方式的影响,长春地区除农安作为元王朝的军事重镇保留下来外，其余古城几乎全部毁于战火，已开垦的土地，大部分变成了蒙古族王公的游牧地，高度发展的农业经济遭到了严重破坏。

（五）清"封禁"政策后的城市衰落

清王朝建立以后，为恢复"龙兴之地"的经济，巩固后方根据地，于顺治十年（1653 年）颁布了《辽东招民开垦令》，积极鼓励汉族人民出关开垦土地。该移民政策和开发政策极大促进了东北地区社会经济的发展进程，但同时也对旗人生计、满族风俗产生了威胁，因此，清朝统治者借口保护"参山珠河之利"，严格限制内地人民出关，并于 1668 年（康熙七年）开始实行长期的封禁政策。封禁政策严重阻碍了长春及东北地区的城市发展进程，严重限制了社会经济发展速度，除盛京（今沈阳）等少数城市外，东北地区早期城市大多衰落或消亡（韩守庆，2008）。

二　半殖民统治时期城市空间的发展

长春地方政区的设置始于清朝嘉庆五年（1800 年）。由于清政府"封禁政策"的松动，关内汉族移民大量涌入，吉林将军进行实地调查，发现已经开垦土地面积达 26 5 万亩，住民户数达 2330 户（王季平，1989）。此时，清政府不得不承认现实，以"借地安民"为由，在郭尔罗斯前旗内设长春厅，管理屯垦的人口，治所在今长春以南 17 公里的新立城（王海梁，1995）。咸丰十年（1860 年），清政府完全解禁，汉族人口大量流入，结束了长春地区长期以少数民族为主体的单一民族聚居区结构，逐渐形成了以汉族为主体的多民族杂居模式。

（一）长春旧城的形成与发展

由于新立城地势低洼、交通不便，清政府于 1825 年将长春厅治所沿伊通河北移 20 公里，迁至伊通河西岸的宽城子（今南关区一带）（于泾，2002），宽城子也因此成为长春的第一片城区。1865 年，为防匪患，长春商人自发集资，挖壕建城，史称长春旧城（见图 4 - 1）。旧城占地约 5.28 平方公里，南北长约 1.9 公里，东西宽约 3.2 公里。在长春设治以前，宽城子已经是此地最大的一个居民点，农田和住宅、作坊、店铺相互交错，但没有形成城市的街坊，只是在个别的地段有固定的集市或者商业店铺（张广宜，1995）。厅治迁来以后，逐渐完善了城市内部衙署、监狱、城墙和街道等设施的建设。与我国大多数封建时期城市一样

（赵世瑜，周尚意，2001；魏立华，闫小培，刘玉亭，2008），在城市内部空间布局中，依然沿袭了分阶级、按职业聚居的传统礼制，官衙、寺庙及繁华的集市位于长春旧城中心。但长春旧城主要是自然形成，且长期的"封禁政策"使其城市建设受封建礼制的约束相对较少，因此，其城市内部不同阶层按封建礼制在居住空间上的分异并不明显，而更多地表现为居住建筑的质量差异。官衙、银庄、当铺、庙宇，以及达官贵富商的住宅为传统的砖木结构，质量较高，其他大多为农民居住的简陋的民居住房（庞瑞秋，2009）。

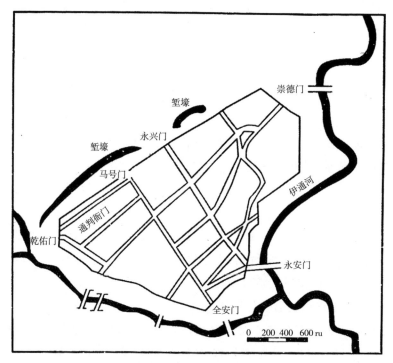

图 4 - 1　长春旧城示意图

资料来源：刘亦师，2006。

（二）俄国侵入与中东铁路附属地的形成

1898 年，沙俄攫取了在我国东北修筑中东铁路的特权，并在沿线建造新城（如哈尔滨和大连）及中东铁路附属地。这种铁路附属地实际上是俄国依托中东铁路在东北设置的由俄国人独占、供俄国人定居的类似于租界的一种特殊地区（曲晓范，2001）。在长春，俄国"以防护铁路所必须之地"为借口，在旧城西北约 5 公里的二道沟修筑车站，并围绕火车站强占 4 平方公里土地作为其铁路附属地，即中东铁路附属地。其内部建有广场、货物处、办公楼、兵营、商店、学校、教堂、俱乐部和俄国人住宅等设施。与始发站哈尔滨和大连相比，长春只是中东铁路沿线的普通站点，因此其附属地相对简陋，居住人口最多未超过三千人（于泾，2002）。俄国人在附属地的选址上刻意与长春旧城在空间上隔绝开来，使附属地能脱离开中国旧城的影响，有效地实行隔离政策。这样就形成了长春旧城与中东铁路附属地并存的"双城"结构。俄国人居住和掌控的附属地内部相对规整的街区及较为完备的设施，与中国人居住的旧城区内部简陋混乱的道路和设施形成明显对比。这一时期，长春的社会空间主要表现为这种空间分离的二元结构模式。

（三）日本南满铁路附属地的建设

1905 年，日本取得日俄战争胜利，接管了中东铁路南部支线长春至旅大段（南满铁路）的一切"利益"，并于沿线城市设置南满铁路附属地（姜念东，伊文成，解学诗，1980）。长春成为隶属俄国的中东铁路最南站和隶属日本的南满铁路最北站的集合点，二道沟车站及其附属地仍归俄国所有，而日本则经过勘查，选定在头道沟一带划地 5.5 平方公里建设长春满铁附属地（见图 4-2）。满铁附属地内设有警察署和满铁事务所，建有商店、旅馆、妓院、赌场等，并配以自来水、煤气、电力、电讯等现代城市基础设施，其城市建设水平远远高于旧城区及中东铁路附属地，接近当时西方城市的发育水平。附属地的用地分配是"满铁"住宅占 15%，商业区占 33%，粮栈区占 31%，公园绿化占 9%，公共设施及其他占 12%（曲晓范，2001）。"南满铁路附属地"成为长春第三块城市功能用地，长春城市格局打破了原来的"双城"结构，形成了长春旧城、中东铁路附属地与满铁附属地"三足鼎立"的格局。其中，中东铁路附属地为俄国人的专属用地，不容许中国人入住；满铁附属地属于日本人和部分中国商人及权贵的生活和居住空间（其中 65% 为日本人，35% 为中国人）（刘宏强，1998）；而广大长春百姓主要生活和居住在设施简陋的老城区，形成了维系半殖民统治的三极分化的社会空间结构。

（四）商埠地设立与民族商业区的出现

日俄战争后签订的《中日东三省事宜条约》要求清政府将长春、哈尔

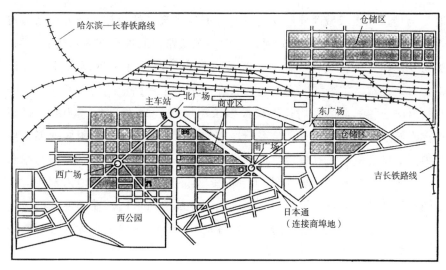

图 4 - 2　长春满铁附属地示意图

资料来源：刘亦师，2006。

滨、辽阳、满洲里等东北 16 个城市辟为"开埠通商口岸"，供其倾销商品。在这种背景下，长春商埠地开始建设，并发展成为长春市第四片城区。商埠地位于旧城区二马路以北、满铁附属地（上海路）以南、永长路以西、大经路以东的地区，占地 5.3 平方公里，人口约 5 万。商埠地是长春最早的商业区，对长春经济发展产生了重要影响，开埠前长春只有传统的手工业，开埠后民族工商业迅速发展，并与日俄等帝国主义势力进行激烈竞争。经过近 10 年的建设，商埠地共建有商号 1488 户，银行、钱庄 88 户，医院、茶馆、戏院 62 户，成为远超宽城子旧城的新的商业区（张冲，1995）。商埠地介于旧城与满铁附属地之间，内部由一条新修的干道"日本通"（今大马路）将旧城与满铁附属地连接起来，最终发展成为宽城子旧城区和满铁附属地的连接体，三者的拼贴与融合成为长春城市空间结构形态的雏形。

受中东铁路建设、外国殖民势力进入、城市自身建设发展等因素影响，至"九一八"事变前，长春形成了四片不同政治、经济背景的城市地域，即长春县①管辖下的长春旧城（老宽城子）；沙俄铁路管理局管辖下的中东铁路附属地；日本满铁株式会社管辖下的满铁附属地；商埠局管辖下的

---

①　民国二年（1913 年）3 月，改长春府为长春县。

长春商埠地，城市"多元拼贴"的结构特征十分明显（见图4-3）。由于四片城区社会经济背景、建设方式、空间结构和发育水平的明显差异，长春城市空间的总体格局也呈现出基于四片城区的"中—俄—日"三极分化的城市空间结构，即中东铁路附属地的俄国人专属区；满铁附属地的日本人和部分中国商人及权贵的居住区；商埠地和长春旧城的中国人居住区。其中，商埠地和长春旧城也表现出一定的分异特征，商埠地为新兴的民族商业区，长春旧城则日渐衰败，成为贫困农民和社会底层市民的居住区。

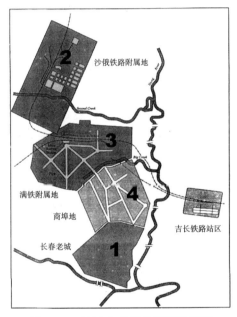

图4-3　1931年前长春城区示意图

资料来源：Esherick J，1999，经重绘。

第二节　伪满时期物质与社会空间的耦合

一　城市发展的社会经济背景与特征

（一）伪满"国都"城市性质的确立

1931年"九一八"事变后，长春沦为日本帝国主义的殖民地。1932年3月，在日本帝国主义操纵下建立了傀儡政权伪满洲国，将长春定为

"国都"，并改名为"新京特别市"，长春市彻底沦为殖民地城市。城市性质也由原来的清政府时期的边疆集镇转变为日本帝国主义在东北地区进行殖民统治的政治中心、经济中心、军事中心和文化中心。当时选定"几乎是一片空白"的长春为"国都"，而非在满日本人的经济中心、关东军军部所在的奉天（沈阳），或者城市设施更完善的哈尔滨，主要缘于长春当时的政治环境、区位和交通优势、相对低廉的地价以及日本人聚居的满铁附属地的社会基础。

（二）以"消费"为主导的城市经济功能

清朝时期，长春地区的封建集镇和军事要塞的职能相对突出。"封禁政策"解除后，农业开垦规模扩大，关内从事经商和传统手工业的移民大量迁入，城市功能有所完善。第二次鸦片战争结束后，长春作为大豆集散地的地位逐渐突出，成为东北地区面粉加工和榨油工业中心之一，同时有大量的山西商人旅居于此，带来了兴旺的银票等行业（吴晓松，1999）。此时，长春的经济功能主要表现为区域性的物资集散地和商品交易场所。中东铁路的建设促进了农业商品经济的发展，并带动了粮栈业、大车店、仓储运输业、饮食业、金融业及商业的发展，促使长春的城市职能向交通枢纽、商贸、工业等职能的扩展。中东铁路附属地、满铁附属地和商埠地的建设进一步加快了长春城市化进程，1903 年俄国人开办了长春第一座近代工厂（亚乔辛面粉厂），长春近代制造业开始出现，日本工业的进入和民族工业的发展进一步促进了长春工业发展。伪满前期，长春经济功能以轻工业为主；伪满成立后，这一功能被进一步强化，印刷、火柴、酿酒、食品等消费品工业和商业发展迅速，城市功能表现为单纯的"政治消费型城市"。

（三）"拼贴式"城市空间的形成与扩张

至伪满成立前，长春形成了以旧城、中东铁路附属地、满铁附属地和商埠地四片城区为主的城市空间，地域形态表现出典型的"拼贴"特征。其中，商埠地的建设对长春城市的发展意义重大。通过商埠地的建设，市内交通和对外交通比原先通畅得多，增强了城市的凝聚力和吸引力，促进了商业发展，"带来了民族商业领域的全面繁荣"（曲晓范，2001）。同时，由于商埠地的规划和大马路的修建，将旧城和满铁附属地连接到一起，不仅促进了长春城市空间的扩张（见表 4-1），而且增强了相对独立的各城区之间的联系。

表 4 - 1 伪满前期长春城市建成区面积的增长

单位：平方公里，年

城市建成区	1908	1930
旧城	5	8
中东铁路附属地	4	4
满铁附属地	4	5
商埠地	0	4
合　计	13	21

资料来源：根据《长春市志·总志》整理所得。

（四）外来移民促进城市人口规模扩大

伪满成立前，长春四片城区人口总计约 13 万人，人口的增长主要以外来移民为主。自"封禁政策"解除后，东北成为关内移民的主要地区，每年都有大量关内破产农民流入。至 1907 年，清政府进行统一户口调查时，长春府①民户已增加到 57423 户，丁口②增至 469863 人（顾万春，1999）。人口如此高速增长，除自然增长外，主要是迁入人口大量增加的结果。民国初期，长春人口增长仍以关内移民流入为主，据 1923～1929 年的不完全统计，关内流入人口到大连后，乘火车进入长春的人口，每年均在 2 万人以上，占进入东北的关内人口的 51.8%，其中一部分人重返关内，大部分移民留此定居，留居者人数占移入人口总数的 58%（顾万春，1999）。关内移民及其后裔是长春地区人口构成的主要群体。与此同时，外国人口也开始进入长春，特别是随着满铁附属地的建设，日本人大规模流入。1924年，长春有外侨 8553 人，其中日本人为 8135 人；至 1931 年，满铁附属地日本人口增加到 10296 人，满铁附属地外的日本人增加到 10630 人（王胜金，2005）。伪满成立后，长春市内的日本人口数进一步增加。

二　物质与社会空间耦合的总体格局

（一）"中日分化"的空间耦合格局

伪满洲国成立后，长春作为伪满洲国"国都"和殖民政治统治中心，

---

① 光绪十五年（1889 年），长春厅升为长春府。
② 指人口总数，男称丁，女称口，合称丁口。

进行了大规模的城市规划与建设。1935 年，苏联将中东铁路北满段卖给了伪"满洲国"，随之，日本南满铁道株式会社接管了长春宽城子车站及中东铁路附属地；1936 年，中东铁路附属地和满铁附属地一并移交给"新京特别市"管辖，长春"拼贴式"的城市空间格局得以融合与统一。但是，城市空间仍表现出明显的分异特征。这一时期长春市物质与社会空间耦合的总体格局沿袭了伪满之前的城市物质与社会空间结构，即"中外分化"的耦合空间总体格局。不过此时，由于俄国的失利，长春的外国势力仅存日本，原来的"中—俄—日"三极分化的空间总体格局被打破，由"中日分化"的城市物质与社会空间耦合总体格局代替。

"中日分化"的空间格局在长春城市地域空间上表现为以大同大街（今人民大街）为中轴线的东、西分化的结构模式，大同大街以东（包括伊通河东岸）主要为中国人居住区，大同大街以西和北部满铁附属地主要为日本人居住区（如图 4-4）。这种"分化"的空间耦合格局不仅表现为以种族为主要特征的社会构成的不同，同时，两类群体的居住条件、生活设施等物质要素也表现出巨大差异。伪满期间，将居住区按人口密度划分为四级：一级居住用地的人口密度为 4000 人/平方公里、院落占地 1000 平方米/户；二级居住用地的人口密度为 5000 人/平方公里、院落占地 880 平方米/户；三级居住用地的人口密度为 10000 人/平方公里、院落占地 370 平方米/户；四级居住用地的人口密度为 12000 人/平方公里、院落占地 300 平方米/户（范世奇，1993）。一、二级居住用地主要供日本人和所谓的高等华人（伪满官员）居住，其居住用地以安静为主，居住环境舒适、优美；而大多数中国人都住在三、四级人口密度高的地区内。同时，中国人和日本人居住区内的生活设施差异显著，日本人居住的新区内，电力、煤气、供水、排水、电讯、绿化等近代化设施齐全，而中国人居住的旧区基本保持了沦陷前陈旧的面貌，基础设施简陋，居住环境拥挤不堪。日本人居住的新区自来水普及率达 99.9%，中国人居住的旧区不到 30%，近代化煤气几乎全部集中在新区，全市煤气用户中，日本人煤气用户占 99.3%，中国人煤气用户仅为 0.7%（霍燎原，1991）。

（二）"中日分化"空间耦合格局形成的原因

居住区域的划分反映了身份、等级制度的界限，人在城市空间中的定

图4-4 伪满时期长春市物质与社会空间耦合总体格局

位是人的社会地位的表现（魏立华，闫小培，刘玉亭，2008），而伪满时期长春形成的"中日分化"的物质与社会空间耦合格局主要是日本帝国主义殖民统治的结果，居住空间的分异更多反映出种族的差异，并由此带来了城市物质环境的不同。伪满成立之初，在城市西部选定伪满新皇宫地址后，整个城市发展方向也开始向西扩展。西部地域被确定为伪满"新京"市的新开发区，计划开发面积达79平方公里。在整个城市空间形态的规划中，采用了"单中心"封闭型的用地空间结构，形成了明显的城市空间扩展的中轴线，即大同大街作为城市空间的中轴线。这一中轴线将长春城市地域分为东、西两部分，同时它也成为"中日分化"的空间格局形成的中轴线，轴线两侧的社会群体迥然不同，城市景观、生活环境、基础设施也因此形成了巨大的反差。

三 物质与社会空间耦合区域的划分

伪满时期长春市形成的"中日分化"的城市物质与社会空间耦合的总体格局，其内部也存在较大分异，主要缘于不同民族之间及其内部存在一定的社会地位、职业类型等方面的差异及其导致的居住条件、物质环境、设施建设等方面的差异。总体来看，伪满时期长春市物质与社会空间耦合区域大体可划分为4种类型，分别为伪满高级官署区、日本人居住区、民族商业区和中国贫困农民居住区（如图4-5）。

图4-5 伪满时期长春市物质与社会空间耦合区域图

资料来源：范世奇，1993，经重绘。

（一）伪满高级官署区

伪满"皇帝"溥仪执政与居住的临时宫殿和宫内府当时位于老商业区的东北部（今光复北路），后选址在顺天大街（今新民大街北部）的杏花村拟建新皇宫①，同时，伪满主要行政机构也开始在此建设。伪满国务院、军事部、司法部、交通部、经济部等"八大部"主要集中在顺天大街两侧，并在其周围，为伪满高级官员安排了一级居住用地，如伪满国务总理、伪满国务院总务长等官员官邸均设置在此处。这里人口密度不超

---

① 1938年9月奠基动工，后因战争原因，未能完工。

过 4000 人/平方公里，建筑密度不大于 26%，各类设施齐全，每户还划定较大的院落以满足通风日照的要求，居住环境非常舒适。以顺天广场（今文化广场）为中心，顺天大街为中轴的这片区域，成为伪满时期长春市的政治中心和高级官员居住区。

（二）日本人居住区

伪满时期，在长春的日本人大体可分为关东军、伪满政权官员、大企业职工和普通商民 4 类，这些人大部分住在城区北部原"满铁附属地"和沦陷后扩充的西部新区（大体相当于现在的朝阳区）。日本人在长春的居住条件十分优越，关东军、"满铁"、伪"满洲国"政府机关、"满洲电业"、"满洲重工业开发株式会社"等官方或半官方的各个系统，都有自己的"官舍"或"住宅"（于泾，2001）。当时日本人在长春的居住水平，不仅远远高于当地的中国人，而且也高于日本国内城市的平均水平。日本人下级官吏住在拥有暖气、煤气、自来水与卫生设备等全套设施的公寓里；而上层的日本人，则多住在单门独户的别墅式住宅，花园、草坪、车库等应有尽有。在日本人居住的新区里，居住密度仅为中国人聚居地段密度的 1/6 至 1/7。另外，生活服务设施也相当完备，有学校、医院、影院、戏院、舞厅，甚至有专门的"猫犬病院"（宠物诊所）；新区里建成的高尔夫球场、赛马场和动植物园，也主要供日本人使用，而绝大多数中国人都被排斥在日本人的生活空间之外。

（三）民族商业区

伪满时期的民族商业区是在之前的商埠地和长春旧城基础上发展起来的，粮栈、当铺、杂货店、旅店等为经营最多的行业。1933 年，该区域民族商号总数达到 2000 家，其中粮商 72 家、布店 56 家、旅店（包括车店、马店）110 家、大小饭馆 239 家、杂货店 258 家。至 1939 年，民族商业得到进一步发展，零售商铺增至 2348 家，是同期日本零售商 439 家的 5 倍多。但是，中国商户多为小本经营，资本实力远低于日本商户，中国商户资本在 1 万元（伪币）以下的占中国商户总数的 84.1%，而日商有超过 70% 的商户资本在 1 万元以上（张冲，1995）。从居住条件来看，伪满当局规定旧城和商埠区内为"满系住宅"，分为 3 个等级，一等 38 平方米，二等 25 平方米，三等 20 平方米。与当时日本人聚居的新区"日系住宅"相比（"日系住宅"标准分为 6 个等级，一等 100 平方米，二等 86 平方米，三等 68 平方米，四等 45 平方米，五等 38 平方米，六等 25 平方米），一等标准的"满系住宅"，仅相当于五等标准的"日系住宅"，居住条件差别很大（顾万春，1998）。

（四）中国贫困农民居住区

伪满初期，日本殖民者为建设新区，把居住在城市西部的新发屯、杏花村、黄瓜沟、兴隆沟等 40 多个自然屯的数千农民强制驱赶到伊通河东部和满铁附属地北部的二道河子、八里堡、杨家崴子、宋家洼子等边缘地带（田志和，2000），这一地区一开始便被置于城市规划之外，成了长春的贫民窟。中国贫困农民居住区内人口密集，建筑密度高达 65%；房屋简陋，除有电力照明外，没有任何现代化城市设施。街坊道路是土路，排水是明沟，吃水是井水或共用水栓；用露天公用厕所，没有取暖供热设施，没有煤气和现代交通工具；并且临近伊通河，受水患威胁严重，居住环境和生活条件极其恶劣，与日本人居住的新区形成极大反差。

根据长春市物质与社会空间耦合区域类型及其空间分布，可以得出殖民主义时期长春市物质与社会空间耦合结构模式的示意图（如图 4－6）。总体来看，长春市物质与社会空间耦合结构集合了同心圆和扇形的空间结构模式。整个城市发展重心是伊通河西部地区，因为这里地势较高，不受伊通河洪水的威胁，且地处市区上风向，没有工业污染，空气清新。在西部地区的核心地带是城市中心（大同广场），围绕城市中心形成了不同社会群体的居住空间。城市中心北部是原满铁附属地，也是日本人较集中的地区；西部和南部是新开发与建设的日本人居住区，其外围是伪满高级官署区，与日本人居住区同属设施齐全、环境优美的城市新区。城市中心西部是民族商业区，是在原商埠地和长春旧城基础上发展起来的。城市再外围地区，包括伊通河东岸和满铁附属地北部是中国贫困农民居住区，这一区域设施简陋、居住条件恶劣，且远离城市中心，呈"孤岛"状被排斥于城市边缘。

四 物质与社会空间耦合的形成机制

（一）城市空间发展的历史基础

伪满之前，长春市已经形成了由长春旧城、中东铁路附属地、满铁附属地和商埠地四块街区组成的城市空间格局。伪满时期，长春城市空间发展主要是在这四块街区基础上逐渐向外扩张的，市区规划用地面积由 1931 年的 21 平方公里（四块街区面积之和）扩展到 200 平方公里，其中规划

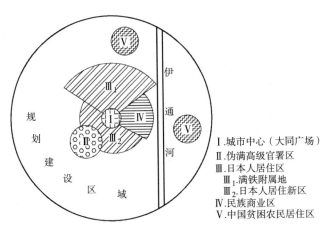

Ⅰ.城市中心（大同广场）
Ⅱ.伪满高级官署区
Ⅲ.日本人居住区
Ⅲ₁.满铁附属地
Ⅲ₂.日本人居住新区
Ⅳ.民族商业区
Ⅴ.中国贫困农民居住区

图4－6　伪满时期物质与社会空间耦合结构模式图

建成区100平方公里（见表4－2）。伪满时期长春的城市物质与社会空间耦合结构也沿袭了此前的空间模式，南满铁路附属地仍是日本人主要的居住区域，商埠地和长春旧城仍然是中国民族商业聚集地，不过此时民族商业较之前更加繁荣，规模也更加壮大，民族商业区逐渐发展成为城市中相对独立的功能与社会区域。与伪满成立前相比，主要差异在于，由于沙俄势力的消失，长春市物质与社会空间耦合由原来的"中—俄—日"三极分化格局演变为"中—日"两极分化的格局形态。

表4－2　伪满"新京"规划建设的区域

单位：平方公里

项　　目	面　　积
"国都"建设规划区域（特别市政区域）A＋B	200
A 近郊邻近地	100
B"国都"建设规划事业面积 a＋b＋c	100
a. 实际建设施行外区域：	9
满铁附属地	5
中东铁路宽城子附属地	4
b. 逐次整理区域：	12
商埠地	4
长春旧城内	8
c. "国都"建设规划事业实际面积	79

资料来源：长春市政协文史资料委员会内部资料，2007。

（二）人口城市化的畸形发展

伪满成立之初（1932 年），长春市区人口仅有 16.7 万，至 1944 年，全市人口达到 89.9 万，12 年间人口增长了 4.4 倍（如图 4 - 7）。此期间长春市人口增长的主要来源是国际和国内的移民。国际移民主要来自日本，30 年代初的日本正陷入经济危机之中，大批知识分子和工人失业，伪满定都长春后，由于这里大量的建设和工作机会的吸引，日本的官吏、商人、士兵及农民不断迁入长春。1932 年，长春有 2.2 万日本人，至 1944 年增加到 18.6 万，增长了 8.5 倍（如图 4 - 8）。国内移民主要是伪满的职员、汉奸及其家属以及来自关内的农民。人口的增加促进了长春经济的发展，推进了城市化进程，但同时也加速了城市社会空间的分化过程。大量日本移民的到来进一步巩固了其在社会群体及城市空间中的主导地位，并且，日本人居住区又得到进一步扩张，从原满铁附属地扩展到城市西南地区，城市新增居住用地几乎都被日本人所占据。日本人为建设其城市新区，强行征占中国农民土地，使其生活空间被不断排挤、压缩和边缘化，只能聚集到远离城市中心的郊区地带，形成中国贫困农民的社会区域。

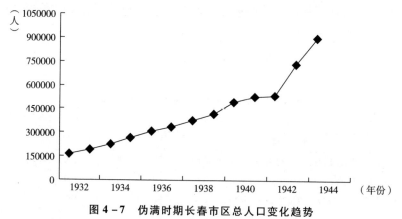

图 4 - 7　伪满时期长春市区总人口变化趋势

资料来源：根据《长春市志·人口志》计算整理。

（三）伪满时期城市建设的殖民地本质

究其本质，伪满时期日本在长春的城市建设是作为殖民地性质而实施的，通过溥仪为首的伪满傀儡政权实行对东北的统治，这一点在"新京"城市空间结构中得到充分的体现。日本人伪满时期围绕大同广场（今人民广场）的城市中心并沿大同大街（今人民大街）的中轴线布置了关东军司令

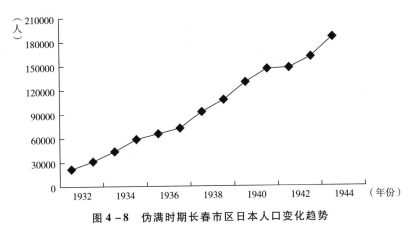

图 4 - 8 伪满时期长春市区日本人口变化趋势

资料来源：根据《长春市志·人口志》计算整理。

部、关东军宪兵司令部、满洲中央银行、协和会中央本部等机构；伪满"帝宫"及"八大部"则集中在新民大街两侧，构成以行政中心为城市核心的空间构架，行政机构和官署的相对集聚促使伪满高级官署区的形成。

作为日本殖民统治的政治中心，长春的工业化发展几乎被完全禁锢，转而将长春强行建设成消费型城市。这在客观上促进了制粉、烟草、酿酒、制油、建材、火柴、印刷等消费品资料工业的发展，一定程度上也巩固了民族商业的繁荣和民族资本在城市经济中的地位，从而促进了民族商业区的形成和发展。但民族商业区内的大多数工厂属小规模、作坊式经营，吸纳就业人口十分有限。1940 年，长春拥有 5 名以上职工的工厂为850 家，其中 100 名以上职工的大工厂仅有 21 家，无业人口大量存在，据统计，中国人中无业人口占中国人口总数达 53.9%（伪满"国务院"总务厅统计处，1940）。无业人口没有生活来源保障，导致贫困阶层不断膨胀，居住空间的环境条件持续恶化。

（四）"新京"城市规划的深刻影响

1932 年 4 月，日本伪国都建设局与满铁经济调查委员会制定《大新京都市计划》（如图 4 - 9），当年 11 月经关东军参谋长审议批准。《大新京都市计划》规划实施区为 100 平方公里（包括建成区 21 平方公里），其中，军用、官厅等"官用地"47 平方公里；居住、商业等"民用地"53平方公里（见表 4 - 3）。"新京"规划的重要特征包括用地功能分区制度、放射加环状路网结构、设定城市绿地系统等。"新京"规划及其反映出的典型特征对长春城市发展与物质和社会空间耦合结构的形成具有深刻影响。从规划角度来看，功能分区是伪满时期长春市物质与社会空间耦合结构形成的重要影响因素。"新京"规划按照土地利用的功能分成"执政府"行政区、商业区、工业区、交通区、住宅区、文化娱乐区及未定区域7个分区。"分区制"在突出城市分区功能的同时，加剧了社会构成的"均质化"，为不同类型社会区域的形成提供了基础条件，如"执政府"行政区是伪满高级官署区形成的基础，商业区的功能划分则进一步巩固了民族商业区的地位。放射加环状的路网结构使长春整体上形成了以大同广场为中心的"单核心"空间结构，日本人和伪满高级官员居住在城市中心附近，而广大中国普通市民被排斥在远离城市中心的边缘地带。另外，居住用地规划也对城市空间产生重要影响，如居住用地按人口密度的分级、住宅区类型的划分（"日系住宅"与"满系住宅"的划分）等是导致"中日分化"城市物质与社会空间耦合格局形成的直接因素（黄晓军等，2010）。

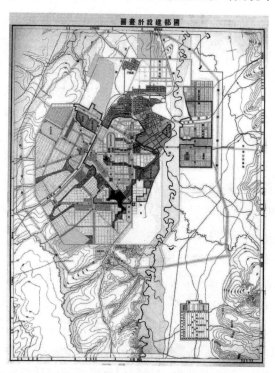

图4-9 伪满"新京"城市规划图

资料来源：杨永安，莫畏，2008。

表 4 - 3　"新京"市区规划范围内规划用地分配

单位：平方公里

		建设用地 （含已有市区）		第 1 期建设用地 （规划时）		第 2 期建设用地 （修订）	
官方 用地	政府办公		6.5		2.0		2.0
	道路用地		21.0		4.5		4.9
	公共设施	47.0	3.5	10.0	1.5	11.1	1.7
	公园、运动场		7.0		2.0		2.5
	军用地		9.0		—		—
民间 用地	居住用地		27.0		6.5		5.5
	商业用地		8.0		2.0		1.8
	工业用地	53.0	6.0	10.0	1.0	10.3	1.0
	杂地（未指定）		10.0		—		—
	特殊用地（蔬菜、畜牧）		2.0		0.5		2.0
合　计		100.0		20.0		21.4	

资料来源：杨永安，莫畏，2008。

第三节　计划经济时期物质与社会空间的耦合

1945 年日本的投降结束了日本及伪满洲国对长春的殖民统治。1946～1949 年，国共双方开始内战，长春也陷入了双方军事争夺的拉锯战中。在此期间，不仅没有进行城市建设，而且对许多城市设施进行了破坏，城市发展处于停滞不前的状态。

日本投降后，长春作为伪满洲国"首都"的城市性质已经结束，但其长期以来形成的政治消费型城市功能依然存在。新中国成立后，这种畸形的城市功能不符合社会主义城市建设发展的目标，因此，城市性质与功能亟须转变。

一　城市性质与城市功能的转变

1949～1987 年，受我国社会经济发展的宏观背景影响，长春城市建设与发展是一个曲折复杂的过程，经历了新中国成立初的三年恢复时期、

"一五"国民经济建设时期、"大跃进"的国民经济调整时期、"文化大革命"的徘徊不前时期以及改革开放后的快速发展时期。在此期间，长春城市性质与城市功能发生了重大转变，由过去的以行政职能为主的消费型城市发展成为全省的政治、经济、文化中心；同时，随着现代工业的快速建设与发展，长春逐渐形成了以汽车、客车、拖拉机等交通运输装备制造业为主导产业体系的工业生产城市。

（一）"生产性城市"性质的确立

1948年长春解放后，市委、市政府根据中共七届二中全会的精神决心将消费型城市改造为生产性城市。先后恢复火柴、造纸、胶合板、化肥、制药等15个工厂的生产，同时，又增加了玻璃、保温瓶和衬衫等工业门类（庞瑞秋，2009）。经过4年的努力，长春的国民经济得到了全面恢复并有一定的发展。1952年全市国营工业总产值比1949年增长4.3倍，集体工业总产值增长20倍，私人工业总产值增长2.6倍。国营经济的迅速发展，为长春由消费型城市向生产性城市的转变打下了基础（孔经纬，1991）。

"一五"期间（1953～1957年）是长春工业奠基时期。1950年4月，国家在长春西南郊兴建了中国第一汽车制造厂，标志着长春市现代工业发展的开始。此后，又兴建了机车厂、客车厂、柴油机厂、拖拉机厂等重点企业。在中央工业的带动下，地方工业迅速发展，至1957年底，工业总产值达到6.4亿元（按1957年不变价格计算），是1952年的2.2倍。至此，长春建立的以"三车两机"为基础的工业体系，从根本上改变了长春工业的落后面貌，完成了由消费型城市向生产性城市的转变。

"大跃进"的国民经济调整时期和"文化大革命"的徘徊不前时期，长春城市经济遭到严重破坏。1968年工业总产值仅10.2亿元，比1966年下降41%，倒退到了国民经济调整前的水平。直至"文化大革命"结束，长春经济才有所好转，1975年工业生产总值开始增长，比上一年增长了22.5%。改革开放后，长春城市经济建设进入快速、稳定发展阶段，1978～1988年的十年间，工业总产值增长2.3倍，平均每年增长12.7%（长春市统计局，1989），并形成了以交通运输设备制造和机械加工为主的产业结构体系。

（二）城市功能的转变与完善

随着现代工业的快速发展和生产性城市性质的确立，长春城市功能逐渐转变并日趋完善，主要体现在政治、经济和文化职能的发展与完善。

1. 政治职能的确立

伪满时期，长春是东北地区殖民统治的政治中心，城市功能以行政统治为主。1948 年长春解放后，长春市改为特别市，由东北行政委员会直辖。1949 年 3 月，长春特别市改为长春市政府，仍属东北行政委员会直辖。1953 年 8 月，长春市划为中央直辖市，同年 9 月，中共吉林省委和省人民政府迁来长春，长春市成为吉林省省会所在地，许多大型建筑群用途性质都发生了变化，导致城市内部功能空间结构的重新组合。与此同时，长春市的省域行政中心职能得以正式确立。

2. 经济职能的转变

伪满时期，长春经济功能突出表现为区域性的物资集散地和商品交易场所，商业较为发达，工业职能并不突出，主要以消费资料工业为主，且规模不大，是一座典型的消费型城市。经过新中国成立后 40 年的建设发展，长春形成了以交通运输、机械加工等重型制造业为主的产业结构体系，完成了由消费型城市向生产性城市的功能转变。1987 年，三次产业结构比重为 27.7：46.2：26.1；轻、重工业产值比重由 1949 年的 4：1 转变为 1988 年的 1．1.4，产业结构体系逐渐完善，产业结构比例日趋合理。

3. 文化职能的完善

新中国成立后，随着多个国家重点投资项目在长春的建设，城市发展的科技、教育、文化需求日趋强烈，为保障城市经济建设与快速发展，新建了东北师大、吉林工大、光机学院、应化所、物理所、汽车所等一大批高等院校和科研院所，长春市的文化职能逐渐完善。至 1987 年，长春市高等院校发展到 26 所，在校学生达到 5.2 万人；独立科研机构发展到 95 所，科技队伍发展到 25.2 万人，在全国大城市中位居首位（长春市统计局，1989）。

二 城市功能地域初始格局的形成

（一）城市规模的扩张

1. 城市人口规模的增长

受到连年战争的影响，1949 年时长春市区总人口仅为 47.54 万人，比 1944 年长春市区的 89.90 万人减少了近一半人口。新中国成立后，随着国民经济恢复与长春城市化发展，长春市区人口逐渐递增，至 1960 年，市区总人口达到 128.77 万人。1961~1970 年的 10 年间，受自然灾害和社会因素的影响，长春市区人口变化处于波动起伏的态势。进入 70 年代以后，随着国民经济的增长和社会稳定，长春市区人口进入稳步增长阶段，截止到 1987 年底，长春市区人口增长至 200.21 万人（如图 4-10）。

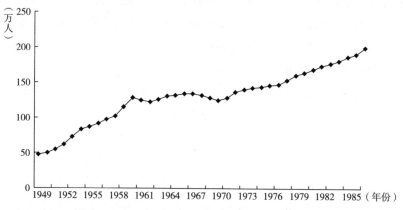

图 4-10　1949~1987 年长春市区人口变化趋势

资料来源：根据《长春市志·人口志》计算整理。

2. 城市用地规模的扩张

新中国成立初期，长春城市建设用地仍保持着伪满时期的规模，建设用地面积在 80 平方公里左右。经过"一五""二五"时期的国家重点工业项目在长春市区的布局，形成了多处团块状的城市功能组团，城市工业、居住、商业、教育文化设施等用地不断增长，城市建设用地规模随之不断扩大（如图 4-11）。截止到 1987 年，长春市建设用地面积达到 117.1 平方公里，建成区面积达到 105 平方公里。

（二）城市功能用地的分布

1. 城市功能分区

经过新中国成立后近 40 年的城市建设与发展，长春市的城市功能空间格局逐渐形成，表现出城市功能的团块状布局，初步形成了 6 个城市功能分区（郭宗滨等，1990）。

①市中心行政、商业、文化区

位于城市中心地带，斯大林大街（现人民大街）北段两侧分布有省、

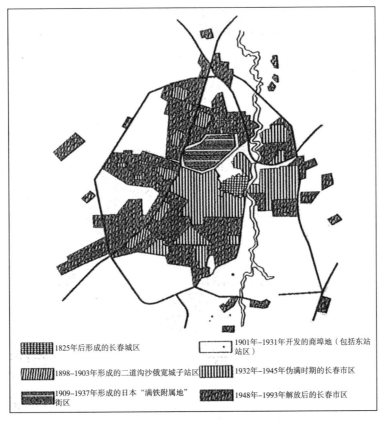

1825年后形成的长春城区　　　　　1901年–1931年开发的商埠地（包括东站站区）

1898–1903年形成的二道沟沙俄宽城子站区　　1932年–1945年伪满时期的长春市区

1909–1937年形成的日本"满铁附属地"街区　　1948年–1993年解放后的长春市区

图4–11　长春城市用地空间扩张示意图

资料来源：长春市志，1995。

市党政机关，重庆路、大马路、长江路等是全市商业和文化娱乐设施等集中分布地区。

②八里堡仓储区

位于市区的东北、伊通河东岸，是全市性的以建材为主的仓库区，各大仓库均有铁路专用线，对外交通联系便捷。

③二道河子柴油机、拖拉机工业区

位于市区东部、八里堡仓库区的南部，主要分布有柴油机厂、拖拉机厂、自行车厂、石棉厂、胶合板厂等。

④北部客车、机车工业区

位于市区北部，主要有长春客车厂、机车厂、车轮厂、机床厂等。

⑤西南汽车、纺织工业区

位于城市的西南部，主要有汽车厂和长春纺织厂，是"一五"和"二五"时期建立起来的工业区。

⑥南部光学、电子工业及科研文教区

位于市区南部，大部分工业是六十年代后建立，主要有东北光学仪器厂、东光无线电厂、半导体厂等，这些工业分布在南湖风景区附近，靠近高等院校和科研院所。

2. 城市用地布局

①工业用地布局

新中国成立初期国家在长春投资兴建的大型企业表现出分散化的空间布局特征，如"一汽"、机车厂、客车厂等都属于单位独立地块，在布局区位上表现出疏密有致的特点。项目的分散选址拉开了城市发展空间，同时也确立了城市工业布局的基本框架，形成了东部、北部和西南三大工业区（见表4-4）。

表4-4　改革开放前长春市工业区布局

城市工业区	产业布局特征
东部工业区	以拖拉机、柴油机生产为主
北部工业区	以客车、机车厂为主，同时布局有粮油加工、食品加工、机械制造等企业
西南工业区	以汽车制造业为主，汽车厂及其配套企业分布在该区内

②科教地域布局

长春工业企业的快速发展吸引了人口向中心城市的集聚，大量农业人口以招工的形式转化为非农业人口，同时引进了许多省内外科技人才，并在解放大路以南地域，先后布局了吉林大学、东北师范大学、光机学院、应化所、物理所等十几所高等学校及科研院所，城市科教地域大幅度扩展。

③居住用地布局

该时期居住地空间扩展幅度较小，主要集中在城市中心，特别是历史上的老城区，而且居住用地与商业、行政及其他用地类型高度混杂。该时期的住宅建设主要以旧区的更新改造为主，新区的住宅建设主要为政府机关、企业工厂和学校等企事业单位集中圈地建设的职工住宅和单位大院，同时，在交通位置较好的地区集中建设了部分住宅区。

三 相对均质的城市社会空间

（一）研究区域、数据与方法

本研究的主要范围为 20 世纪 80 年代长春市辖区中的中心城区（如图 4 - 12），主要包括宽城区、南关区、朝阳区和二道河子区，不包括长春市郊区（郊区地域范围较大，且主要为农村地域），研究区域涵盖了 27 个街道，区域总人口为 130.74 万。

北

图 4 - 12 研究区域空间示意图

研究数据来源于 1982 年长春市及各辖区的第三次人口普查数据，提取了反映城市社会空间结构的一般统计指标、文化教育程度、行业人口、职业人口等 34 个变量。利用 SPSS 统计分析软件和 Arcgis 空间分析软件，采用因子分析、聚类分析的方法，提取主因子，并根据主因子得分对各街道进行聚类，最后根据聚类的结果及历史资料进行判断，确定社会区域的划分方案。

（二）计算结果

对长春市第三次人口普查的 34 个变量进行因子分析，不做旋转时系统提取了 6 个主因子。根据因子特征值的碎石图判断（如图 4 - 13），选取 4 个主因子较为合适，能解释全部信息量的 81.5%。为了进一步使因子的结构层次清晰，利用正交旋转方法进行处理，得到 4

个主因子，解释方差累计达到81.5%（见表4-5），并得出各因子的载荷矩阵（见表4-6）。

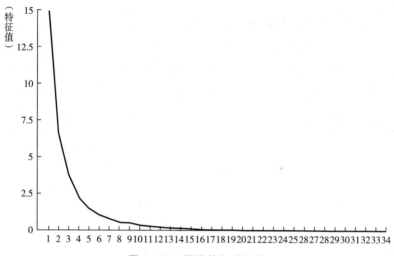

图4-13　因子特征碎石图

表4-5　1982年长春社会空间结构因子分析中的特征值及方差贡献

单位:%

主因子序号	未旋转			正交旋转		
	特征值	解释方差百分比	解释方差累计百分比	特征值	解释方差百分比	解释方差累计百分比
1	15.239	44.822	44.822	10.838	31.877	31.877
2	6.569	19.322	64.143	9.325	27.425	59.302
3	3.763	11.068	75.211	5.180	15.235	74.537
4	2.146	6.313	81.524	2.376	6.987	81.524

表4-6　1982年长春城市社会空间结构主因子载荷矩阵

变量类型	变量名称	主因子载荷			
		1	2	3	4
一般统计指标	性别比（女=100,%）	-0.323	0.195	-0.069	0.815
	平均每户人口数	0.062	0.400	-0.641	-0.170
	少数民族人口数	0.522	0.728	0.084	0.180
	16~59岁劳动年龄人口	0.737	0.654	0.077	0.126

变量类型	变量名称	主因子载荷			
		1	2	3	4
人口学历构成	6岁及6岁以上大学毕业	0.002	0.983	0.033	0.004
	6岁及6岁以上大学肄业	-0.206	0.677	-0.176	0.270
	6岁及6岁以上高中	0.633	0.735	0.149	-0.019
	6岁及6岁以上初中	0.619	0.060	0.164	-0.032
	6岁及6岁以上小学	0.899	0.386	-0.043	0.054
	6岁及6岁以上文盲、半文盲	0.962	0.077	0.084	0.089
人口行业构成	农林牧渔业	-0.09	-0.316	-0.839	0.195
	矿业及木材采运业	0.162	-0.061	-0.103	0.842
	电力、煤气、自来水的生产和供应业	0.549	0.345	-0.091	-0.145
	制造业	0.920	0.071	-0.197	-0.100
	地质勘探和普查业	0.340	0.507	0.09	0.375
	建筑业	0.432	0.669	0.204	-0.025
	交通运输、邮电通信业	0.481	-0.016	0.51	-0.115
	商业、饮食业、物资供销和仓储业	0.630	0.153	0.704	-0.004
	住宅管理、公用事业管理和居民服务业	0.573	0.08	0.732	0.053
	卫生、体育和社会福利事业	0.177	0.885	0.339	0.019
	教育、文化艺术事业	0.014	0.931	0.075	0.069
	科学研究和综合技术服务事业	-0.032	0.817	-0.014	-0.162
	金融、保险业	-0.179	0.286	0.537	0.514
	国家机关、政党和群众团体	-0.008	0.539	0.632	0.451
人口职业构成	各类专业技术人员	0.171	0.944	0.087	0.048
	国家机关、党群组织、企事业单位负责人	0.389	0.804	0.382	0.086
	办事人员和有关人员	0.196	0.747	0.493	0.230
	商业工作人员	0.765	0.088	0.600	0.013
	服务性工作人员	0.906	0.303	0.179	-0.075
	农林牧渔劳动者	-0.052	-0.296	-0.856	0.192
	生产工人、运输工人及有关人员	0.975	0.155	-0.028	-0.063
不在业人口状况	不在业人口中家务劳动	0.834	0.205	0.274	-0.003
	不在业人口中退休退职	0.884	-0.081	0.374	-0.052
	不在业人口中城镇待业	0.889	-0.195	0.100	0.054

（三）主因子的空间分布特征

1. 第一主因子——产业工人

第一主因子为产业工人，该因子方差贡献率达 31.877%。该因子与制造业、生产工人、运输工人及有关人员等行业和职业状况呈高度正相关（见表 4-6）。从文化程度来看，该因子与 6 岁及 6 岁以上小学和文盲、半文盲相关程度较高，表明该类群体文化水平并不高，主要为体力劳动者和生产工人。该因子得分较高的区域主要集中在朝阳区、宽城区和二道河子区的外围，即城市的西南、北部和东部地区（如图 4-14）。

2. 第二主因子——知识分子

第二主因子为知识分子，该因子方差贡献率达 27.425%。从受教育程度来看，该因子与 6 岁及 6 岁以上大学毕业呈高度正相关，表明该类人群受教育程度较高。从行业和职业状况来看，该因子同教育文化事业、科学研究、各类专业技术人员呈高度正相关。该因子得分较高的区域主要集中在朝阳区南部和南关区的南岭街道等（如图 4-14），该地区是长春市高等学校和科研单位较密集的地区。

3. 第三主因子——商服人员

第三主因子为商服人员，该因子方差贡献率为 15.235%。与该因子相关程度较高的主要是人口的行业和职业状况，其中，该因子与农林牧渔业和农林牧渔劳动者呈高度的负相关，而与商业、饮食业、物资供销和仓储业以及住宅管理、公用事业管理和居民服务业等正相关程度较高，表明该因子主要是城市中从事非农产业的商业和服务业人员。该因子得分较高的区域主要集中在城市商业、服务业较发达的城市中心区（如图 4-14）。

4. 第四主因子——特殊因子

该类因子的方差贡献率较小，仅为 6.987%，其重要程度相对较弱。同时，该类因子较为特殊，其与性别比和矿业及木材采运业表现出较明显的正相关关系，与其他指标没有明显的相关关系，因子特征并不突出，因此，将其命名为特殊因子。该类因子得分较高区域集中在重庆街道和南岭街道（如图 4-14），主要是这两个街道相对较高的性别比数据所导致。

（四）城市社会空间类型

以 4 个主因子在 27 个街道上的得分作为基本数据矩阵，运用聚类分析

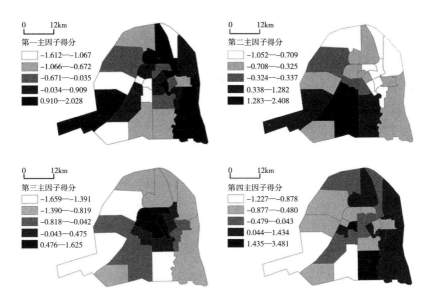

图 4 - 14　1982 年长春社会空间结构各主因子得分分布图

方法对长春城市社会区类型进行划分。经过计算与测试，将 1982 年长春城市社会区划分为 3 类，并通过进一步判断各区域特征，将其分别命名为一般工薪阶层居住区、知识分子及高等职业者居住区、产业工人居住区（如图 4 - 15）。

1. 一般工薪阶层居住区

该类型社会区包括 10 个街道单元，第三主因子"商服人员"表现突出。该社会区的典型特征为以从事非农职业为主，且主要集中在商业、公用事业以及一般企事业单位的工薪阶层。地域分布上主要集中在城市中心区，该地区是城市商业中心和原市政府所在地区。

2. 知识分子居住区

该类型社会区包括 6 个街道单元，第二主因子"知识分子"表现突出。该区域的典型特征为受教育程度普遍较高，且主要从事教育、文化、科研等就业门槛较高的职业。地域分布上主要集中在城市南部的朝阳和南关的部分地区，这里是高等院校和科研院所集中地区。

3. 产业工人居住区

该类型社会区包括 11 个街道单元，第一主因子"产业工人"表现突出。该区域的典型特征为从事工业生产及运输的产业工人集聚区，且这些产业工人的文化水平相对不高。地域分布主要集中在城市外围地区，其中，宽城、二道河子等区域是工业企业和仓储等较为集中的区域。

0 6 12 km

1982年社会区类型

■ 一般工薪阶层居住区

▨ 知识分子及高等职业者居住区

□ 产业工人居住区

图 4 - 15　社会主义计划经济时期长春城市社会区分布图

四　"单位"及"单位大院"主导的空间耦合

（一）物质与社会空间耦合特征

1. 社会设施建设的相对滞后

1949～1987 年，在"变消费城市为生产城市"的城市建设思想和"先生产，后生活"的观念指导下，城市社会设施建设严重滞后于物质要素生产。城市建设资金绝大部分都投入工业生产及其配套设施建设，而对城市居民的居住环境、生活设施、住房条件等改善甚微。"一五"时期，1954年和 1955 年连续两年，长春市将市政建设投资的 94% 和 84% 用于为汽车厂服务的基础设施建设上，开辟了贯通汽车厂厂区的创业大街、锦程大街、东风大街等 3 条主干路和 12 条次干路，同时建设了给排水、煤气、电力、电讯等一系列基础设施及汽车厂的专用线（孔经纬，1991）。但对传统的八里堡、二道河子、宋家洼子等旧区没有进行更新与改造，老城区的生活条件和居住环境并没有得到明显改善。从固定资产投资分配来看，生产性建设投资规模比重占绝对主导地位，也呈现出了社会设施建设滞后的特征，尤其是改革开放前的 1949～1978 年，共完成固定资产投资 33.2 亿元，其中，生产性建设投资达 23.5 亿元，占全部固定资产投资额的

70.8%，而非生产性建设投资仅占29.2%（长春市统计局，1989）。

2. 生产空间与生活空间的比邻性

计划经济时期长春市物质与社会空间的耦合表现出生产空间与生活空间在区位上的比邻性特征。随着工业企业在城市空间中的分散布局，工业企业的职工及家属生活区也随之比邻分布，形成典型的"单位"及"单位大院"的功能空间布局特征。城市空间的功能属性表现出由工厂、学校、机关等不同单位形成的功能区域，城市空间的社会属性则表现出同一单位职工及家属共同居住生活在一起的单位大院，且生产空间与生活空间在距离上具有相邻的特征。如汽车厂的工人生活区、高等院校及科研单位的教师及科研人员生活区、部队的军人家属院、机关及事业单位的干部生活区等。另外，计划经济时期的生产与生活空间规模也较为庞大，仅"一汽"厂区占地面积就达到15平方公里，以其为主体的汽车工业厂家达到134户；从职工人数来看，1987年底，长春市职工总数达到125万人，其中汽车工业职工人数在10万人左右（长春市统计局，1989）。以工业生产为主导的城市功能地域和规模庞大的职工群体的单位大院居住区在空间上的混杂与比邻是该时期长春市物质与社会空间耦合的特征之一。

3. 以功能和职业为主的耦合空间分异

计划经济时期的长春市物质与社会空间耦合的地域分异主要体现在区域的主导功能和居住人群职业上的差异，耦合空间分异的影响因素相对单一。从地域功能上来看，主要体现在经济、居住、社会服务设施等相对较少的功能类型中，从社会区域来看，以"单位大院"为主的城市社会空间的基本组成单元在居民的职业、收入、社会地位以及居住水平等方面表现出了相对的均质性，这在较大程度上避免了城市社会群体和社会空间的分化。因此，当时的长春市物质与社会空间的耦合就集中体现为以不同功能地域及生活在该地域上的不同职业的社会群体为主导的分异特征。

（二）物质与社会空间耦合结构模式

根据长春市城市功能空间布局和社会区域分布以及城市物质与社会空间耦合特征，得出计划经济时期长春市物质与社会空间耦合结构模式的示意图（如图4-16）。总体来看，长春市物质与社会空间耦合结构以同心环模式为主，由内到外分别为市中心，旧城商务与传统街坊区域，工业仓储与居住混杂区域，科研文教与单位制区域、轻工业与居住混杂区域等。在最外环地带，由于城市经济与社会的发展，工业企业、事业单位、项目建设布局等占据的独立地块将最外环区域进行了分割，形成了工业区、仓储区以及各功能区同居住区域混杂的耦合结构。

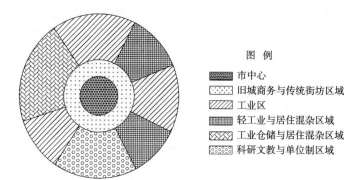

图4-16　社会主义计划经济时期物质与社会空间耦合结构模式图

城市整体空间结构仍然呈现出以人民广场为核心的圈层式布局结构，围绕城市中心的是一些商业和行政办公设施，构成了老城区的商务功能，该区域居住条件相对拥挤，且多为传统街坊式居住区，因此就形成了旧城商务与传统街坊区域。最外围是若干区域混合而形成的不同耦合区域，其中，北部、西南和东部是计划经济时期长春市的三大工业区，以生产客车、机车、拖拉机、汽车等制造业为主。工业区相邻地域则主要是产业工人生活和居住的单位大院为主的居住区，同时，混杂有部分轻工业。城市西北部则是工业仓储与居住的混杂区域，该区域在伪满时期就属于贫民窟区，计划经济时期的居住环境仍没有得到改善，如八里堡、二道河子等地区基础设施差、环境污染严重、居住条件恶劣。城市南部是长春市科研单位和高等院校集中地区，也是典型的"单位制"区域，该区域社会群体职业构成相对单一，主要以从事科研、教育、文化等为主，居住条件较好，多为单位提供的统一性分配住房，因此，构成了科研文教与典型单位制区域的耦合区。整体来看，该时期的社会空间受城市功能布局影响深刻，商业区、工业区、仓储区、科研文教区等功能区的空间布局决定了社会区的分布模式，而"单位大院"的住房分配制度使该时期城市生产与生活空间高度"契合"，城市功能空间与社会空间呈现出明显的空间"耦合"特征。

（三）物质与社会空间耦合的形成机制

1. 城市工业化优先发展的战略

计划经济时期长春市物质与社会空间耦合的形成，首先是受到城市工业化优先发展战略的影响。从新中国成立后开始即对长春的传统消费性进行了彻底改造，通过一系列的工业企业布局，特别是"一五""二五"时期的国家重点工业项目建设，长春逐渐向社会主义工业化城市转变，在此期间，工业生产成为城市发展重心，城市各种基础设施、公共服务设施的建设也都围绕着工业生产展开，城市功能逐渐发展成为生产地而非人口居住地。在这种工业化优先发展战略的影响下，城市的非农产业的集聚地功能得到强化，城市空间的物质属性，尤其是经济属性得以重视，而城市空间的社会属性，以及城市发展过程中居民的生活条件、社会设施、消费需求等被严重忽视。城市物质与社会空间耦合系统中的物质生产活动长期占据主导地位，使得城市物质与社会空间耦合区域及结构模式的形成呈现出以物质要素为导向的特征。

2. "单位制"模式及其社会 – 空间效应

"单位制"是我国计划经济时期特有的一种生产组织方式，"单位"甚至成为城市地域组织的主要形式，以单位及"单位大院"为主导的土地利用类型构成了城市内部主要的物质与社会空间结构（黄晓军，李诚固，黄馨，2010）。计划经济时期的单位制模式及其社会 – 空间效应成为该时期长春市物质与社会空间耦合的主要影响因素。一方面，单位是城市经济与社会活动组织者，单位的统一供给与分配制度，消除了不同社会阶层在商业、文化娱乐、教育、医疗卫生等设施需求上的差异，社会设施供给表现出统一性和空间上的均质性；另一方面，整个城市社会阶层的分异仅表现为因单位和职业的不同而不同，在统一的住房分配体系下，居住空间分异并不明显，居住等级差异仅表现为住宅楼的位置、层数、面积、朝向等。从物质与社会空间耦合来看，单位和单位大院的城市生产和生活空间模式使城市空间的物质要素与社会要素在区位上彼此相邻，最终促使生产与生活在空间上混杂的耦合区域的形成。

3. 计划经济时期城市规划的影响

1949~1987 年长春共进行了四次城市规划，其中对该时期影响较大的主要是 1953 年和 1980 年进行的两次城市规划。1953 年的城市规划确定了长春改消费性城市为"机械工业和科技文化中心"的城市性质，同时，提出了建设工业区和文教区的发展策略，确定了城市功能空间的发展雏形，为城市物质与社会空间耦合系统的形成奠定了基础。

1980年的城市规划进一步明确了长春的以汽车等机械制造业和轻工业为主的工业生产和科学教育的城市性质。在城市结构上将长春划分为二道河子、八里堡、铁北、铁西、汽车厂、科研文教和市中心七个团，并提出"居民在本团内就近工作、居住和休息，达到有利生产，方便生活的目的"，因此，直接安排这七个团作为生活居住区。在用地布局上，根据城市结构安排确定了三大工业区、南部文教区和八里堡仓库区等功能用地，其中，规划工业和仓储用地比重为31.2%，生活居住用地为44.4%，二者合计达75.6%（如图4-17）。城市结构与生活居住区结构的划分一致性促使长春市的工业区—工业生活混杂区的物质与社会空间耦合结构模式的形成，工业仓储与生活居住用地上的绝对优势决定了生产空间与生活空间的二元结构是该时期物质与社会空间耦合的典型特征。

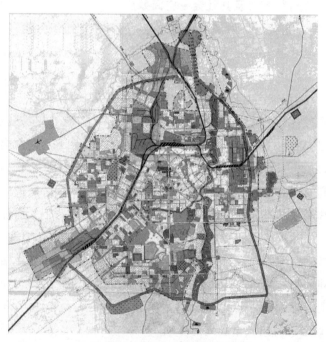

图4-17 1980年长春城市规划图

第四节　市场经济转型时期物质与社会空间的耦合

国际学术界对"转型"的理解存在很大的分歧，主流观点是将转型视作一个发生根本性变化的过程：从过于强调国家控制的传统社会经济环境转向新自由主义的市场经济与社会管治，是一个新制度代替旧制度的过程（吴缚龙，马润潮，张京祥，2007）。我国学者对"转型"的理解主要侧重于三方面的含义，一是指体制转型，即从计划经济体制向市场经济体制的转变；二是指社会结构变动，可能包括结构转换、机制转轨、利益调整和观念转变等；三是指社会形态变迁，即从传统社会向现代社会、从农业社会向工业社会、从封闭性社会向开放性社会的变迁和发展。其中，得到大家广泛认同的观点是：我国社会经济转型是指从中央集权配置资源和分配产品的计划经济社会向市场配置资源或由市场整合经济的市场经济社会的转变，其时间开始于1978年的对外开放和农村改革。而城市的社会经济转型是从"明确市场经济取向的改革目标，以大规模的政策和法律推进市场经济体制建设"开始的，主要标志是1987年城市土地有偿使用制度的建立（魏立华，闫小培，2006）。应该认识到，无论是中国的社会经济转型，还是城市社会经济转型，都是在计划经济向社会主义市场经济过渡的背景下发生的若干个重要的社会过程的交织变化中进行的，各种过程的相互作用与相互影响，使得城市社会经济快速发展的同时，城市空间不断地变化与重构，并且，城市社会结构也发生着明显变化，城市的阶层化、空间边缘化等特征显著。多重社会过程的交织使"中国社会正在由过去高度统一和集中、社会联带性极强的社会转变为更多带有局部性、碎片化特征的社会"（魏立华，闫小培，2005；孙立平，2004）。

一　城市物质建设与社会经济快速发展

改革开放后，特别是从20世纪90年代初至今，长春城市社会经济进入快速发展阶段。随着多样化产业体系的建设，城市功能从单一的工业生产职能向多样化经济功能转型；城市道路交通、给排水、供热、供气等基础设施不断优化；河流、绿地、公园等生态与公共开敞空间有所发展；房地产业迅猛发展，促进了住房条件的改善。城市的物质设施建设和社会经济的快速发展为转型时期物质与社会空间耦合奠定了基础。

（一）社会经济总体发展趋势

1991 年长春市地区生产总值为 129 亿元，至 2008 年末，长春市地区生产总值增长到 2561.9 亿元，增长了近 19 倍（如图 4 - 18）。1987 年，长春市区人口突破 200 万，至 2008 年末，长春市区（南关区、宽城区、朝阳区、二道区、绿园区、双阳区）人口已达到了 360.86 万人（如图 4 - 19），其中，农业人口有 104.58 万人，非农业人口有 256.28 万人，非农业人口比重为 71%。1991 年，长春市全社会固定资产投资总额仅为 29.1 亿元，城镇固定资产投资仅为 20.60 亿元，房地产投资仅为 2.9 亿元，至 2008 年，全市完成固定资产投资 1818.8 亿元，其中城镇固定资产投资达 1362.7 亿元，房地产投资 352.9 亿元。从业职工人数不断下降，1991 年职工人数达 134.2 万人，至 2008 年，职工人数下降至 85.6 万人。

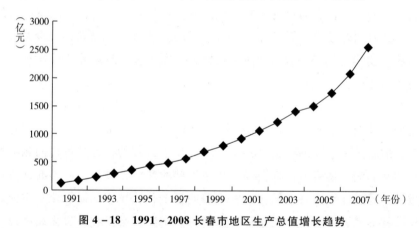

图 4 - 18　1991～2008 长春市地区生产总值增长趋势
资料来源：长春市历年统计年鉴。

（二）多元化产业结构体系的建立

2008 年，长春全市实现国内生产总值 2561.9 亿元，人均国内生产总值达到 34193 元。与 1991 年的 24.4：39.0：36.6 三次产业结构比重相比较，2008 年三次产业结构比为 8.5：51.2：40.3，非农产业发展迅速。同时，建立起了以汽车及零部件、食品加工制造、生物医药、光电子信息等为主导产业的多元化的产业结构体系，四大支柱产业占全市国内生产总值 85% 以上，另外，文化教育产业、会展旅游业、高新技术产业等都取得了快速发展，

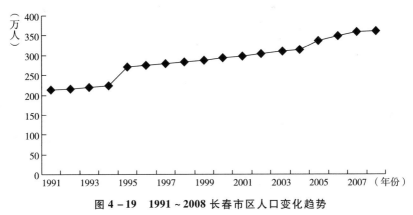

图4-19　1991～2008长春市区人口变化趋势

资料来源：长春市历年统计年鉴。

改变了过去以机械加工和交通设备制造为主的单一的产业结构体系。

（三）基础设施和社会服务设施不断优化

近年来，长春城市基础设施建设速度不断加快，各项设施条件得到不断优化发展。2008年，长春市中心城区支路及以上道路总长度为1456公里，其中快速路和主干路长度为411公里，次干路长度为377公里，支路为668公里，建成区内道路网密度为5.09公里/平方公里，干道网密度为2.75公里/平方公里，道路面积率13.31%，人均道路用地面积13.5平方米。城市社会服务设施逐渐完善，形成了站前、重庆路、桂林路、红旗街、南部新城、大马路等为商业中心的商圈。同时，教育、文化娱乐、医疗卫生、体育等社会公共服务设施的供给能力和服务水平也得到不断提高。

（四）生态环境与城市景观建设

长春市具有良好的生态环境基础，拥有亚洲最大的人工森林——净月潭国家森林公园，良好的生态环境成为长春市生态建设的重要基础条件。从1989年，长春市即开始实施"森林城"建设规划，经过多年建设发展成为"国家环境保护模范城市"。至2008年，全市绿化覆盖面积达12728公顷，其中建成区12426公顷，建成区绿化覆盖率达37.92%，园林绿地面积10888公顷，其中建成区10500公顷，公共绿地面积为3245公顷。与此同时，城市景观建设快速发展，形成了南湖、伊通河、净月潭、雕塑公园等多处自然和人文景观。

（五）城市居民住房条件日益改善

从20世纪90年代以来，长春市城市居民的住房条件得到了较大的改善。1990 年，人均住房建筑面积仅为 5.9 平方米/人，2002 年达到 21.22 平方米/人，2008 年人均住房建筑面积增加到 27.76 平方米，是 1990 年的 4.7 倍。规划新建了南部新城居住片区、净月新城居住片区、汽车产业开发区配套居住片区、东北部产业园区配套居住片区等商品住房区域。与此同时，进一步强化了对宋家居住片区、铁北居住片区、中心居住片区、八里堡居住片区、东盛居住片区、绿园居住片区、一汽支农片区、开运街片区等棚户区和旧区住宅的改造，城市居民的住房条件日益改善。

二 社会经济转型与城市空间重构

（一）以开发区为主导的城市空间快速扩张

进入 20 世纪 90 年代以来，长春城市用地空间实现快速扩展，2006 年，长春城市建设用地达 257 平方公里（如图 4 - 20）。2007 年，长春市建成区面积达 285 平方公里，与 1990 年的 114 平方公里相比增长了 1 倍多。这一时期的城市空间的快速扩张主要表现为以开发区的建设带动土地空间扩张的特征（如图 4 - 21）。从 1991 年开始，长春市相继建设了经济技术开发区、高新技术产业开发区、长春市净月经济开发区和长春市汽车产业开发区。开发区的建设发展不仅促进了城市经济增长，同时，也成为城市空间扩张的主要动力。2000 年四个开发区的 GDP 总量为 225 亿元，占全市经济总量的 30.9%，2005 年，开发区实现的 GDP 860 亿元，占全市生产总值的比重达到 51.3%。目前，四个开发区建成区面积达 88.5 平方公里，管辖面积达 787.89 平方公里。与 1990 年相比，全市建成区面积增加了 1 倍，而开发区建设增加用地占全市增加的建设用地近 70%，并且这一趋势仍在扩大（黄晓军，李诚固，黄馨，2009）。

（二）单中心城市空间结构的轴向扩展

长期以来，长春市空间结构都表现为以人民广场为核心的单中心空间结构。进入 20 世纪 90 年代，长春的单中心城市空间结构的特征依然明显，以人民广场为核心的中心区的道路网密度为 4.5 公里/平方公里，是长春市平均道路网密度的 1.5 倍。中心城区尤其是南关和朝阳等传统中心地域仍是城市人口、交通和设施集中的地区。但与此同时，随着城市放射状道路的伸展和城市边缘功能用地的扩张，单中心空间结构逐渐向轴向扩展演变。长春城市空间的轴向扩张主要表现为向西南、东北和东南三个方向的

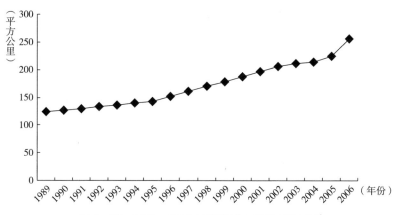

图 4-20　1989~2006 年长春城市建设用地变化

资料来源：历年中国城市统计年鉴。

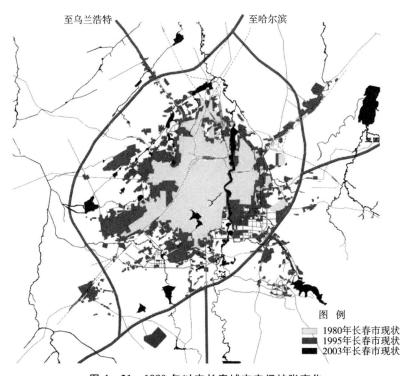

图 4-21　1980 年以来长春城市空间扩张变化

扩张（如图 4-22）。西南方向的扩展主要依靠汽车产业开发区和高新技术产业开发区的推动，并依托长沈高速公路和 102 国道等交通通道的空间联系；东北方向的扩展主要顺应长吉一体化的趋势，依托长吉高速公路和长

119

吉公路北线，以经济技术开发区及城区工业的外迁为主要动力；东南方向的扩展主要依托净月经济开发区的教育科研、高级居住区等功能用地的布局的有力推动。三个方向的轴向扩张也促进了城市外围组团的形成发展，兴隆团、富锋团、净月团在城市空间扩张中不断发展完善。

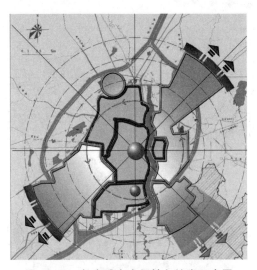

图 4 - 22　长春城市空间轴向扩张示意图

（三）城市用地发展与圈层功能分异

通过对比 1979 年、1995 年和 2003 年建成区中心城区建设用地平衡表数据情况来看（见表 4 - 7），总体上呈现出工业用地比重偏高，居住用地增长过快的发展趋势。从公共设施用地发展来看，近年来呈现出明显的下降趋势，表明在中心城区建设过程中配套设施并没有完全跟上。绿地指标略有增加，但增加的幅度不多，并集中在中心城区外围，可达性不强。从城市用地的功能分布来看，长春市中心城区呈现出圈层的功能分异特征。其中，中心圈层主要分布的是公共设施功能；向外的第二圈层主要以居住用地为主；第三圈层则是五个工业区，分别是北部工业区、西南工业区、汽车厂区、经济技术开发区和高新技术开发区；在向外的第四圈层是基础设施用地，包括污水处理厂、火葬场馆、变电站和绕城高速等市政工程设施，总体上形成了中心城区过度集中，外部工业用地和基础设施用地包围中心城区的功能格局特征（如图 4 - 23、图 4 - 24）

表 4 – 7　长春市各用地占中心城区建设用地比例比较分析

单位：%

用地类型	1979 年	1995 年	2001 年	2002 年	2003 年
居住用地	15.3	31.8	32	32	29.31
工业用地	27.9	22.6	24.5	24.3	26.28
道路广场用地	11.7	7.9	7.7	7.9	10.25
绿化用地	5.8	7.8	8.1	8.1	6.21
公共设施用地	21.3	17.7	16.9	16.8	14.17
仓储用地	6.9	5.9	5	5.2	3.66
对外交通用地	4.5	1.5	1.3	1.3	2.54
市政公用设施用地	2	2.5	2.5	2.5	3.27
特殊用地	4.6	2.3	2	1.9	4.31
总用地	100	100	100	100	100

图 4 – 23　长春中心城区工业用地分布

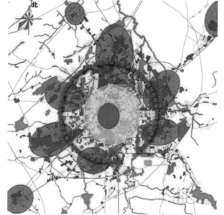

图 4 – 24　长春市圈层功能空间格局

（四）住宅扩散与居住郊区化的发展

随着城市土地有偿使用制度建立和住房的市场化改革，城市房地产开发发展迅速，特别是 90 年代以来，房地产开发急剧升温。1991 年，长春市房地产投资占固定资产投资总额比重的 10.1%，至 2008 年这一比重上升到 19.4%（如图 4 – 25）。随着长春二环、三环内地块开发殆尽，房地产开发逐渐向城市边缘和城市外围转移，住宅扩散和居住郊区化开始出现。目前，在城市外围已经逐渐形成了南部新城、净月新城、汽车产业开发区、东北部产业园区、西南产业新区、铁北、东盛、绿园等几大居住板块。并且，城市居住空间正在不断向四环和更外围的地区扩展。住房市场的不断扩大和城市内部空间土地供应之间的矛盾逐渐突出，迫使房地产商不断寻找用地存量空间较大、生态环境较好的城市边缘地区发展，促进了伊通河两岸和南部净月地区的发展，同时也带动了河道两侧的改造和净月地区的综合开发。另外，居住的郊区化又导致了相关配套设施的郊区化，使具有城市地域属性的空间得到不断扩张。

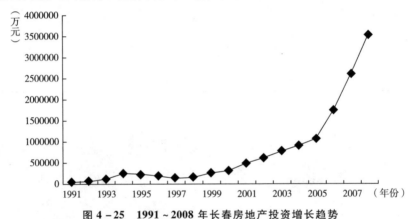

图 4 - 25 1991～2008 年长春房地产投资增长趋势
资料来源：历年长春统计年鉴。

三　城市社会阶层分化与社会空间分异

（一）研究区域、数据与方法

本次研究的主要范围为 2000 年的长春市辖区，主要包括宽城区、南关区、朝阳区、二道区、绿园区、经济技术开发区（简称经开区）、高新技术产业开发区（简称高新区）和净月经济开发区（简称净月区），涵盖 60 个街道（乡、镇）单元（如图 4 - 26），区域总人口 286.56 万人。

研究数据来源于 2000 年长春市及各辖区的第五次人口普查数据，提取了反映城市社会空间结构的一般统计指标、户口类型、年龄结构、文化教育程度、行业人口、职业人口以及家庭户住房情况等 60 个变量。利用 SPSS 统计分析软件和 Arcgis 空间分析软件，采用因子分析、聚类分析的方法，提取主因子，并根据主因子得分对各街道进行聚类，最后根据聚类的

图 4 - 26 研究区域街道（乡、镇）单元分布图

结果及现场调查进行判断，确定社会区域的划分方案。

（二）计算结果

对长春市第五次人口普查的 60 个变量进行因子分析，不做旋转时系统提取了 9 个主因子。根据因子特征值的碎石图判断（如图 4 - 27），选取 5 个主因子较为合适，能解释全部信息量的 80.56%。为了进一步使因子的结构层次清晰，利用正交旋转方法进行处理，得到 5 个主因子，（见表 4 - 8），并得出各因子的载荷矩阵（见表 4 - 9）。

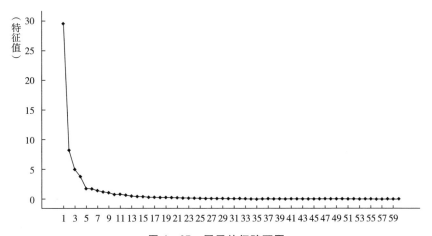

图 4 - 27 因子特征碎石图

表 4-8 2000 年长春社会空间结构因子分析中的特征值及方差贡献

单位:%

主因子序号	未旋转			正交旋转		
	特征值	解释方差 百分比	解释方差累计 百分比	特征值	解释方差 百分比	解释方差累计 百分比
1	29.467	49.111	49.111	17.377	28.961	28.961
2	8.288	13.813	62.924	13.267	22.112	51.073
3	4.978	8.297	71.221	9.050	15.083	66.156
4	3.797	6.328	77.549	6.235	10.392	76.548
5	1.805	3.009	80.558	2.406	4.011	80.558

表 4-9 2000 年长春城市社会空间结构主因子载荷矩阵

变量 类型	变量名称	主因子载荷				
		1	2	3	4	5
一般统计指标	总人口（人）	0.597	0.626	0.485	0.062	0.038
	性别比（男/女,%）	-0.129	-0.089	0.183	-0.086	0.022
	平均每户人口数（人）	-0.164	-0.152	-0.084	-0.790	0.051
	少数民族人口数（人）	0.716	0.516	0.266	0.044	0.056
	农业人口（人）	-0.380	-0.115	0.664	-0.601	0.021
	非农业人口（人）	0.696	0.618	0.170	0.301	0.031
户口状况	户籍人口（人）	0.638	0.675	0.235	0.060	0.082
	常住人口（人）	0.598	0.731	0.270	-0.008	0.052
	外来人口（人）	0.052	-0.019	0.914	-0.014	-0.100
人口年龄构成	0~14 岁人口（人）	0.369	0.664	0.628	-0.088	0.053
	15~64 岁人口（人）	0.613	0.606	0.478	0.073	0.033
	65 岁以上人口（人）	0.682	0.624	0.178	0.203	0.062
人口学历构成	6 岁及 6 岁以上研究生（人）	0.773	0.041	-0.074	-0.111	-0.221
	6 岁及 6 岁以上大学本科（人）	0.833	0.200	-0.022	-0.050	-0.024
	6 岁及 6 岁以上大学专科（人）	0.867	0.428	0.109	0.135	0.001
	6 岁及 6 岁以上中专（人）	0.758	0.466	0.262	0.189	0.001
	6 岁及 6 岁以上高中（人）	0.569	0.709	0.200	0.328	0.002
	6 岁及 6 岁以上初中（人）	0.108	0.617	0.759	0.055	0.083
	6 岁及 6 岁以上小学（人）	-0.057	0.394	0.805	-0.375	0.091
	6 岁及 6 岁以上文盲、半文盲（人）	0.054	0.530	0.710	-0.075	0.191

续表

变量类型	变量名称	主因子载荷				
		1	2	3	4	5
人口行业构成	农林牧渔业（人）	−0.424	−0.117	0.169	−0.799	0.123
	采掘业（人）	−0.052	−0.073	0.012	−0.082	0.350
	制造业（人）	0.113	0.943	0.206	0.079	−0.048
	电力、煤气及水的生产和供应业（人）	0.518	0.020	0.162	0.293	−0.082
	建筑业（人）	0.398	0.262	0.718	0.067	0.138
	地质勘探和水利管理业（人）	0.724	−0.026	0.189	0.069	0.145
	交通运输、仓储及邮电通信业（人）	0.241	0.143	0.530	0.210	0.063
	批发和零售贸易、餐饮业（人）	0.619	0.184	0.572	0.375	−0.029
	金融保险业（人）	0.826	0.128	−0.105	0.137	−0.233
	房地产业（人）	0.777	0.192	0.109	0.349	0.011
	社会服务业（人）	0.537	0.035	0.542	0.261	−0.040
	卫生、体育和社会福利事业（人）	0.870	0.247	0.084	0.071	−0.001
	教育、文化艺术及广播电视业（人）	0.917	0.170	0.038	−0.014	−0.018
	科学研究和综合技术服务事业（人）	0.842	−0.011	−0.006	−0.030	0.100
	国家机关、政党和社会团体（人）	0.880	0.072	0.054	0.190	−0.121
人口职业构成	国家机关、党群组织、企事业单位负责人（人）	0.794	0.123	0.182	0.259	−0.113
	专业技术人员（人）	0.714	0.677	0.066	0.035	−0.046
	办事人员和有关人员（人）	0.787	0.501	−0.015	0.135	−0.164
	商业、服务业人员（人）	0.416	0.590	0.595	0.267	−0.070
	农林牧渔水利业生产人员（人）	−0.430	−0.095	0.171	−0.801	0.121
	生产、运输设备操作人员（人）	0.213	0.664	0.607	0.188	0.069
不在业人口状况	未工作人口（人）	0.686	0.482	0.392	0.193	0.091
	未工作人口中料理家务（人）	−0.040	0.201	0.931	0.001	0.089
	未工作人口中离退休（人）	0.587	0.755	0.032	0.265	0.039
	从未工作正在找工作（人）	0.337	0.553	0.531	0.383	0.135
	失去工作正在找工作（人）	0.512	0.190	0.298	0.538	0.289

变量类型	变量名称	主因子载荷				
		1	2	3	4	5
家庭住房状况	户均住房间数（间）	0.017	−0.133	−0.101	−0.752	−0.024
	户均住房面积（平方米）	0.393	−0.054	−0.230	−0.555	−0.002
	1949 年以前户数（户）	0.012	−0.024	−0.055	0.685	−0.008
	1949 年以前面积（平方米）	0.086	−0.026	−0.019	0.673	−0.008
	1950～1959 年户数（户）	−0.079	0.888	−0.020	0.284	0.091
	1950～1959 年面积（平方米）	−0.009	0.967	−0.003	0.081	0.008
	1960－1969 年户数（户）	−0.134	0.363	0.058	0.406	0.752
	1960－1969 年面积（平方米）	−0.165	0.283	0.090	−0.130	0.853
	1970～1979 年户数（户）	0.241	0.708	0.226	0.035	0.488
	1970～1979 年面积（平方米）	0.221	0.707	0.240	−0.251	0.438
	1980～1989 年户数（户）	0.497	0.643	0.412	−0.080	0.139
	1980～1989 年面积（平方米）	0.555	0.572	0.378	−0.252	0.116
	1990～2000 年户数（户）	0.515	0.581	0.551	0.056	−0.166
	1990～2000 年面积（平方米）	0.630	0.557	0.437	−0.011	−0.136

（三）主因子的空间分布特征

1. 第 1 主因子——文化教育程度与职业状况

第一主因子为文化教育程度与职业状况，该因子方差贡献率达 28.961%。该因子与 6 岁及 6 岁以上大学本科、专科等高学历人口呈高度正相关（见表 4－9）。从人口行业与职业来看，该因子与教育文化、科学研究、金融保险、国家机关负责人、专业技术人员等呈现出较强的正相关关系，表明该类群体文化程度较高，且从事较高等职业。另外，从住房状况来看，该因子与 1999～2000 年住房正相关性较强，表明该类群体住房条件较好。该因子得分较高的区域主要集中在朝阳区和南关区南部以及绿园部分地区，该地区是长春市高等学校和科研单位较密集的地区（如图 4－28）。

2. 第 2 主因子——制造业工人

第二主因子为制造业工人，该因子方差贡献率达 22.112%。从受教育程度来看，该因子与 6 岁及 6 岁以上高中人口呈较强正相关（见表 4－9），表明该类人群受教育程度相对较高。从行业和职业状况来看，该因子同制造业呈高度正相关。另外，从家庭住房状况来看，该因子同 1950～1959 年住房表现出明显的正相关关系。该因子得分较高的区域主要集中在绿园区的锦程街道（如图 4－28），该地区是一汽厂区和主要职工家属居住地区。

3. 第 3 主因子——外来务工人员

第三主因子为外来务工人员，该因子方差贡献率为 15.083%。该因子同户口状况中的外来人口呈现出强烈的正相关关系（见表 4－9），表明该类人群主要是以外来人口为主。从受教育程度来看，该因子同 6 岁及 6 岁以上中小学人口高度相关，表明该类人群文化水平不高。从行业与职业来看，该因子同建筑业、商业服务业、生产运输等体力劳动相关性明显。综上判断该类因子主要是外来务工人员。该因子得分较高的区域主要集中在经开区和城市的近郊地区（如图 4－28）。

4. 第 4 主因子——住房状况与失业人口

第四主因子在失业人口和住房状况上表现明显，该类因子的方差贡献率为 10.392%。该类因子同农业人口和农林牧渔业及其劳动者呈现出明显的负相关关系（见表 4－9）。该因子与失业人口以及 1949 以前住房表现出较强的正相关关系。据此判断，该因子应属于城市中心的从事非农产业的失业者，且住房条件相对较差。该类因子得分较高的区域集中在城市中心地区（如图 4－28）。

5. 第 5 主因子——农业人口与住房状况

第五主因子为农业人口与住房状况，该因子的方差贡献率为 4.011%。该类因子同家庭住房状况呈现出较强的正相关关系（见表 4－9），主要反映在与 20 世纪 60 年代和 20 世纪 70 年代的住房相关。该类因子得分较高的区域主要集中在城市外围的远郊地区（如图 4－28），这些地区主要是城郊农业地域，住房多为平房，户均住房面积相对城市较大，且房屋年代相对较为久远。

（四）城市社会空间类型

以 5 个主因子在 60 个空间单元上的得分作为基本数据矩阵，运用聚类分析方法对 2000 年长春城市社会区类型进行划分。经过计算与测试，将长春城市社会区划分为 6 类，并通过进一步计算 6 种类型的主因子得分平均值，判断各区域特征，将其分别命名为一般工薪阶层居住区、居住密集拥挤的老城区、制造业工人聚居区、高社会经济地位人群聚居区、近郊外来务工人员居住区、远郊农业人口居住区（如图 4－29）。

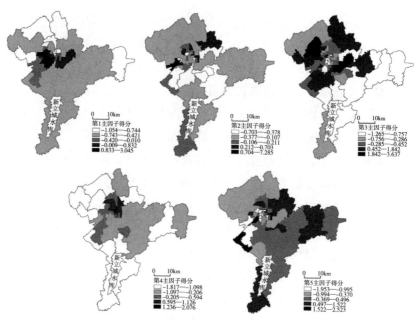

图 4 - 28　2000 年长春社会空间结构各主因子得分分布图

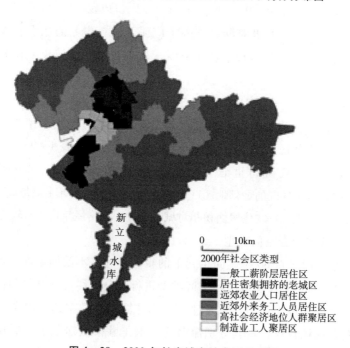

图 4 - 29　2000 年长春城市社会区分布图

1. 一般工薪阶层居住区

该类型社会区包括 20 个空间单元，第 4 主因子"住房状况与失业人口"表现相对突出。该社会区的典型特征为住房质量不高，一般工薪阶层收入相对较低，且面临失业的危险。从地域分布上来看，较为零散，相对集中于城市中心的南部地区。该地区从事第三产业的普通劳动者的比例相对较大。

2. 居住密集拥挤的老城区

该类型社会区包括 8 个空间单元，第 4 主因子和第 5 主因子表现均较为突出。该区域的典型特征是以从事非农产业的人口为主，但就业稳定性较差，存在一定的失业人口比例。同时，该区域人口拥挤、居住条件较差。从地域分布上来讲，该区域主要集中在老城区，特别是城市中逐渐衰退的铁北、二道等工业及仓储区。

3. 制造业工人聚居区

该类型社会区仅包括 1 个空间单元，第 2 主因子"制造业工人"表现突出。该区域的典型特征是从事制造业的产业工人集聚区，这些产业工人的文化水平相对较高。地域分布主要集中在绿园区的锦程街道，该地区是一汽厂区及其职工家属居住区，住房较为陈旧，多为 20 世纪 60 年代时期的单位分房。

4. 高社会经济地位人群聚居区

该类型社会区包括 10 个空间单元，第 1 主因子"文化教育程度与职业状况"表现突出。该区域多为从事科学研究、教育文化、金融保险等行业的专业技术人员，是高学历、高收入、高社会经济地位人群聚居的地区。地域分布主要在朝阳区高等院校和科研院所集中的地区，绿园区也有少量分布。

5. 近郊外来务工人员居住区

该类型社会区包括 6 个空间单元，第 3 主因子"外来务工人员"表现突出。从户口来看，该区域人口多为外来人口，且文化水平不高，多为从事建筑业、商业服务业、生产运输等体力劳动人员。地域分布主要集中在城区边缘的乡镇。这里距离市中心较近，且房租价格低廉，是外来打工人员较集中地区。

6. 远郊农业人口居住区

该类型社会区包括 15 个空间单元，与第五主因子"农业人口与住房状况"有一定关联。地域分布主要集中在距离城市中心较远的郊区，这里大多是以农业为主的乡、镇，农业人口比重较大。住房则多为平房，面积较城市住房面积大，因此，住房质量因子较为突出，但考虑到现实情况，将此区域定义为远郊农业人口居住区。

四 转型背景下的物质与社会空间耦合

（一）物质与社会空间耦合特征

1. 物质环境高速发展下的空间耦合

转型时期社会经济的快速变化带动了城市物质环境的高速发展，各种类型的工业区不断开发建设、城市道路等基础设施持续更新、城市土地空间不断扩展、城市社会设施日趋完善。在这种物质空间快速发展的背景下，城市社会空间问题却逐渐突出，城市物质与社会空间耦合表现出物质与社会的空间不协调特征。经开、高新、净月和南部新城几个区域的开发迅速扩大了城市空间，产业、居住等也随之向城市边缘离散发展，但这些区域物质环境快速发展的同时，各种就业和配套设施并不完善，居民工作、就医、教育、购物、娱乐等活动仍以城市中心为主，不仅导致城市的圈层蔓延，同时也致使交通拥挤、居住隔离等一系列问题的产生。总体来看，长春市在转型时期的物质环境高速发展下隐藏着物质与社会空间不协调的问题，这是长春转型背景下的物质与社会空间耦合的主要特征。

2. 生产空间与生活空间的分离

与计划经济时期的城市生产空间和生活空间区位比邻性的空间耦合特征不同，在城市社会经济转型的背景下，长春市物质与社会空间耦合特征演变为生产空间与生活空间分离的典型特征。由于计划经济体制束缚被打破，以及城市住房制度的改革，传统的单位和单位大院的生产、生活空间趋于分化，尤其是单位大院作为相对均质的社会空间出现了分化特征。由于住宅区位选择的市场化，即使作为同一单位的职业群体也出现了居住的空间分异，居民可以按照个体及家庭偏好自由选择居住场所。因此，城市居住空间的分异，打破了原来的生产空间和生活空间的区位比邻性格局，这也可以看作城市就业和居住空间的分离或空间错位。总体来讲，这种特征是由体制变革导致的城市社会、经济和空间等多方面变化的结果。但也应该认识到，原来的生产空间和生活空间的区位比邻特征在部分地区仍然存在，如汽车厂及其家属区、部分高校和家属区等，这是部分典型单位体制特征突出的物质空间和原有城市空间结构的惯性等因素共同作用的结果。

3. 城市物质与社会的空间极化突出

在计划经济时期，长春市物质环境和社会空间都表现出了相对均质的特征。随着社会经济的快速发展，城市社会群体收入差距的扩大，城市的物质环境和社会空间的极化特征日趋明显，这种物质环境和社会构成的极化也加剧了二者在空间耦合地域上的分异和分化。从物质环境建设来看，主要表现在城市新区和老城区之间的极化，城市空间在东北、南部和西南部的扩张使得新区发展迅速，各种基础设施建设相对完善，城市人口和居住密度也较低，物质环境建设良好；而传统旧城区在新区的快速发展中更加衰落，道路等基础设施陈旧，人口和交通拥挤等问题突出。从社会空间发展来看，新老区之间的差异也非常明显，如社会群体的职业、收入、消费能力、住宅质量等分异明显。从新老区各自发展情况来看，都表现出物质和社会空间耦合特征，但新区和老区的耦合水平差异显著，新区的高水平耦合和老区的低水平耦合正是城市物质与社会空间极化的影响结果。

4. 多要素影响下的耦合空间分异

计划经济时期的长春市物质与社会空间耦合主要是以城市空间的功能和社会群体的职业为主要分异因素。进入转型期后，长春城市功能实现多元化发展，城市居住空间也反映出以住房质量和居住环境（主要为区位）等为主的分异特征，城市社会阶层也出现了进一步分化，各种因素作用于城市空间，使得城市空间的特性出现了比以往任何时期都变化多样的特征。总体来看，该时期长春市物质与社会空间耦合表现出多要素影响下的空间分异特征，包括多元功能的城市空间分化、以住房为标志的居住空间分异、城市社会阶层的分化、城市基础设施和公共服务设施的空间分布以及城市空间的生态环境等。多要素作用的物质和社会空间耦合也出现了复杂的耦合结构模式和多个耦合空间地域类型。

（二）物质与社会空间耦合结构模式

根据长春市城市功能空间布局和社会区域分布以及城市物质与社会空间耦合特征，得出转型时期长春市物质与社会空间耦合结构模式的示意图（如图4－30）。总体来看，长春市物质与社会空间耦合结构以同心环和扇形模式为主。城市中心是人口和设施相对集中和密集的老城区；在城区的外围则是以轻工业、商业和服务业等非农产业为主的功能区域，就业人口多为一般工薪阶层；在城市的北部、东部和西南是传统和新兴并存的工业区；工业区夹杂的地域多为城市边缘的外来人口生活区；在城市南部的地区是科研文教和单位制区域，东南则是城市新开发建设的区域；在城市的最外围是远郊的农业和农村区域。

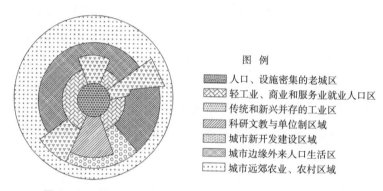

图 例

▨ 人口、设施密集的老城区
▨ 轻工业、商业和服务业就业人口区
▨ 传统和新兴并存的工业区
▨ 科研文教与单位制区域
▨ 城市新开发建设区域
▨ 城市边缘外来人口生活区
⬚ 城市远郊农业、农村区域

图4－30　转型时期长春市物质与社会空间耦合结构模式图

总体来看，长春城市空间结构仍未摆脱计划经济时期的圈层式布局的空间结构模式，但该时期城市空间的南部扩张特征非常明显，城市外围逐渐形成了几个功能组团，特别是东南部的净月区，依托有利的生态环境，成为城市新兴功能与居住区，与城市中心的人口和设施密集拥挤的老城区形成了鲜明对比。城市工业地域继续沿袭了计划经济时期的布局特征，城市北部、东部和西南仍是工业集中区域，但此时的工业区随着城市空间规模的扩大，较计划经济时期得到进一步扩展，特别是汽车产业开发区、高新技术产业开发区、经济技术开发区等工业区的建设，使得工业集中发展空间进一步扩大。这些区域的功能相对单一，主要以产业功能为主，居住、公共服务设施等发展严重不足。城市南部地区仍然是科研院所和高等院校集中地区，因此，仍然反映出计划经济时期的科研文教和单位制区域的耦合特征。随着转型时期市场经济的发展，城市经济活力大大增强，以外来就业人口为主的城市化现象凸显，因此，在城市边缘出现了外来人口生活居住区域，这些地区位于城市边缘，住房条件和生活设施相对简陋，但居住和生活成本低廉。

通过对比转型时期和计划经济时期长春市物质与社会空间耦合的结构模式，可以看出，转型时期的空间耦合结构模式继承了许多计划经济时期的典型特征，如单位制区域、单中心空间结构、工业区分布等，但此时的物质与社会空间耦合结构更加复杂，耦合空间的分化特征更加突出，同时又出现了一定的空间隔离现象。总体的物质与社会空间耦合结构模式的抽象图已经无法完全反映出当前的复杂变化特征，需要通过进一步对耦合区域进行评价、分析，以明确长春市物质与社会空间耦合地域的类型及其空间分异特征。

第五章 耦合格局：物质与社会相互作用评价与空间分异

在城市整体空间层面上，其物质环境和社会构成具有一定的特征，而在城市内部不同空间单元上，这种特征差别较大，物质环境与社会构成之间的耦合分异可能更加明显，而这种分异一方面表现为耦合阶段时序的不同，另一方面表现为空间类型的差异。因此，为科学判断城市物质与社会空间耦合分异特征及分异程度，需要从城市整体空间视角入手，以不同城市组成单元为比较空间，对城市物质与社会空间耦合系统进行客观评价。为此，本章着重建立长春市物质与社会空间耦合评价的总体框架，并建立评价指标体系与评价模型，对长春市物质与社会空间耦合关系进行评价与测度，以揭示城市整体物质与社会空间耦合特征及城市内部耦合阶段水平和地域分异规律。

第一节 耦合评价的总体框架

一 耦合评价的意义

耦合评价是揭示两个系统之间相互作用、交互耦合关系的一种重要方法与手段。耦合的概念来源于工程与技术科学，近年来被广泛应用到社会经济学科领域，耦合评价也成为揭示系统相互作用关系的重要工具。相关研究如产业集群与区域经济空间的耦合、城市化（或区域经济）与生态环境耦合、资源（水资源、土地资源等）与社会经济的耦合，等等。通过相关文献分析，本书认为耦合评价是揭示城市物质与社会空间耦合关系与特征的重要方法。

当前，随着我国城市转型速度的不断加快，各种矛盾日益激化且不断显现，如城市社会极化、城市空间资源分配不均、弱势群体空间边缘化、低收入群体社会需求无法给予保障等，这些都是物质与社会空间非耦合特征的典型体现。实际上，在了解这些非耦合特征的同时，我们却很难判断这种矛盾的激化程度，即无法量化物质与社会空间的非耦合程度，这就需要从定量分析的角度去判断物质与社会空间耦合协调程度，为城市物质与社会空间的耦合调控提供依据。因此，开展城市物质与社会空间耦合评价具有十分重要的意义，主要表现在以下几个方面。

一是通过耦合评价可以明确城市物质环境与社会构成之间的协调程度。当前，城市物质环境的变化速度不断加快，城市新区开发、城市设施建设、旧城改造等建设行为时刻变化，社会构成也随着城市化的不断加快而呈现出多样化的特征。物质环境与社会构成之间的协调关系及协调程度也在发生着快速变化，通过耦合评价有利于掌握城市物质环境与社会构成系统之间的协调关系与协调程度，这也是开展物质与社会空间耦合研究的基础。

二是通过空间耦合评价可以明确城市内部空间物质环境与社会构成耦合的地域分异规律。城市物质环境与社会构成耦合分析最终的落脚点是城市内部不同空间单元，通过不同空间单元耦合与协调程度的比较，可以明确城市内部物质与社会空间耦合的分异规律，哪些地区物质环境与社会构成的耦合程度较高，哪些地区物质环境与社会构成不协调，是物质环境建设速度较快，还是社会构成不相适应，都可以通过物质与社会空间耦合评价得出结论。

三是通过耦合评价可以为城市物质与社会空间耦合机理研究奠定基础。城市物质与社会空间耦合关系特征的分析与测度是耦合机理研究的前提与基础，通过耦合关系的判断可以明确影响城市物质与社会空间耦合系统的主导因素，以及物质环境与社会构成系统之间的影响要素，从而可以分析城市物质与社会空间耦合的动力体系与驱动机制，为城市物质与社会空间耦合的内在机理研究提供基础。

四是为制定科学的城市物质与社会空间耦合调控对策提供依据。通过城市物质与社会空间耦合评价的判断，可以明确城市物质与社会空间非耦合特征及其非耦合程度，也可以明确空间上非耦合区域的差异及分异规律，这有利于针对不同区域的空间耦合特征制定不同的调控对策，为政府各职能部门弄清城市物质环境存在的不利条件和障碍性因素，制定科学的管理决策提供理论支持。

二 耦合评价的原则

城市物质环境与社会构成系统组成复杂多样，且不同的城市空间单元耦合状态不同，致使城市物质与社会空间耦合评价所遵循的原则也存在差异。根据当前我国城市发展的实际状态，本书认为在开展城市物质与社会空间耦合评价时，应遵循目的性原则、差异性原则、动态性原则以及主导因素原则等。

（一）目的性原则

从某种意义上来讲，物质与社会是构成城市的两大系统，可以抽象地看作"物"和"人"的系统。城市物质环境的供给为城市社会群体服务，而城市社会群体的需求不断促使城市物质环境更新和改善，逐渐满足城市社会群体的需求才是城市物质建设的核心目标。城市物质环境的发展必须满足城市社会群体的生存和发展的需要，即物质环境与社会群体的适应是城市和谐、健康发展的宗旨。因此，城市物质与社会空间耦合评价也必须遵循这一目的，只有符合这一目的，才能保证城市物质环境建设的针对性以及城市社会群体需求的满足。遵循目的性原则，在开展城市物质与社会空间耦合评价时，就需要明确两个方面的内容，一是城市物质环境建设是否存在超前或滞后的现象，二是城市社会群体的需求是否通过物质环境的建设得到了满足，这也是城市物质与社会空间耦合评价的重要内容。

（二）差异性原则

城市物质与社会空间耦合系统评价需要遵循差异性原则，这主要是由城市空间单元组成的尺度变化所决定的。在城市空间单元中，不同尺度大小的空间范围，其物质环境和社会构成差异显著，如社区、街道、市辖区等不同层次的地域空间的物质与社会空间耦合评价体系、评价标准都应有所差别。同时，在城市中还存在着开发区、大学城、风景区等非行政意义上的功能区，在对这些功能区的物质与社会空间耦合评价时也需要与普通空间单元有所区别。总体来讲，不同城市空间尺度、不同类型城市空间单元的物质环境与社会构成的典型特征不同，要求在进行物质与社会空间耦合评价过程中遵循差异性原则，只有这样，才能准确揭示城市物质与社会空间耦合的分异特征和尺度特征。

（三）动态性原则

系统论认为，任何系统都处在不断发展变化之中，不仅系统自身的组成、结构与功能在不断变化、调整，而且系统所处的外部环境也处在动态的演化过程之中。城市所处发展阶段不同，其物质环境与社会构成的组成结构和功能等级也在不断变化。可以预见的是，城市物质环境是一个从低级到高级不断变化的过程，城市的社会构成则是由简单到复杂的变化过程，而城市物质与社会空间耦合则可能是由不协调向耦合协调的发展过程。因此，在对城市物质与社会空间耦合进行评价时，应从动态的视角根据城市物质环境发展的不同阶段、社会构成结构特征的演化趋势等来分析城市物质与社会空间耦合特征，以不断提升城市物质与社会空间耦合协调程度，进而为城市物质环境提升、社会和谐发展提供科学依据。

（四）主导因素原则

系统往往是由多个子系统或要素之间相互作用而形成的复杂的有机整体，其中一个子系统或要素的变化必然会影响其他子系统或要素的变化，甚至系统整体的发展演化。而在这一过程中，并不是所有的要素都起着同等重要的作用，必然有一个或几个要素居于主导地位，支配着系统整体的结构和功能变化（仇方道，2009）。因此，在进行城市物质与社会空间耦合评价时，必须要区分出主要矛盾和次要矛盾，尤其是要找出主要矛盾中的主导因子，以揭示影响城市物质与社会空间耦合的驱动机理，为提高城市物质与社会空间耦合协调能力提供决策依据。

三 耦合评价的内容

本书认为城市物质与社会空间耦合评价需要回答以下几个方面的问题：一是城市物质环境与社会构成是否存在相互作用的关联关系；二是城市物质环境与社会构成相互作用关系彼此的主要影响因素是什么，影响程度如何；三是城市物质与社会空间耦合与协调程度的测度。由此得出，城市物质与社会空间耦合评价的三方面内容。

（一） 城市物质环境与社会构成关联关系判断

城市物质环境与社会构成相互关联关系的判断是物质与社会空间耦合评价的基础，只有二者之间具备相互作用关系且关联程度较大，对二者的耦合评价才具有意义。因此，对物质环境与社会构成关联关系的分析是物质与社会空间耦合评价的前提。系统要素之间的相互作用关系判断大多采用相关系数或关联系数进行分析。

（二） 城市物质环境与社会构成相互影响因素分析

在对物质环境与社会构成关联关系判断的基础上，根据系统要素之间的关联程度，可以判断出二者之间相互影响的主要因素，即物质环境对社会构成产生影响的主要因素和社会构成对物质环境影响的主要因素。同时，根据关联度的大小，可以对影响因素进行排序，得出主要影响因素和次要影响因素。

（三） 城市物质与社会空间耦合度测度

城市物质与社会空间耦合度是耦合评价的最终落脚点。通过耦合度模型的构建，可以判断城市整体及内部空间单元物质环境与社会构成的耦合与协调程度，并可以根据耦合度大小，进一步划分出处在不同耦合阶段的空间单元，分析各种耦合阶段与类型的主要特征及发展模式，得出城市物质与社会空间耦合的分异规律。

四　耦合评价的思路

根据城市物质与社会空间耦合评价的主要内容，本书认为城市物质与社会空间耦合评价的实现具有三个关键点，分别是"物质"、"社会"和"空间"。首先，物质环境与社会构成是耦合评价的主要对象，这就需要充分了解城市物质环境与社会构成两个系统的组成要素，并结合要素指标数据获取的可行性做出合适选择，建立科学的评价指标体系，这是进行城市物质与社会空间耦合评价的基础。其次，在评价指标体系建立的基础上需要选择合适的评价方法，并通过评价模型的建立，分析两个系统相互之间的主要影响因素及其关联程度。最后，需要将耦合评价的分析结果落实到具体空间单元上，可以通过耦合度模型来实现，计算出城市不同空间单元的耦合度，以此来揭示城市物质与社会空间耦合的地域分异规律（见图 5 - 1）。

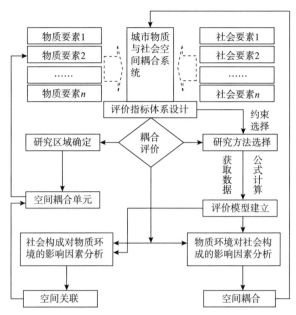

图 5-1 城市物质与社会空间耦合评价的研究思路

第二节 物质与社会空间耦合评价

一 研究区域的确定

本书的研究区域选择的是长春市的中心城区。中心城区是城市发展的核心地带，包括城市建成区、规划城市建设用地和近郊地区。中心城区既能反映出城市物质环境建设的主要内容、发展趋势和空间特征，又能体现出城市社会构成变化的独特性和空间连续性。其中，城市建成区能够反映具有典型城市景观特征的物质环境和城市社会群体结构的耦合特征；规划城市建设用地和近郊地区体现的则是物质环境与社会结构耦合的城市化空间扩散地域特征，这些地区是城市物质环境与社会结构变化极为显著的区域。因此，选择中心城区作为研究区域能够全面而典型地反映城市物质环境与社会构成耦合变化的主要特征。

根据长春市城市空间发展战略规划，长春市主要发展方向为东北、西南方向。确定长春市中心城区范围为绕城高速公路以内和城市主要发展方向的三大组团（富锋组团、兴隆组团、净月组团）（见图 5 - 2）。中心城区总面积 1022.2 平方公里，主要划分依据为乡镇行政界线。长春市中心城区的具体空间范围包括：朝阳区（除永春镇、乐山镇）、南关、二道区（除英俊镇绕城高速公路以外用地、劝农镇、四家乡、泉眼镇）、绿园区（除合心镇）、宽城区（除兰家镇绕城高速公路以外用地）、经济技术开发区（简称经开区）、高新技术开发区（简称高新区）、汽车产业开发区（简称汽车区）、净月开发区（除新湖镇）。研究区域内总计包括 56 个街道（乡镇）空间单元（见表 5 - 1），考虑到各空间单元的可比性、数据获取的难易程度，剔除了汽车产业开发区在中心城区范围内的 10 个村。

表 5 - 1　长春市中心城区空间单元划分

各行政辖区	街　道	乡　镇
宽城区	新发街道、站前街道、南广街道、东广街道、群英街道、兴业街道、凯旋街道、团山街道、柳影街道	兰家镇（部分）、奋进乡
二道区	东盛街道、吉林街道、荣光街道、东站街道、远达街道、八里堡街道	英俊镇（部分）
朝阳区	南站街道、桂林街道、南湖街道、永昌街道、重庆街道、清河街道、红旗街道、湖西街道、富锋街道	
绿园区	正阳街道、普阳街道、春城街道、铁西街道、青年街道	西新镇、城西镇
南关区	南岭街道、自强街道、民康街道、新春街道、长通街道、全安街道、曙光街道、永吉街道、桃源街道、鸿城街道、明珠街道	幸福乡
经开区	东方广场街道、临河街道	兴隆山镇
高新区		双德乡
净月区	永兴街道、净月街道	玉潭镇、新立城镇
汽车区	东风街道、锦程街道	

注：高新区与其所辖双德乡空间范围一致，故以高新区作为空间单元；兰家镇、英俊镇的部分指绕城高速公路以内区域。

二　评价指标体系的设计

指标体系是反映系统要素特征的抽象概括，同时也是刻画与描述系统属性的主要标度。构建科学、合理的综合性评价指标体系是对城市物质环境与社会构成耦合关系进行客观、准确评价的基础和前提。因此，本书通过探讨评价指标体系的构建原则，从不同方面构建物质环境系统和社会构

图 5 - 2　长春市中心城区范围示意

成系统耦合的评价指标体系。

（一）指标体系设计原则

由于影响城市物质环境和社会构成的因素众多，在进行城市物质与社会空间耦合评价时，可供选择的指标较多。指标越多，对评价结果准确性的提高就越为有利，但如果指标过多，反而难以反映关键性要素对物质与社会空间耦合系统的作用和贡献。因此，在进行城市物质与社会空间耦合评价指标体系的设计时，需要分别明确影响物质环境与社会构成的主要矛盾和次要矛盾，找出影响物质与社会耦合系统的关键因子，用尽可能少的指标来表达出城市物质环境与社会构成系统之间相互作用关系的本质特征，以达到评价的目标和要求。

根据城市物质环境和社会构成的内涵、组成要素、基本特征以及二者相互作用关系及其空间适应特征，同时考虑到长春市城市物质建设与社会发展的实际，本书认为长春市物质与社会空间耦合评价指标体系的设计应遵循以下原则。

1. 系统性与代表性兼顾原则

城市物质与社会空间耦合受到物质环境系统与社会构成系统的影响，而物质环境系统与社会构成系统又分别由多个要素构成，这些要素相互联系、相互制约形成了一个复杂的体系。因此，城市物质与社会空间耦合评价指标体系需要遵从系统性原则，分别考虑物质环境系统和社会构成系统的组成要素。同时，由于物质环境系统和社会构成系统的构成指标纷繁复杂，不可能面面俱到，需要在众多指标中选择具有代表性的指标，尤其是那些能够反映物质与社会相互作用关系的核心指标，只有这样才能够有效揭示城市物质与社会空间耦合的关键影响因素。

2. 实用性与科学性兼顾原则

实用性原则的意义和要求是城市物质与社会空间耦合评价的指标体系必须能够反映城市物质环境与社会构成的结构和功能特征，能够客观反映物质环境水平的变化程度、功能等级等特征，能够客观反映社会构成系统的组成要素及其差异化特征。另外，还必须坚持科学性原则，使设计出的评价指标体系能充分体现和反映城市物质与社会空间耦合的发展特征和规律，这是保证评价结果真实、客观的首要前提。

3. 可操作性与可比性兼顾原则

城市物质与社会空间耦合评价指标体系的构建在遵循系统性和科学性原则的前提下，还必须考虑到数据获取的可靠性以及可量化的可能性，即评价指标体系所涉及的数据必须是通过统计、测算和调查等方法能够获取的。由于城市物质环境与社会构成系统指标数据的获取难度较大，因此，这一原则对评价指标体系的成功构建极为重要。同时，还必须注意各指标之间的可比较性，所运用计算方法和模型的科学规范性，以便能够进行各指标之间、各街道空间单元的指标之间的比较分析，识别出关键性影响因素，为判断长春市物质与社会空间耦合的分异特征提供科学依据。因此，评价指标体系的可测度性、可比较性、易获得性是评价工作顺利展开的重要保证。

（二）评价指标体系的构成

根据上述评价指标体系的设计原则，按照对城市物质与社会空间耦合系统的内涵解析与系统组成要素的辨识，结合长春市各个空间单元的具体情况和指标数据的可获取性与可靠性等对指标进行了理论分析与初步挑选，设计出长春市物质与社会空间耦合的评价指标体系（见表5-2）。

该评价指标体系共分4个层次，其中第一层次为目标层，反映城市物质与社会空间耦合的总体水平；第二层次为分目标层，主要由城市物质环境系统和社会构成系统两个体系所组成；第三层次为要素层，主要为反映城市物质环境系统和社会构成系统的各组成要素，其中，城市物质环境系统主要通过设施环境、生态环境和住房环境3个方面进行解析，城市社会构成系统主要通过城乡构成、户籍构成、文化构成和职业构成4个方面进行解析；第四层次为具体指标层，主要由26个具体指标构成，这些指标数据主要通过人口普查年鉴和相关规划调研数据获得，部分指标数据需要经过简单计算获取。

表 5-2 长春市物质与社会空间耦合评价指标体系

第一层	第二层	第三层	第四层：具体指标
城市物质与社会空间耦合总体水平	城市物质环境系统	设施环境	$X1$：人均商业金融设施面积（m²/人）
			$X2$：人均医疗卫生设施面积（m²/人）
			$X3$：人均教育科研设施面积（m²/人）
			$X4$：人均文化设施面积（m²/人）
			$X5$：人均体育设施面积（m²/人）
		生态环境	$X6$：人均绿地面积（m²/人）
		住房环境	$X7$：人均住宅面积（m²/人）
			$X8$：1960年以前住宅面积比重（%）
			$X9$：1960~1980年住宅面积比重（%）
			$X10$：1980~1990年住宅面积比重（%）
			$X11$：1990~2000年住宅面积比重（%）
	城市社会构成系统	城乡构成	$Y1$：农业人口（人）
			$Y2$：非农业人口（人）
		户籍构成	$Y3$：常住人口（人）
			$Y4$：外来人口（人）
		文化构成	$Y5$：大专以上人口（人）
			$Y6$：高中和中专人口（人）
			$Y7$：初中和小学人口（人）
			$Y8$：文盲人口（人）
		职业构成	$Y9$：国家机关、党群组织、企事业单位负责人（人）
			$Y10$：专业技术人员（人）
			$Y11$：办事人员和有关人员（人）
			$Y12$：商业、服务业人员（人）
			$Y13$：农林牧渔水利业生产人员（人）
			$Y14$：生产、运输设备操作人员（人）
			$Y15$：未工作人口（人）

（三）评价指标的解释

1. 城市物质环境系统指标

①设施环境

设施是反映城市物质环境建设水平的重要指标。一般来讲，城市内部设施主要包括市政工程设施（如道路交通、给排水、供电、供热、供气等）和公共服务设施（如商业金融、医疗卫生、文化娱乐、教育科研、体育设施等）。由于城市市政工程设施在城市内部空间分布与辐射范围相对均质，因此，本书中的设施环境主要选择的是公共服务设施指标，主要包括人均商业金融设施面积（$X1$）、人均医疗卫生设施面积（$X2$）、人均教育科研设施面积（$X3$）、人均文化设施面积（$X4$）和人均体育设施面积（$X5$），这些指标能够反映不同空间单元设施建设的水平和规模。

②生态环境

生态环境也是反映城市物质环境系统建设的重要因素，而反映城市生态环境质量的指标较多，如建成区绿化覆盖率、人均绿地面积、工业废水达标排放率、工业固体废物利用率、环境治理投资等。这些指标中最突出反映城市生态环境的是城市绿化水平，并且，与其他指标相比较，该指标在街道层面相对容易获取，有利于操作和比较分析。因此，本书中的生态环境要素指标主要以人均绿地面积（$X6$）为主，用来反映不同空间单元的生态环境建设水平和建设规模。

③住房环境

居住用地是城市建设用地中的重要用地类型，居住用地的住房建设则是反映城市物质环境建设的重要因素。住房环境的好坏决定了城市物质环境建设水平的高低，高档社区和棚户区的物质环境差异是显而易见的。本书选择的住房环境指标主要由住房水平指标和住房质量指标构成，其中，住房水平指标主要选取了人均住宅面积（$X7$）指标，住房质量指标则主要选取了不同年代住宅面积比重，包括 1960 年以前住宅面积比重（$X8$）、1960 ~ 1980 年住宅面积比重（$X9$）、1980 ~ 1990 年住宅面积比重（$X10$）、1990 ~ 2000 年住宅面积比重（$X11$），这些指标可以反映不同空间单元的住房在量和质上的差异。

2. 城市社会构成系统指标

①城乡构成

城乡构成反映了城市社会群体的城乡差异变化，由于在城市空间单元选取过程中存在城乡差异，主要体现在中心城区和外围乡镇之间，因此，城市社会构成系统的首要因素选择了以农业人口（$Y1$）和非农业人口（$Y2$）为指标的城乡构成要素。该指标可以判别城市空间单元社会群体的城乡分异特征。

②户籍构成

随着城市化进程的加快和城市户籍制度的放宽，城市外来人口数量不断增加，成为城市社会群体中的重要组成部分。而本地居民和外来人口在居住、工作、消费、活动等方面差异显著，因此，本书选择了城市人口的户籍构成指标，主要由常住人口（$Y3$）和外来人口（$Y4$）组成，用来揭示不同空间单元社会群体的户籍特征。

③文化构成

文化构成因素主要由 4 个指标构成，分别为大专以上人口（$Y5$）、高中和中专人口（$Y6$）、初中和小学人口（$Y7$）、文盲人口（$Y8$）。受教育程度的不同一定程度上反映了城市社会群体社会地位的差异，接受不同程度教育水平的人口在经济收入、社会地位、价值观念等方面差异显著，因此，该指标可以反映出城市不同空间单元居住群体社会地位的差异。

④职业构成

职业构成因素主要由 7 个指标构成，分别为国家机关、党群组织、企事业单位负责人（$Y9$）、专业技术人员（$Y10$）、办事人员和有关人员（$Y11$）、商业、服务业人员（$Y12$）、农林牧渔水利业生产人员（$Y13$）、生产、运输设备操作人员（$Y14$）、未工作人口（$Y15$）。其中，前 6 个指标主要反映的是城市社会群体的职业分化程度，这些指标一定程度上也体现出社会群体经济收入的差异；最后一个指标是未工作人口，主要由离退休人口、失业人口等组成。这些指标可以反映出城市不同空间单元社会群体经济地位的差异。

三 耦合评价方法与模型构建

由于城市物质环境系统和社会构成系统之间的耦合作用具有交错性和

复杂性的特征，因此，本书按照系统分析的思路，在构建物质环境系统和社会构成系统耦合评价指标体系的基础上，采用灰色关联分析的方法，通过构建长春市物质环境与社会构成之间的关联度和耦合度模型，对长春城市内部各空间单元物质与社会空间耦合状态进行定量评价与横向比较，以揭示长春市物质与社会空间协调与耦合程度。

（一）确定关联分析序列

城市物质与社会空间耦合分析的两组序列分别为城市物质环境序列组（X_i）和城市社会构成序列组（Y_j）。其中，城市物质环境序列组（X_i）包括 11 项指标，城市社会构成序列组（Y_j）包括 15 项指标。

（二）原始数据变化与处理

由于系统中各序列因素的量纲（或单位）不同、属性不同，如社会构成体系指标单位多为人，物质环境指标中有平方米，量纲的不同使得数据之间很难进行直接比较，同时也会给计算结果带来误差。因此，为消除原始指标数据量纲及数量级大小不同带来的不良影响，需要对各指标数据进行无量纲化处理。目前，原始数据变换主要有均值化变换、初值化变换和标准化变换等方法。考虑到本研究是单一时段不同评价对象之间的比较，因此，选用标准化方法对原始数据进行变换：

$$X_i^{'} = (X_i - X_{\min}) / (X_{\max} - X_{\min}) \tag{5-1}$$

$$Y_j^{'} = (Y_j - Y_{\min}) / (Y_{\max} - Y_{\min}) \tag{5-2}$$

（三）计算关联系数

关联系数是计算关联度和耦合度的基础，其实就是两个相比较的序列在第 k 个区域的绝对差值，它的数值众多，信息相对也比较分散，很难对两组序列进行整体上的比较，它所反映的往往是单一时刻或单一区域的两组序列的关联程度。

$$\xi_{ij}(k) = \frac{\min\limits_{i}\min\limits_{j}|X_i^{'}(k) - Y_j^{'}(k)| + \rho_i^{\max}\max\limits_{j}|X_i^{'}(k) - Y_j^{'}(k)|}{|X_i^{'}(k) - Y_j^{'}(k)| + \rho_i^{\max}\max\limits_{j}|X_i^{'}(k) - Y_j^{'}(k)|} \tag{5-3}$$

式中：$\xi_{ij}(k)$ 为长春市第 k 个街道单元第 i 物质环境指标与第 j 社会构成指标之间的关联系数；$X_i^{'}(k)$、$Y_j^{'}(k)$ 分别是长春市第 k 个街道单元第 i 物质环境指标与第 j 社会构成指标之间的标准化值；ρ 为分辨系数，其意义是削弱最大绝对差数值太大引起的失真，提高关联系数之间差异的显著性，一般取值为 0.5。

（四）计算关联度

为了进一步揭示城市物质环境与社会构成的主要关联程度和耦合特征，在关联系数计算的基础上构建长春市物质环境与社会构成的关联度模型。将关联系数按照样本数 q 求其平均值后可以得到一个关联度矩阵 γ，它反映了城市物质环境与社会构成耦合的错综复杂的关系。关联度 γ_{ij} 的表达式为：

$$\gamma_{ij} = \frac{1}{q}\sum_{j=1}^{q} \xi_{ij}(k) \qquad (q = 1, 2, \cdots, n) \qquad (5-4)$$

式中：q 为样本数，即在本书中选取的城市物质环境指标（或社会构成指标）个数。

通过比较关联度 γ_{ij} 的大小，可以分析出物质环境中哪些因素与社会构成之间关系密切，而哪些因素对社会构成作用不大。关联度 γ_{ij} 的取值范围是 $0 \sim 1$，即 $0 < \gamma_{ij} \leqslant 1$，$\gamma_{ij}$ 值越大，关联性越大，若取最大值 $\gamma_{ij} = 1$，则说明物质环境系统某一指标 $X_i(k)$ 与社会构成系统某一指标 $Y_j(k)$ 之间关联性大，变化规律完全相同，单个指标间的耦合作用非常明显，反之亦然；当 $0 < \gamma_{ij} \leqslant 0.35$ 时为低度关联，两系统指标间耦合作用弱；当 $0.35 < \gamma_{ij} \leqslant 0.65$ 时为中度关联，两系统指标间耦合作用中等；当 $0.65 < \gamma_{ij} \leqslant 0.85$ 时为较高度关联，两系统指标耦合作用较强；当 $0.85 < \gamma_{ij} \leqslant 1$ 时为高度关联，两系统指标的相对变化几乎一致，耦合作用极强。

在关联度矩阵的基础上分别按行或者列求其平均值，可以得出两个系统耦合的关联度模型：

$$d_i = \frac{1}{l}\sum_{j=1}^{l} \gamma_{ij} \qquad (i = 1, 2, \cdots, m; j = 1, 2, \cdots, l) \qquad (5-5)$$

$$d_j = \frac{1}{m}\sum_{i=1}^{m} \gamma_{ij} \qquad (i = 1, 2, \cdots, m; j = 1, 2, \cdots, l) \qquad (5-6)$$

式中：d_i 为物质环境系统的第 i 指标与社会构成系统的平均关联度；d_j 为社会构成系统的第 j 指标与物质环境系统的平均关联度；m、l 分别为两个系统的指标数。通过计算得出的数据大小及其对应的值域范围，就可以分析两个系统相互影响的主要因素。

（五）耦合度构建与计算

为进一步从整体及城市内部各空间单元上判别物质环境与社会构成两个系统的耦合情况，参考相关研究（刘耀彬、李仁东、宋学锋，2005；毕其格、宝音、李百岁，2007），本书构建了两个系统关联的耦合度模型，通过该模型可以定量评判出长春市物质环境与社会构成耦合的协调程度，即得出长春市物质与社会空间耦合的分析结果。其计算公式为：

$$C(k) = \frac{1}{m \times l} \sum_{i=1}^{m} \sum_{j=1}^{l} \xi_{ij}(k) \qquad (5-7)$$

式中：$C(k)$ 为第 k 个街道单元的耦合度；m、l 分别为物质环境与社会构成两个系统的指标数。

四　耦合评价结果与影响因素分析

（一）数据来源

考虑到研究数据获取的可行性和准确性，本书研究的城市社会构成数据主要以《吉林省长春市 2000 年人口普查资料》及长春市所辖的宽城区、南关区、二道区、朝阳区、绿园区、经济技术开发区、高新技术产业开发区和净月经济开发区的第五次人口普查资料为主，同时，利用 1996～2006 年长春市分街道、社区人口调查数据予以补充和修正。长春城市物质环境数据获取难度相对较大，其中，住房环境因素中的人均住宅面积和各年限住宅面积比重主要来源于长春市各辖区的第五次人口普查，设施环境中的人均各类公共服务设施面积和人均绿地面积主要来源于长春城市分区规划的现状调研数据，同时利用城市分区规划中的土地利用现状图与城市街道（乡镇）单元分布图叠加后得到的测量数据予以补充和修正。

（二）计算结果

在上述原始数据资料的基础上，以城市街道（乡镇）单元的物质环境诸指标和社会构成诸指标作为城市物质与社会空间耦合关联分析的指标体系，并运用上文所提出的研究方法和计算公式，计算得出长春市城市物质环境与社会构成系统之间耦合作用的关联度矩阵（见表5－3）。

表 5－3　长春市城市物质与社会耦合的关联系数和关联度

指标	X1	X2	X3	X4	X5	X6	X7	X8	X9	X10	X11	平均值	平均值（分组）
Y1	0.8425	0.8408	0.8691	0.8683	0.8621	0.8520	0.8783	0.8152	0.8179	0.8110	0.7629	0.8382	0.8358
Y2	0.8292	0.8545	0.8528	0.8534	0.8606	0.8117	0.8423	0.8385	0.7844	0.8100	0.8308	0.8335	
Y3	0.8109	0.8240	0.8274	0.8290	0.8377	0.7887	0.8327	0.8082	0.7654	0.7955	0.7982	0.8107	0.8269
Y4	0.8538	0.8603	0.8704	0.8618	0.8632	0.8553	0.8630	0.8377	0.8047	0.8063	0.7971	0.8430	
Y5	0.8272	0.8628	0.8555	0.8584	0.8627	0.8135	0.8472	0.8337	0.7734	0.8092	0.8110	0.8323	0.8128
Y6	0.8056	0.8295	0.8113	0.8287	0.8307	0.7743	0.8102	0.8206	0.7625	0.7803	0.8044	0.8053	
Y7	0.8175	0.8145	0.8199	0.8293	0.8336	0.8228	0.8295	0.8223	0.7974	0.7968	0.7999	0.8167	
Y8	0.7916	0.7899	0.8003	0.8060	0.8181	0.7992	0.8098	0.8097	0.7811	0.7795	0.7826	0.7971	
Y9	0.8130	0.8339	0.8231	0.8364	0.8372	0.7874	0.8187	0.8049	0.7527	0.7740	0.8187	0.8091	0.8163
Y10	0.8090	0.8477	0.8443	0.8407	0.8455	0.7972	0.8319	0.8256	0.7668	0.7966	0.8056	0.8192	
Y11	0.7899	0.8242	0.8113	0.8184	0.8170	0.7761	0.8067	0.8015	0.7410	0.7681	0.7974	0.7956	
Y12	0.8318	0.8238	0.8273	0.8316	0.8357	0.8068	0.8347	0.8170	0.7790	0.7902	0.8222	0.8182	
Y13	0.8431	0.8504	0.8746	0.8569	0.8549	0.8632	0.8814	0.8064	0.8270	0.8080	0.7681	0.8394	0.8201
Y14	0.8345	0.8540	0.8504	0.8460	0.8557	0.8405	0.8618	0.8347	0.8270	0.8222	0.8153	0.8402	
Y15	0.8065	0.8348	0.8507	0.8411	0.8502	0.8054	0.8368	0.8129	0.7772	0.8041	0.8013	0.8201	
平均值	0.8204	0.8363	0.8361	0.8404	0.8443	0.8125	0.8390	0.8192	0.7838	0.7968	0.8010	0.8002	—

长春市城市物质环境与社会构成系统各要素之间的关系较为复杂，通过计算得出两个系统各指标之间的关联度均在 0.7 以上，属于较高度关联，表明城市物质环境与社会构成系统之间的关系密切，因此，对两个系统之间的耦合关系分析是非常有意义的。为了进一步揭示两个系统之间交互耦合的主要驱动力，对上面计算得到的关联度数据进行了简单的求平均值和排序，可以分别得出城市物质环境与社会构成系统之间相互作用和彼此影响的主要因素。

（三）影响因素分析

1. 物质环境对社会构成的影响因素分析

在城市物质环境对社会构成产生影响的过程中，人均住宅面积对社会构成系统的作用较为明显，经过计算得出的长春市 56 个空间单元的物质环境与社会构成耦合的关联度矩阵中，人均住宅面积同社会构成系统的综合关联度最高，达到了 0.8390。人均住宅面积的大小反映了社会群体居住等级水平的高低，进而可以体现出社会群体在居住空间选择上的支付能力，同时也能够体现出社会群体的社会经济地位，因此，在各物质要素中，人均住宅面积成为与社会群体构成关联度最高的影响因素。

设施环境与社会构成也具有较强的关联性，其综合关联度达到了 0.8361，且设施环境指标中的文化设施和体育设施与社会构成关联度最高，也是各要素中单指标关联程度最高的两个影响因子。不同等级、规模水平的设施环境可以在一定程度上反映出社会群体的结构特点，受过高等教育、经济地位相对高的社会群体对设施的要求也较高，尤其是文化、体育等休闲娱乐设施，而一般收入人群或低收入群体主要以满足生存需要的医疗、教育等基本的设施需求为主，对文化、体育等设施的消费与需求能力相对较弱。除此之外，绿化水平和住宅质量也与社会构成有较强的关联性，它们的关联度平均值均在 0.8 以上。

2. 社会构成对物质环境的影响因素分析

社会群体的结构特征也对物质环境具有不容忽视的影响和作用，通过计算得出的长春市社会构成对物质环境的综合关联度达到了 0.8212，反映出一个地区社会群体的构成特征会影响区域物质环境的建设与发展。在社会构成对物质环境影响因素中，综合关联度最高的要素为城乡构成要素，关联度达到 0.8358，城乡人口构成反映了农业人口和非农业人口的差异，同时也代表了农业地域与非农业地域的差别，而农业地域和非农业地域在城市物质环境建设水平上差异显著，因此，该要素成为社会构成对物质环境最主要的影响因素。

社会构成对物质环境影响要素中排在第二位的是户籍构成要素，综合关联度为0.8269，且外来人口对物质环境关联度达到0.8430，是所有指标中与社会构成系统关联度最高的因子，反映了城市户籍构成中的外来人口与城市物质环境的关联程度。外来人口大多为周边农村地区进城务工人员，没有固定的职业和居住场所，其对居住地、居住区设施环境等没有明确的要求，这与常住人口的住房选择、公共服务设施等级与规模水平、区域生态环境等物质环境需求形成了鲜明的对比。社会群体的职业构成也是影响物质环境的重要因素，尤其是未工作人口，其关联度为0.8201，由其经济收入所引发的消费水平与购买能力、消费需求等方面的不足对物质环境影响较大，而就业人口收入相对稳定，在物质环境需求方面不存在较大的波动性。另外，一定程度上能够反映社会群体社会地位的文化构成也与物质环境的关联程度较高（0.8128）。

第三节　物质与社会空间耦合的阶段水平

城市物质与社会空间耦合不仅表现在物质环境与社会构成两个系统要素相互作用的交错性和复杂性上，同时，在空间上也表现出明显的差异性，即不同空间单元的物质环境与社会构成耦合的阶段水平不同。因此，为进一步明晰长春市物质与社会空间耦合的阶段水平的地域分异规律，本书通过对长春市空间单元物质与社会空间耦合度的计算，并结合区域发展实际，对长春市物质与社会空间耦合的阶段水平进行了划分，为揭示长春市物质与社会空间耦合分异规律及分异机制提供科学依据。

一　耦合阶段水平的划分原则

划分城市物质与社会空间耦合阶段水平的主要目的是通过判断不同空间单元的城市物质环境与社会构成的互动变化特征，揭示城市物质与社会空间耦合发展水平的分异规律，同时也为耦合地域类型的确定及不同地域类型的调控措施奠定研究基础。本书认为城市物质与社会空间耦合阶段水平的划分应遵循以下原则。

（一）突出物质环境与社会构成的主要特征

城市物质环境与社会构成在地域空间分布上都有其独特的地理空间特征，也就是说不同空间单元的物质环境和社会构成的典型特征不同，有些区域的物质环境建设水平较高，有些则较为落后，其与社会构成的耦合水平具有高低差异。那么在进行城市物质与社会空间耦合阶段水平的划分过程中应尽量反映出每个空间单元的主要特征，或者应尽量反映出相同、相似特征的空间单元。如传统工业区、商业区、居住区以及新建开发区等的物质环境和社会构成具有明显的差异，因此，在进行耦合阶段水平划分时需要考虑不同空间单元的区域背景及其典型特征。

（二）揭示物质与社会耦合系统的差异性

长春市物质与社会空间耦合阶段水平的划分既要充分反映不同空间单元物质环境与社会构成的主要特征，又要反映出物质与社会耦合系统的区域差异性。每个城市空间单元的物质环境、社会构成我们都需要加以考虑，但把握城市物质环境与社会构成耦合系统的整体特征才是本书研究的焦点。因此，对城市物质与社会空间系统的差异性特征需要加以重点关注，这实际上也是进行物质环境与社会构成耦合阶段水平及耦合地域类型划分的重要目标。

（三）保持耦合地域空间上的临近性

本书选择的耦合空间单元为街道、乡镇，从行政区划上来讲分属于不同的市辖区，而各市辖区都具有其典型的社会经济背景与功能特征，同时，城市物质环境与社会构成在一定区域范围内又具有一定的过渡性特征。因此，在进行城市物质与社会空间耦合阶段水平和耦合地域类型划分的过程中，应考虑保持耦合地域在空间上的邻近性，以利于从宏观角度认识城市物质环境与社会构成耦合发展的区域背景与特征，同时也利于揭示耦合地域分异的区域因素作用机制与作用规律。

（四）体现物质环境与社会构成的动态变化

城市物质环境与社会构成的发展是一个从低级到高级不断发展变化的动态演化过程，二者的耦合演化也符合系统从低级到高级演变的发展规律。因此物质环境与社会构成耦合阶段水平划分的核心原则就要充分体现不同地域一定时期内物质环境与社会构成的动态变化特性和一般规律。尽管本书选取的样本数据为断面数据，但在耦合阶段水平的空间差异上还应充分考虑到不同空间单元的物质环境与社会构成的演变过程及发展规律，这样有利于进一步揭示不同耦合阶段水平地域的特点和耦合空间分异的作用机制。

二　耦合阶段水平的划分依据

耦合度是城市物质与社会空间耦合阶段水平划分的最主要依据，因此，在进行耦合阶段水平划分前，必须对长春市中心城区的56个空间单元进行耦合度的计算。根据上文中构建的耦合度计算模型（公式5-7）对各空间单元进行计算，并利用Arcgis软件自动生成长春市中心城区街道（乡镇）空间单元的耦合度分布规律（见图5-3）。

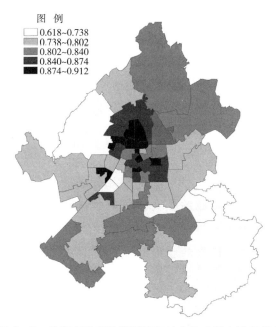

图 例
- 0.618~0.738
- 0.738~0.802
- 0.802~0.840
- 0.840~0.874
- 0.874~0.912

图5-3　长春市城市物质环境与社会构成耦合度空间分布

从长春市城市物质环境与社会构成耦合度空间分布图中可以看出，城市中心区、二道区和铁北区耦合度较大，而城市西部、南部以及外围地区空间耦合度较小。耦合度的数值变化可以反映城市物质环境与社会构成的相互作用关系及其在空间上的适应状态。耦合度越小，说明系统之间的适应性越强，但这种适应性有可能属于高等级水平的协调性适应，也有可能属于低等级水平的协调性适应，这需要通过进一步的实际调查予以准确判断；而耦合度越大，表明两个系统之间的作用强度越大，二者之间的矛盾也越突出，在空间上两个系统之间的适应性越差，是典型的"非耦合"类型区域。

三　耦合阶段水平的划分结果

为进一步明确长春市物质与社会空间耦合阶段水平分布规律和特征，从机制上揭示物质环境与社会构成空间耦合的规律性，本书根据长春市中心城区 56 个空间单元耦合度的大小，并结合对各空间单元物质环境和社会构成的实际调研情况，借鉴相关研究文献的耦合阶段水平划分的类型，大致将其划分为高水平耦合协调阶段、磨合耦合阶段、拮抗耦合阶段和低水平耦合阶段 4 种类型（见表 5 - 4 和图 5 - 4）。

（一）高水平耦合协调阶段

处于该阶段水平的空间单元包括湖西街道、红旗街道、南湖街道、桂林街道、南岭街道、清和街道、永昌街道。这些街道行政区划分属于绿园区、朝阳区和南关区，位于城市中心的西南部地区。这些空间单元物质环境建设水平较高，商业、医疗、教育、文化娱乐等社会公共服务设施发展较为迅速，且等级规模比较完善，如红旗街道、桂林街道等，同时，该阶段区域的社会构成较为高级，体现在城市居民的受教育程度较高，就业人口的经济收入水平相对较高，社会群体的社会经济地位较为突出。优越的物质环境为居住空间的社会群体提供了良好的居住、生活环境，而社会经济地位较高的社会构成特征也促进了物质环境建设的完善与优化。总体来讲，物质环境与社会构成在较高的水平上趋于协调，任何一个系统的微小变化在短期内不会对另一系统产生较大的影响，其相互间的关联很弱，因此耦合度最小，处于高水平耦合协调阶段的物质环境与社会构成是在空间上适应性是最强的。

表 5 - 4　长春市物质与社会空间耦合的阶段水平划分

耦合阶段水平	空间单元数量	地域范围名称
高水平耦合协调阶段	7	湖西街道、红旗街道、南湖街道、桂林街道、南岭街道、清和街道、永昌街道
磨合耦合阶段	18	正阳街道、普阳街道、东风街道、锦程街道、春城街道、永吉街道、高新区、南站街道、明珠街道、鸿城街道、曙光街道、临河街道、永兴街道、东广街道、长通街道、吉林街道、站前街道、重庆街道
拮抗耦合阶段	19	群英街道、凯旋街道、兴业街道、青年街道、铁西街道、柳影街道、团山街道、东站街道、荣光街道、东盛街道、八里堡街道、远达街道、南广街道、新发街道、新春街道、自强街道、民康街道、全安街道、桃源街道
低水平耦合阶段	12	兰家镇、西新镇、城西镇、英俊镇、新立城镇、奋进乡、幸福乡、兴隆山镇、玉潭镇、净月街道、富锋街道、东方广场街道

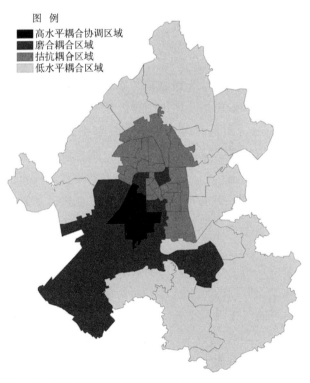

图 例
■ 高水平耦合协调区域
■ 磨合耦合区域
▨ 拮抗耦合区域
▧ 低水平耦合区域

图 5 - 4　长春市空间单元物质与社会空间耦合阶段水平分异

（二） 磨合耦合阶段

处于该阶段水平的空间单元包括正阳街道、普阳街道、东风街道、锦程街道、春城街道、永吉街道、高新区、南站街道、明珠街道、鸿城街道、曙光街道、临河街道、永兴街道、东广街道、长通街道、吉林街道、站前街道、重庆街道。处于该耦合阶段水平的区域行政区划分属绿园区、朝阳区、高新区、南关区、汽开区、经开区和宽城区等多个区域，空间分布上也相对分散，多集中在城市西南和东南部地区，城市中心也有一定的分布。该耦合阶段水平的区域空间单元的主要特征为城市新建设区域或物质环境更新较快的区域，如高新区、经开区部分空间单元以及鸿城街道、明珠街道等属于20世纪90年代以后高速发展的区域，物质环境建设较为发达，而重庆街道、站前街道等属于传统商业地区，近年随着商业设施的不断完善，物质环境更新速度也较快，因此，物质环境建设水平相对较高。同时，该区域社会构成相对均衡，以城市常住人口为主，人口素质中等偏上，多数属于中等收入阶层，物质环境与人口结构处于不断向更高层次发展的适应与磨合阶段，其耦合度也相对较小。

（三） 拮抗耦合阶段

处于该阶段水平的空间单元包括群英街道、凯旋街道、兴业街道、青年街道、铁西街道、柳影街道、团山街道、东站街道、荣光街道、东盛街道、八里堡街道、远达街道、南广街道、新发街道、新春街道、自强街道、民康街道、全安街道、桃源街道。处于该耦合阶段水平的区域行政区划大多属于宽城区、二道区和南关区，空间上主要位于城市北部地区、东部地区和中心地区。这些街道大多属于城市老工业区，如铁北工业区和二道工业区，另一部分则属于城市中心旧城区，如南关区围绕人民广场的街道单元。该耦合阶段区域的典型特征是计划经济时期的物质环境建设欣欣向荣，而在转型时期物质环境建设逐渐落后，并成为限制区域发展的主要因素。一方面，工业区内的工业企业不断倒闭，土地功能置换滞后，导致物质环境设施的更新与建设严重落后，无法满足区域内社会群体的生活需要；城市中心旧城区则表现为人口密度过大、城市交通拥挤、建筑衰败、设施更新缓慢等；另一方面，这些区域的社会结构水平较低，体现在人口受教育程度和经济收入均较低，也是城市失业人口集中区域，社会构成特征对物质环境的改善难以发挥作用。总体而言，这些空间单元正徘徊于物质环境与社会构成的拮抗、限制阶段，相对而言，这些区域的耦合度最大。

（四）低水平耦合阶段

处于该阶段水平的空间单元包括兰家镇、西新镇、城西镇、英俊镇、新立城镇、奋进乡、幸福乡、兴隆山镇、玉潭镇、净月街道、富锋街道、东方广场街道。该耦合阶段水平的区域行政区划分属于宽城、南关、朝阳、净月等多个辖区，空间分布在中心城区外围的边缘地带。这些空间单元以乡镇居多，部分街道原来也多为乡镇，属近期行政区划调整的结果。这些区域尽管位于中心城区以内，但许多空间单元的郊区特征非常明显，农村地域的特点仍然较为突出，使得该耦合阶段水平的物质环境缺乏城市特征，各种城市设施建设并不发达，城市物质环境建设水平较为低下。同时，该阶段水平区域内居住的人口多以农业人口、外来人口为主，受教育程度和经济收入水平都较低。总体而言，该阶段水平区域物质环境与社会构成都处于较低水平，整体上处于低水平的耦合适应阶段，耦合度也相对较小。

通过上述对长春市城市空间单元物质与社会空间耦合阶段水平的划分，可以看出，长春市中心城区中的56个空间单元，高水平耦合协调阶段区域为7个，占总数的12.5%，磨合耦合阶段区域为18个，占总数的32.1%，拮抗耦合阶段区域为19个，占总数的33.9%，低水平耦合阶段区域为12个，占总数的21.5%。处于磨合耦合阶段和拮抗耦合阶段的区域所占比重较大，因此，对长春市物质与社会空间耦合系统的调控十分迫切。

第四节　物质与社会空间耦合的地域类型

长春市物质与社会空间耦合阶段水平的划分实质上反映的是各空间单元所处的耦合阶段水平的差异情况，难以反映城市物质与社会空间耦合的类型特征差异。因此，为进一步揭示长春城市物质环境与社会构成耦合特征在空间上的分异规律，本节通过对物质环境与社会构成系统指标体系的主成分分析和聚类分析，划分出长春市物质与社会空间耦合的地域类型，并对不同地域类型的典型特征进行研究与评价。

一　研究区域、数据与方法

　　长春市物质与社会空间耦合地域类型的研究区域与上文中的耦合阶段水平评价的研究区域一致，都属于长春市中心城区的空间范围，剔除汽车产业开发区的 10 个村后，包括了宽城区、南关区、朝阳区、二道区、绿园区、经开区、高新区和净月区等市辖区的 56 个街道（乡镇）空间单元（如图 5 – 5）。

　　研究数据也与上文中的物质与社会空间耦合阶段水平评价的数据一致，为物质环境和社会构成两个系统的指标体系数据，其中，物质环境包括反映设施环境、生态环境和住房环境等的 11 个具体指标，社会构成则包括体现城乡构成、户籍构成、文化构成和职业构成等在内的 15 个具体指标，总计 26 个统计变量。主要研究方法为利用 SPSS 统计分析软件和 Arc-gis 空间分析软件，采用因子分析、聚类分析的方法，提取主因子，并根据主因子得分对各街道进行聚类，最后根据聚类的结果及现场调查进行判断，并结合各空间单元所处的耦合阶段水平综合确定耦合地域类型的划分方案。

图 5 – 5　长春市物质与社会空间耦合地域类型的空间单元

二　耦合地域类型的划分过程

（一）主因子的选取

应用SPSS14.0软件的因子分析功能，选择主成分法，采用方差最大旋转进行主成分分析，提取主成分因子。结果表明，前6个主成分的特征值大于1，其中第一主成分特征值为8.575，其所解释的方差占总方差的百分比为32.981％，前6个主成分特征值之和占总方差的累积百分比为80.037％。为了进一步使因子的结构层次清晰，利用正交旋转方法进行处理，与未旋转得到的主因子基本一致，得到6个主因子（见表5-5），并得出各因子的载荷矩阵（见表5-6）。

表5-5　长春市物质与社会空间耦合因子分析的特征值及方差贡献

单位:%

主因子序号	未旋转			正交旋转		
	特征值	解释方差百分比	解释方差累计百分比	特征值	解释方差百分比	解释方差累计百分比
1	8.575	32.981	32.981	8.575	32.981	32.981
2	3.990	15.346	48.327	3.990	15.346	48.327
3	2.906	11.177	59.504	2.906	11.177	59.504
4	2.258	8.685	68.189	2.258	8.685	68.189
5	1.783	6.858	75.047	1.783	6.858	75.047
6	1.297	4.990	80.037	1.297	4.990	80.037

表5-6　长春市物质与社会空间耦合主因子载荷矩阵

变量类型	变量名称	主因子载荷					
		1	2	3	4	5	6
设施环境	人均商业设施面积（m²/人）	-0.147	0.013	0.644	-0.065	0.005	0.326
	人均医疗卫生设施面积（m²/人）	0.089	-0.016	0.813	0.016	0.035	-0.325
	人均教育科研设施面积（m²/人）	0.009	-0.056	0.305	-0.004	0.397	0.531
	人均文化设施面积（m²/人）	-0.104	-0.081	0.949	0.059	0.034	-0.083
	人均体育设施面积（m²/人）	0.048	-0.019	0.139	-0.037	0.102	-0.757

续表

变量类型	变量名称	主因子载荷					
		1	2	3	4	5	6
生态环境	人均绿地面积（m²/人）	-0.286	0.093	0.139	-0.039	0.572	0.178
住房环境	人均住宅面积（m²/人）	-0.204	-0.082	0.867	0.116	0.195	0.075
	1960 年前住宅面积比重（%）	-0.129	0.062	-0.112	0.035	-0.817	0.177
	1960~1980 年住宅面积比重（%）	-0.311	0.072	0.160	0.775	-0.278	0.196
	1980~1990 年住宅面积比重（%）	0.131	-0.029	-0.021	0.765	0.496	-0.184
	1990~2000 年住宅面积比重（%）	0.071	-0.029	-0.009	-0.972	0.008	0.004
城乡构成	农业人口（人）	-0.440	0.528	-0.038	0.184	0.549	0.139
	非农业人口（人）	0.938	0.207	-0.068	-0.042	-0.199	-0.051
户籍构成	常住人口（人）	0.857	0.387	-0.056	0.085	-0.021	-0.110
	外来人口（人）	-0.033	0.596	-0.085	-0.187	0.448	0.314
学历构成	大专以上人口（人）	0.938	-0.100	-0.040	-0.020	0.141	0.107
	高中和中专人口（人）	0.896	0.247	-0.102	-0.022	-0.219	-0.052
	初中和小学人口（人）	0.136	0.949	-0.094	0.052	0.140	-0.046
	文盲人口（人）	0.173	0.898	0.023	0.047	-0.023	-0.057
职业构成	国家机关工作人员（人）	0.738	0.025	-0.061	-0.355	-0.016	-0.126
	专业技术人员（人）	0.934	0.118	-0.045	0.032	-0.054	-0.039
	办事人员和有关人员（人）	0.848	-0.018	-0.080	-0.157	-0.073	-0.126
	商业服务业人员（人）	0.600	0.710	-0.076	-0.179	-0.086	0.023
	农业生产人员（人）	-0.482	0.302	0.019	0.304	0.548	-0.016
	生产运输设备人员（人）	0.448	0.733	-0.033	0.122	-0.074	-0.011
	未工作人口（人）	0.871	0.317	-0.109	0.042	0.045	0.101

（二）主因子的空间分布特征

1. 第一主因子

第一主因子为高社会经济地位人群，该因子方差贡献率达 32.981%。该因子与学历构成中的大专以上人口、高中和中专人口呈高度正相关（见表 5-6），与职业构成中的专业技术人员呈高度正相关，另外，该因子与常住人口、非农业人口也表现出较强的正相关关系，表明该因子多为具有较高学历，且多从事脑力劳动，经济收入水平相对较高的城市人口，因此，将该因子命名为高社会经济地位群体。从城市物质与社会空间耦合主因子得分分布图（如图 5 - 6 - a）可以看出，该因子得分较高的区域主要集中在朝阳区、汽开区、南关区的南岭街道以及绿园区部分街道。

2. 第二主因子

第二主因子为低文化素质体力劳动者，该因子方差贡献率达 15.346%。该因子主要与社会构成中的学历构成的初中和小学人口、文盲人口呈高度的正相关关系，表明该因子文化程度较低，另外，该因子同农业人口、外来人口、商业服务业人员以及生产运输设备人员具有较强的正相关关系，表明该因子多为从事农业、运输业、服务业的体力劳动者。综合上述分析，将该因子命名为低文化素质的体力劳动者。该因子得分较高的区域主要集中在中心城区的外围（如图 5 - 6 - b），外围地区多为农村乡镇，农业人口和外来人口比重相对较大，这也符合该因子空间得分的主要特征。

3. 第三主因子

第三主因子为高水平社会服务设施，该因子方差贡献率为 11.177%。该因子同人均文化设施面积、人均医疗卫生设施面积以及人均商业设施面积等设施环境指标呈高度正相关，而且该因子还与人均住宅面积具有较强的正相关关系。表明该因子社会服务设施水平相对较高，因此，将该因子命名为高水平社会服务设施。该因子得分较高的区域主要集中在城市东南部地区的净月开发区，该区域近年社会服务设施建设速度较快，尤其是房地产开发速度比较快，人均住宅面积不断提高（如图 5 - 6 - c）。

4. 第四主因子

第四主因子为年代较久的住宅，该因子方差贡献率为 8.685%。该因子与住房环境中的 1960 ~ 1980 年住宅面积比重和 1980 ~ 1990 年住宅面积比重呈高度正相关，而与 1990 ~ 2000 年住宅面积比重呈现出明显的负相关关系，表明该因子与住房年代和房屋建筑质量具有明显的相关关系，因此，将该因子命名为年代较久的住宅。但从该因子得分的空间分布上来看并没有完全反映出现实情况（如图 5 - 6 - d），城市中心的老城区该因子得分相对较低，一些边缘乡镇得分却相对较高，因此，由该因子影响的区域类型划分需要进一步通过实际考察进行验证。

5. 第五主因子

第五主因子为农业人口和外来人口，该因子方差贡献率为 6.858%。该因子与城乡构成中的农业人口和户籍构成中的外来人口呈明显的正相关关系，同时，该因子与职业构成中的农业生产人员也具有较强的正相关关系，表明该因子主要为中心城区内的农业人口和外来人口。从该因子空间分布的得分情况来看（如图 5 - 6 - e），高得分区域主要集中在中心城区外围的乡镇，而这些区域是农业人口和外来人口相对集中生活的区域。

6. 第六主因子

第六主因子的方差贡献率较小，仅为 4.990%。该因子同人均教育科研设施面积和人均商业设施面积的相关性较强，另外，该因子与外来人口也具有一定的正相关关系，与人均体育设施面积则具有较强的负相关关系。由于该因子的特征并不明显，因此，很难将该因子进行准确命名。从该因子的得分分布图来看（如图 5 - 6 - f），高得分区域集中在比较分散的净月街道、南岭街道、高新区、远达街道和东方广场街道等，主要是因为这几个街道在上述与该因子密切相关的指标上的特征较为突出，但这些特征并不能完全反映这些空间单元的主要特征，需要通过实地考察予以判断。

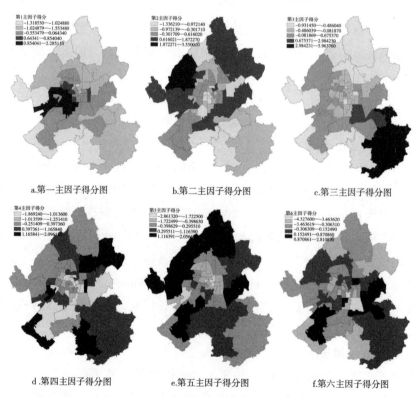

图 5 - 6　长春市物质与社会空间耦合主因子得分分布

三　耦合地域类型的划分结果

以 6 个主因子在 56 个空间单元上的得分作为基本数据矩阵，运用聚类分析方法对长春市物质与社会空间耦合地域类型进行划分。经过计算与测试，将长春市物质与社会空间耦合地域类型划分为 7 类，并通过进一步计算 7 种类型的主因子得分平均值，判断各区域特征，同时，结合各空间单元所处的耦合阶段水平和实地调研结果，将其分别命名为物质环境良好的高社会经济地位人群居住区、物质环境较好的一般工薪阶层居住区、物质环境中等的工业与工人居住混杂区、物质环境较差的低收入人群居住区、物质环境较差且人口密集的老城区、物质环境落后的农业人口和外来人口生活区、物质环境发展较快的多元人口居住区等（见表 5 - 7、如图 5 - 7）。

表 5 - 7　长春市物质与社会空间耦合的阶段水平划分

耦合地域类型	空间单元数量	地域范围名称
物质环境良好的高社会经济地位人群居住区	10	正阳街道、普阳街道、湖西街道、清和街道、红旗街道、南湖街道、桂林街道、永昌街道、南岭街道、南站街道
物质环境较好的一般工薪阶层居住区	10	重庆街道、自强街道、民康街道、曙光街道、永吉街道、明珠街道、鸿城街道、吉林街道、东盛街道、春城街道
物质环境中等的工业与工人居住混杂区	5	高新区、临河街道、东方广场街道、锦城街道、东风街道
物质环境较差且人口密集的老城区	8	东广街道、南广街道、新发街道、新春街道、全安街道、桃源街道、长通街道、站前街道
物质环境较差的低收入人群居住区	11	柳影街道、凯旋街道、兴业街道、群英街道、团山街道、八里堡街道、远达街道、荣光街道、东站街道、青年街道、铁西街道
物质环境落后的农业人口和外来人口生活区	9	奋进乡、兰家镇、西新镇、城西镇、幸福乡、富锋街道、新立城镇、英俊镇、兴隆山镇
物质环境发展较快的多元人口居住区	3	净月街道、永兴街道、玉潭镇

图
例

物质环境良好的高社会经济地位人群居住区
物质环境较好的一般工薪阶层居住区 ░ 物质环境较差的低收入人群居住区
物质环境中等的工业与工人居住混杂区 ░ 物质环境落后的农业人口和外来人口生活区
物质环境较差且人口密集的老城区 ░ 物质环境发展较快的多元人口居住区

图 5 - 7　长春市物质与社会空间耦合地域类型

（一）物质环境良好的高社会经济地位人群居住区

该类型物质与社会空间耦合区域共包括 10 个空间单元，分别是正阳街道、普阳街道、湖西街道、清和街道、红旗街道、南湖街道、桂林街道、永昌街道、南岭街道和南站街道。这些空间单元主要集中分布在城市中心西南部的绿园区和朝阳区内，且多处在物质与社会空间的高水平耦合协调阶段或磨合耦合阶段。该区域典型特征是物质环境建设水平相对较好，商业设施、教育设施、文化设施等设施环境较为完善，且住房质量条件、人均居住水平也相对较高，另外该区域生态环境与城市绿化水平也较好；该区域社会群体结构的典型特征则是以受高等教育人口和从事脑力劳动的科研人员、专业技术人员、政府职员以及教育、文化等职业人口为主，居住群体的社会地位和收入水平相对较高。

（二）物质环境较好的一般工薪阶层居住区

该类型物质与社会空间耦合区域共包括10个空间单元，分别为重庆街道、自强街道、民康街道、曙光街道、永吉街道、明珠街道、鸿城街道、吉林街道、东盛街道、春城街道。这些空间单元多集中分布在南关区南部和二道区南部，且多处于城市物质与社会空间耦合的磨合阶段。该区域的物质环境建设相对较好，部分街道的商业、教育、文化、体育等设施较为完善，该区域空间单元的居住用地规模较大，住房建筑质量相对较好，人均居住面积处于中上等水平。该区域的社会群体多为一般工薪阶层，多为具有"单位"就业岗位的职员，文化水平也相对较高，以中等教育和高等教育为主。

（三）物质环境中等的工业与工人居住混杂区

该类型物质与社会空间耦合区域共包括5个空间单元，分别为高新区、临河街道、东方广场街道、锦城街道、东风街道。这几个空间单元是长春市的三个开发区的主要组成部分。其中，高新技术产业开发区是一个独立的空间单元，其所在区域与双德乡行政区划范围相同；临河街道和东方广场街道则属于经济技术开发区管辖；锦程街道和东风街道是汽车产业开发区的核心组成部分。三个开发区都是以工业职能为主导的城市功能区域，随着长春城市空间规模的扩大，这几个开发区目前都处于城市空间发展的核心区域内，因此，城市物质环境建设速度较快。加之近年房地产开发的影响，开发区的居住用地和居住功能得到不断开发，居住人口不断增加，促使相应的商业、文化、教育、医疗等设施不断完善。由于该区域属于开发区范围，因此，居住人口多为开发区工业企业的工人，如东风街道和锦程街道的汽车厂职工，形成了工业与工人居住的混杂区域。

（四）物质环境较差且人口密集的老城区

该类型物质与社会空间耦合区域共包括8个空间单元，分别为东广街道、南广街道、新发街道、新春街道、全安街道、桃源街道、长通街道、站前街道。这些空间单元主要位于宽城区南部和南关区北部地区，是伪满时期即开始形成发展的长春市的老城区。这些街道多处于城市物质与社会空间耦合的拮抗阶段，物质环境与社会构成的矛盾与冲突相对较大。通过数据分析与实地调查，该区域物质环境较差，集中体现在教育、文化、医疗等设施环境、绿化水平和建筑质量等方面。该区域商业设施相对发达，主要以传统的商贸批发和零售为主，但区域内的教育、文化、体育、医疗卫生等其他设施发展相对滞后；且该区域建筑密度较大，绿地与开敞空间建设不足，大部分建筑质量较差，20世纪七八十年代建筑相当普遍。另外，该区域用地空间有限，人口数量相对较多，使得该区域人口密度较大，社会群体特征并不十分明显，以一般收入群体为主。

（五）物质环境较差的低收入人群居住区

该类型物质与社会空间耦合区域共包括11个空间单元，分别为柳影街道、凯旋街道、兴业街道、群英街道、团山街道、八里堡街道、远达街道、荣光街道、东站街道、青年街道、铁西街道。这些空间单元主要集中分布在宽城区北部、二道区北部和绿园区北部，且多集中于铁北区域内。该区域空间单元多处于物质与社会空间耦合的拮抗阶段。该区域是长春市传统的工业区域和城市建设衰败区域，其中，铁北地区是长春市老工业区，在计划经济时期非常繁荣，进入转型时期后，大部分企业在市场化改革中衰落或倒闭，使得该区域成为"东北现象"的典型区域，物质环境建设则不断衰败，企业职工也纷纷下岗，成为城市中主要的低收入群体；二道区北部的八里堡、远达、荣光等街道单元是长春市传统的"问题区域"，从伪满时期该地区就是长春市的贫困居民生活区域，物质环境建设极差，且生活人群大多属于贫困阶层，尽管经过若干年建设与改造，该地区物质环境水平有所提高，但与全市其他地区相比，发展仍较为落后。

（六）物质环境落后的农业人口和外来人口生活区

该类型物质与社会空间耦合区域共包括9个空间单元，分别为奋进乡、兰家镇、西新镇、城西镇、幸福乡、富锋街道、新立城镇、英俊镇、兴隆山镇。该类型区域多集中在长春中心城区的边缘地带，这些空间单元多为乡镇建制（富锋街道原为大屯镇），且多处于城市物质与社会空间耦合的低水平耦合阶段。尽管该区域的空间单元位于长春市的中心城区以内，城市化与城市景观建设发展速度较快，但与主城区街道单元相比，该区域的农村特征极为突出，商业、医疗、教育、文化等设施建设水平较为落后，与主城区街道差距较大。从社会构成来看，该区域居住群体以农业人口和外来人口为主，农业人口是各空间单元的主要居住群体，外来人口则因该区域距离城市中心较近，且交通方便、住房成本较低，成为该区域的主要社会群体之一。

（七）物质环境发展较快的多元人口居住区

该类型物质与社会空间耦合区域共包括 3 个空间单元，分别为净月街道、永兴街道、玉潭镇。这 3 个空间单元在行政区划上均属于净月经济开发区管辖，空间分布上位于中心城区的西南部。净月经济开发区近年来发展速度较快，特别是房地产的开发，促使该地区居住功能不断增强，居住人口不断增加，高档社区和别墅区建设规模不断扩大；另外，该地区的净月大学城的建设也使得区域人口增加幅度进一步扩大，促使该地区商业、教育、文化、医疗等设施发展速度不断加快，但与主城区空间单元相比，仍有一定差距。从该区域社会构成来看，区域内居住群体呈现出多元化的特征，一部分群体以高校学生为主，一部分群体以该区域新建住宅的居住人口为主，还有一部分群体以原有的农业人口为主，另外，还有部分外来人口等，总体上呈现出多元化人口结构的主要特征。

第六章 耦合机理：物质与社会空间
相互作用的动力机制

第一节 物质与社会空间耦合机理内涵

一 耦合机理的概念界定

"机理"是指事物或有机体的构造、功能和相互关系，是事物发生发展的内在规律及其与影响因素所形成的有机联系的系统。从城市物质环境与社会构成的关系来看，可以将其作为一个整体系统，即物质环境的演变、社会结构的变化、相互关系等可以看作城市物质与社会空间耦合系统的重要组成部分。

城市物质与社会空间耦合系统十分复杂，既涉及城市物质环境各要素的发展演变，又包含以人为主体的不同社会群体结构，二者相互作用形成了城市空间结构的分异过程。对城市物质与社会空间耦合机理的探讨既要研究影响城市物质环境变化的作用力和作用方式，又要研究促进社会结构不断变化发展的动力体系，同时，还应研究二者如何在这些动力体系驱动下实现空间相互作用与发展。从国内外城市发展实践来看，包括了设施、生态、住房等条件的物质环境是不断发展与完善的，但在城市内部也具有显著差异，而社会群体始终因人口结构的不同而表现出明显的分化、分层现象。因此，其对物质环境的选择能力就会出现差别，在空间上就会表现出具有相同人口结构属性和社会特征的人群倾向于选择同样的物质环境，总体来讲，会呈现出一定的物质环境与社会构成的相对适应的状态，这就是城市物质与社会空间耦合内在发展变化的规律性。

基于此，本书认为城市物质与社会空间耦合机理是指影响城市物质环境与社会构成的动力体系与耦合作用机制，以及在各种动力体系影响下物质环境与社会构成的空间作用方式所构成的综合系统，并充分体现城市物质环境与社会构成互动发展的本质联系和内在规律性。

由于影响城市物质环境与社会结构演变的因素纷繁复杂，并且物质环境与社会构成之间的相互关系也具有动态性、不稳定性等特征。因此，可以说，城市物质与社会空间耦合机理是一个复杂的系统，对城市物质与社会空间耦合机理进行系统实证研究与理论总结是本书着重探讨的问题，也是本书研究的核心内容之一。

二　耦合机理的内涵解析

（一）系统性特征

从内涵来看，城市物质与社会空间耦合机理具有系统性的特征，由于物质环境与社会构成的影响因素、动力体系及相互作用机制具有复杂性，各种因素从不同方式、路径影响城市物质与社会空间耦合。并且，各种因素之间相互作用、相互联系，构成了复杂的系统网络，进而促进城市物质与社会空间相互作用与演化。从驱动因素来看，政府、个体、市场都在对城市物质与社会空耦合产生影响，如政府在转型时期自上而下的各种政策制度的改革；个体或群体由于社会经济的发展而不断变动，整体的社会结构也在不断发生变化；转型时期最为重要的作用力，即市场力是不容忽视的影响力量，上述三者构成了物质与社会空间耦合的动力体系。

（二）动态性特征

从时间角度来看，城市物质与社会空间耦合机理具有动态性特征，主要表现为，在一个城市发展的不同时期或处于不同发展时期的城市，其物质与社会空间耦合机理是不同的，这主要由于不同时期城市发展的宏观背景与政治制度具有紧密联系。古代封建社会城市往往以城、墙、坊等物质要素为标志，把居住人口划分为官、商、民等社会等级；计划经济时期，城市往往以单位、厂区等物质要素为标志，划分出不同职业的居住群体；进入转型期后，在市场经济体制作用下，居民的住房选择更加自由，城市物质与社会空间耦合也变得更为复杂，往往表现出明显的局部均质、整体异质的物质与社会空间耦合特征。

（三）差异性特征

从城市内部空间发展来看，各区域自然条件与自然环境、城市发展的历史格局、城市化推进的影响因素等不同，导致物质环境差异显著，物质环境与社会形成的相互作用与空间耦合也表现出不同的特点，因此，城市内部不同区域的物质与社会空间耦合机理具有差异性特征。例如，各种开发区新产业空间与原有的城市功能区之间物质与社会空间耦合特征差异明显，二者在耦合机理上也具有明显的差异；又如，城市自然生态区或风景名胜区与其他地区在物质环境条件上差异明显，那么其在居住群体与居住空间的等级上也存在明显差异，而影响二者耦合的机理也并不相同。总之，对城市内部不同区域的物质与社会空间耦合机理的探讨不能完全从一个视角出发，应采用差异性的眼光进行敏锐观察与辨识。

三 耦合机理的内容解构

从城市物质与社会空间耦合机理的概念及内涵特征来看，其内容主要包括影响城市物质环境与社会构成发展变化的动力体系、城市物质与社会空间耦合的作用机制以及城市物质与社会空间耦合的作用方式三个方面。三者之间相互联系、相互制约，共同构成了城市物质与社会空间耦合机理的整体理论逻辑与一般分析框架。

城市物质与社会空间耦合的动力体系是指转型时期对城市物质环境与社会构成发展变化具有重要影响的驱动力量，也是转型时期城市物质与社会空间耦合的重要影响因素与推动力量。主要包括政府力（体现在政策制度转型）、个体力（体现在社会结构变迁）、市场力（体现在转型时期市场经济的发展），三种力量共同存在，相互影响形成合力，共同推动城市物质与社会空间耦合发展与变化。

城市物质与社会空间耦合的机制是指在三种动力体系下，长春市具体的物质环境、社会构成等在空间上是如何耦合与适应发展的，是对当前形成的城市物质与社会空间耦合特征、耦合地域类型差异的解释与内在规律性的研究。本书主要从城市形成发展的自然地理与自然环境、城市历史因素、经济空间格局、城市社会结构分异、制度转型的空间响应、城市规划及公共政策的空间效应等方面进行研究。

城市物质与社会空间耦合作用方式是指城市物质环境与社会构成在二

者耦合系统中的主要作用，以及二者在空间上的相互作用路径的具体化及其表现。总体来讲，物质环境在物质与社会空间耦合中起到基础作用，是耦合系统发展变化的基底，对社会群体的影响主要体现在其发挥出的空间基底、空间约束、空间引导的作用；社会群体在自身存在的差异前提下，往往在基底、约束、引导等作用方式影响下，对物质环境做出不同选择，从而使二者在空间上形成相互耦合与适应的状态。

综上所述，城市物质与社会空间耦合机理的三个方面相辅相成、相互影响，其中：耦合动力是前提，耦合机制是根本，耦合方式是表现，三者共同构成一个完整的系统。具体而言，城市物质与社会空间耦合机理可以概括为以下理论模式（如图 6 - 1），本书对于长春市物质与社会空间耦合机理的研究也主要从以下分析模式展开。

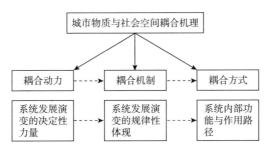

图 6 - 1　城市物质与社会空间耦合机理的理论模式

第二节　物质与社会空间耦合的动力体系

城市空间结构的形成与变化是城市内部和外部各种力量相互作用的空间反映。同样，城市物质与社会空间的耦合也是影响物质环境与社会构成两个核心耦合作用因子的多种力量综合作用的结果。在社会经济转型时期，没有一个单一的力量可以完全决定城市物质与社会空间耦合系统的发展与变化。本书认为，影响城市物质与社会空间耦合的动力体系来自三个方面，分别是政府力、个体力、市场力。其中，政府的力量主要通过政府制定的政策制度发挥作用，包括中央政府层面的宏观制度和地方政府层面的相关政策；个体的力量往往来自于个人的决策，不同个体在人口与社会属性方面的差异会驱使他们做出不同的选择，也可以说，具有相同社会结构特征的人在价值、情感以及行为上倾向于做出同样的选择；市场的力量是无形的，通过供求关系和价格机制发挥作用，也是影响城市物质与社会空间耦合的重要力量。

解析政府、市场与个体三种力量，可以看出，三种力量是立体的，而非平面化的，三种力量因时因地因人而异，发挥的作用及效果各不相同。如果将这三种力量组合在一起，便形成了一个三维的立体模型（如图6 - 2）。三个维度代表着三种力量，不同的力量组合具有不同的向量，对城市物质与社会空间耦合系统产生不同程度的影响。图中O点处表示三种力量作用为零，说明该点不受任何一种力量作用，这在实际过程中是很难存在的，因为没有任何一个城市或社区会不受这三种力量的作用和约束；图中E点处表示三种力量同时达到最大值，说明三种力量都发挥了较强的作用，此时，城市物质与社会空间耦合的作用动力最多，空间耦合的作用机制也最为复杂。除了以上三种力量，还有可能存在其他因素影响城市物质与社会空间耦合，本节主要讨论一般意义上的城市物质与社会空间耦合的动力体系的作用规律，各种动力因子的作用关系与机制将在下一节中讨论。总之，不同时期，不同力量之间的博弈与组合方式推动着城市物质与社会空间耦合的发展变化。

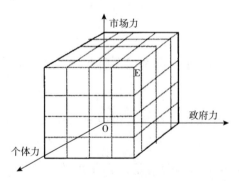

图 6 - 2　政府、市场与个体三种影响力模型

一　政府力—政策制度转型

自改革开放以来，我国正经历着社会经济的深刻转型。这种转型是内生因素和外生因素共同作用的结果，外生因素主要是来自全球经济变化过

程的直接或间接的影响；内生因素主要是来自中央政府的自上而下的渐进式改革及其积累的效应。中国体制转型的典型表现是由计划经济体制向市场经济体制的转轨以及由此引发的一系列政策制度的改革。在这一转变过程中，尽管政府的角色发生了变化，但政府的行政力量依然强大，其正在以一种新的方式将行政力量植入城市空间，通过管治手段影响城市物质环境建设与社会空间发展。

（一）城市土地使用制度

城市土地使用制度包括两个方面的内容，即获取使用权的途径与代价（胡智清，李德华，1990）。这个代价就是地租或地价，获取途径的不同，其实质结果就是地租或地价的不同。城市土地使用制度与城市发展的相互影响作用主要是通过地租的调节机制实现的，在不同的土地使用制度下，地租具有不同的特征，对城市发展也有不同的影响，进而对城市物质与社会空间耦合的作用因子有不同影响。

1978 年以前，我国实行的是城市土地无偿使用制度。城市土地采取行政划拨方式配置；实行无偿无限期使用制度，土地使用者从国家获得土地时不需支付地价，在使用期间也无需缴纳地租，且没有具体明确使用期限；城市土地使用权不允许转让，完全由计划体制来配置土地资源。这种土地使用制度一方面导致城市土地的级差地租无法实现，进而无法得到土地应有的经济效益；另一方面，缺乏市场机制的调控与约束作用，导致城市用地的不合理膨胀和土地利用效率的低下，造成土地资源的巨大浪费；另外，城市土地无偿使用使城市建设资金无法形成良性循环，导致城市基础设施和公共服务设施建设严重滞后，无法满足社会经济发展的要求。1979 年开始，随着我国经济体制改革和对外开放，城市土地使用制度也出现改革趋势。首先是土地使用费和土地使用税的征收，标志着我国城市土地从无偿使用向有偿使用转变的开始。1987 年，深圳市率先提出了以土地所有权与使用权分离为指导思想的改革方案，此项改革的主要内容有：在明确城市土地属国家所有的前提下，政府采取公开竞投和招标的方式，出让城市土地的使用权（李建建，戴双兴，2009）。自此，我国城市土地使用制度发生了根本性的变化，城市土地作为生产要素的作用逐渐增强，市场在城市土地资源配置过程中的作用逐渐增大。后期，随着土地"收购－储备－开发－出让"机制的逐渐形成，土地在城市中的作用愈发突出，由地价引发的房价、城市用地结构、城市空间结构、城市郊区化以及城市各种设施建设等方面的变化也愈发明显。

　　阿隆索的地租竞价曲线理论已经充分说明了地租对城市空间结构的影响，实际上，同心环、扇形和多核心三大城市空间结构的古典模型都是在地租的影响下形成发展的。城市土地无偿使用制度下的城市空间结构在缺乏地租作为经济杠杆的调节作用中，往往受到决策者主观意志的左右，使得城市空间结构不合理，城市土地的经济效益无法充分发挥。在城市土地有偿使用制度下，由于受地租的调节作用，会形成基于不同用地类型的土地价格，从而对城市用地结构进行调节与优化；此外，地租还将使土地需求量受到限制，城市用地集约化程度将提高，工业、商业、居住、公共设施等城市用地结构的利用效率也将提高，易于形成合理的城市用地结构。城市土地使用制度对城市郊区化也有重要影响，由于中心城区的地租不断提高，促进城市空间不断向外扩张，城市郊区化得到快速发展。地租（地价）对城市影响的另一个重要方面体现在对城市住房的影响，地价的提高促使房价快速提升，迫使低收入群居住边缘化，社会空间分异变得更加明显（如图 6 - 3）。

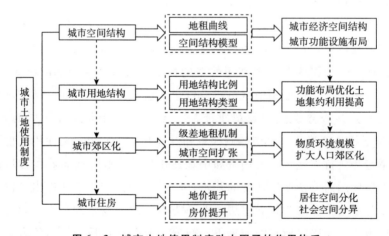

图 6 - 3　城市土地使用制度动力因子的作用体系

（二）城市住房制度

　　城市住房制度是影响城市居住空间的重要因素之一，其对城市物质与社会空间耦合的影响往往通过住宅区位选择而实现。一方面，住宅区位选择的同时也是对周边物质空间的选择，另一方面，不同社会特征的人对住宅区位的不同选择会形成不同类型的社会空间。

我国传统城镇住房制度是一种以国家和企事业单位统包、低租金为特点的实物福利分房制度，是在 20 世纪 50 年代末建立起来的与计划经济体制相适应的住房制度。这种住房制度的主要特征是：①住房被作为一种必要消费品。建房资金由国家财政和企业支付，职工并不承担住房建设投入的责任。②住房均由政府提供。住房分配采用无偿的实物福利分配制，分房标准主要以工龄、家庭人口结构等非经济因素为依据。③低房租。职工所缴房租不能抵偿住房维修及管理成本，亏损部分由国家和企事业单位补贴。④完全缺乏房地产市场。住房不允许自由买卖，不受市场调节，没有房地产业（陈龙乾，马晓明，2002）。这种住房制度具有严重弊端：①需要政府的大量补贴，给政府带来沉重负担，并阻碍资本的循环利用。②低房租不足以支付维护费用，加速了住房的老化。③低房租和高补贴不能调动城市居民建房、买房的积极性，也限制了各种投资渠道的住房开发机会。④低房租的福利制度导致了消费结构和生产结构的畸形发展，同时，容易产生住房分配不公，进一步加剧了住房的短缺（顾朝林，钱志鸿，1995）。

20 世纪 80 年代以后，我国出台了许多新的住房制度改革的政策。通过各种措施结束了实物分配的福利分房制度，实现了住房的商品化、货币化，同时带来了房地产业的发展与复兴。另外，城市住房投资主体实现了多元化（政府、企业、事业单位、个人等），使城市有更多资金投入基础设施与公共服务设施建设。

计划经济体制下的国家和企事业单位的福利分房制度使得住户住房选址是被动的，住户所关注的一般为住房的地段条件（社会服务和交通条件）、住房标准（面积和设备标准）、通勤便捷程度（交通补贴的存在，使其仅有时间意义）、地区环境等，而事实上，这些因素仅是一些主观意愿而已（张兵，1993）。这种制度形成了当时最为典型的城市空间单元——单位大院。城市中的行政机关、事业单位、部队等根据就近工作的原则划定居住区，这种居住区就是单位大院。单位大院的存在，构成了相对均衡、同质的城市空间结构。在以单位大院为主的城市居住空间内，传统城市居住空间的社会阶级结构基本消失，城市内部基本不存在由经济地位或收入差异所导致的空间阶级分异现象，而只存在由社会分工不同决定的等级居住差异（柴彦威、陈零极、张纯，2007）。

市场经济体制下，住户对居住空间的选址更多取决于住户收入、住房所在区域的设施环境、住房质量水平、交通条件、家庭背景等，而这些因素中起决定性作用的是经济因素，即住户的收入水平。住户的经济收入与住房的消费关系紧密，住房的支付能力与收入水平成正比。总而言之，与计划经济条件下的福利性住房分配相比，市场经济条件下，价格是住房选择的核心标准。因此，住户住宅区位的选择倾向于同一收入水平的人群居住在同样的居住空间，也就是说，城市住户收入水平的差异会引起住房需求水平的差异，由此，引发居住空间地域的分化，这也成为社会阶层分化在居住空间上的反映。

城市住房制度改革导致的居住空间分异的另一个典型表现就是"单位大院"的解体，相对均质的居住空间被逐渐瓦解，住房的商品化、市场化，排除了社会分化空间显性化的制度性障碍，使得城市社会空间组织和分异的主导力由"单位力"让位于"市场力"，城市生产和生活空间紧密联系的格局被打破，人的自主流动导致了城市空间的重构与重组（杨上广，2005）。另外，我国多年以来重生产轻生活所积累的居住潜在需求，以及随着经济水平持续增长带来的新增居住需求，在住房制度改革后都被极度释放，导致城市居住空间规模迅速扩大（刘芳，2006），城市建成区内部的居住密度不断提高，城市新区和外围的居住郊区化也越来越明显。

（三）户籍管理制度

所谓户籍管理制度就是管理住户和人口的制度（孟兆敏，2008）。新中国成立以来，我国先后经历了从按居住地登记户口、迁徙自由（1951～1957年），到控制农民向城市迁移的城乡分割户口管理制度（1958～1983年），到允许农民入镇落户、放宽农转非条件（1984～1996年），再到小城镇户籍管理制度改革试点（1997年），以及适当放宽农民进城条件，逐步取消农业与非农业户口的差异、建立城乡统一的"居民户口"登记管理制度（1998年以后）等"松－紧－松"的户籍管理制度变迁轨迹，形成了目前以户籍人口管理为对象，以"事前迁移"的行政审批制为手段，以单纯的数量控制和限制人口迁移为目标的一种封闭式人口管理方式（石忆邵，2002）。

　　从我国户籍制度演变过程来看，改革开放以前的户籍管理制度严格限制了农村人口进入城市，因此，形成了城乡断裂的二元社会经济结构。在城市社会群体中，城市人口占据绝对的主导地位，而很少有农村人口和外来人口，农村人口和外来人口的居住和生活空间也基本不存在。改革开放后，随着户籍管理制度的日渐松动，城市流动人口比重逐渐增加，部分南方城市外来人口数量甚至超过了本地居民，但流动人口尤其是农民进入城市后并不意味着能享受该城市市民所享有的权利，尤其是在住房与就业方面的权利，这些流动人口也被称为"体制外外来人口"。他们无法获得住房，且仅能在非正式部门就业，形成了基于职业或基于籍贯而聚居的"移民性社会空间"（Informal settlements or immigrant enclaves）（魏立华，丛艳国，2002）。这些流动人口对城市物质与社会空间耦合产生了重要影响。

　　第一，大量的流动人口影响着城市的空间布局，加速了城市郊区化过程。由于城市中心区的居住、生活成本较高，流动人口尤其是低收入的农民工群体在居住空间选择上倾向于城市近郊区，客观上加速了城市空间扩张与郊区化的发展过程。第二，流动人口带来的劳动力促进了城市经济的发展。一方面，大量农村人口进入城市，促进了城市经济发展，尤其是劳动密集型产业和商业、服务业等第三产业的发展；另一方面，在城市经济发展、区域经济整合以及全球化等因素作用下产生的外来人口，不仅包括大量低素质的廉价劳动力，而且也包括技术、管理等高级流动性人才，这些高素质的专业技术及管理人员对城市经济增长也起到重要作用。第三，大量的农村流动人口在城市内的集聚形成了诸如"新疆村""河南村"等"移民村"这种新的城市社会空间类型，打破了原来的以城市人口为主导的社会空间，城市社会空间出现了分化，而城市人口与外来人口在住房、教育、就业、医疗等方面的一系列制度差异进一步加剧了城市社会空间的分异。第四，外来人口的增加也导致了城市基础设施和公共服务设施负担的加重，城市物质环境不仅要满足当地常住人口的需要，同时也要考虑外来人口的需求。第五，外来人口内部也存在较为明显的分层现象，如从事建筑业、普通服务业的低收入人口和供职于外企和私企从事管理和技术的高收入阶层的分化，在居住空间上则呈现出前者居住的棚户区、城中村或城市边缘低矮破旧住房与后者居住的城市公寓、高档社区甚至是别墅之间的空间分化。

（四） 财产产权制度

西方国家较早确立了私人财产神圣不可侵犯的法律观念，在这种观念的影响下，城市规划与建设充分尊重城市公民的意愿，在较大程度上能够满足社会群体的公共利益。长期以来，我国财产产权制度不明确，导致城市建设过程中的土地权属、征地和拆迁补偿等矛盾重重，严重损害了以农民为代表的弱势群体的利益。2007 年，我国正式出台《物权法》，明确了公民的财产和权力。这一制度对城市发展尤其是房地产业的发展将产生重大影响。

第一，促进了人们对于住房的投资的积极性。新古典经济学认为，明晰的产权归属在市场经济中能够取得"帕累托最优"效应，所以，私有财产产权制度的确立，有助于提高人们收入安全预期。这种对个人财产权的保障将对人们产生强有力的刺激，促使财富所有者在财富保值和增值目的驱动下加大对房地产的投资，从而加快城市空间的扩张和城市物质环境的建设。第二，一定程度上可能加剧城市空间的分异。由于城市滨水、绿地等稀缺空间资源具有较高的价值，因此，其周边房地产的增值效应也较大。《物权法》的出台，一定程度上将会加剧高收入者对城市优质、稀缺空间资源的抢夺和占有，并排斥低收入群体的进入，从而导致社会空间的分异。第三，有助于保护农民的合法权益。物权法对拆迁补偿作了详尽的规定，这些条例有助于保护农民和拆迁居民的权益（崔曙平，2007）。

（五） 城市规划

城市规划是为实现一定时期内城市经济和社会发展目标，确定城市性质、规模与发展方向，合理利用城市土地，协调城市空间布局和各项建设的综合部署和具体安排。我国城市政府作为城市社会和空间资源的拥有者和调控者，通过城市规划影响着整个城市的物质环境建设与社会空间发展。

总体来讲，城市规划的主要功能是实现城市经济、社会、环境平衡发展时体现效率和公平的一种调控手段，但由于社会经济发展所处的阶段不同，城市规划所扮演的角色和功能倾向往往也不同。在发达国家，城市规划的功能倾向于社会财富的"再分配"，即以公共政策的形式来减少自由市场和自私决策的负面影响，以体现社会公正，保障社会稳定，同时兼顾资源配置的效益。在坐标轴上，这个定位偏向于"再分配"或公平一端。

另外，在许多发展中国家，城市规划的主要功能是通过资源调配来促进经济增长，同时考虑公平问题。在坐标轴上，这样的功能定位偏向于"促进经济发展"或效率的一端（如图6-4）。在中心点左右两侧的两种定位反映了规划目标的一定偏移，这种偏移是由经济发展水平、政府政策、社会监督等因素决定的（张庭伟，2008）。

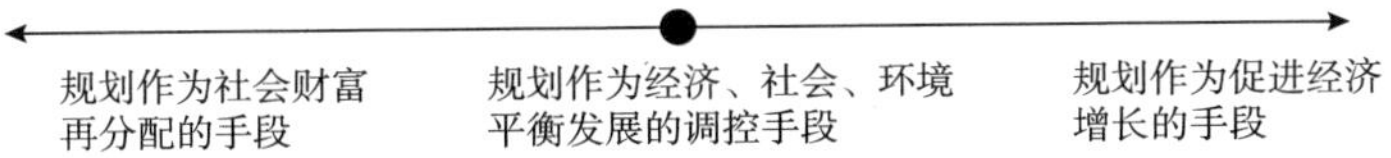

规划作为社会财富　　　　规划作为经济、社会、环境　　　规划作为促进经济
再分配的手段　　　　　　平衡发展的调控手段　　　　　增长的手段

图6-4　不同发展阶段城市规划的功能定位

资料来源：张庭伟，2008。

我国作为发展中国家，长期以来，城市规划的核心功能是将国民经济发展计划在物质空间上予以落实，是一种促进经济增长，进行物质空间建设与布局的主要手段。随着经济实力的增长和社会的转型，城市规划的功能逐渐扩大，不仅包含着制定城市未来战略发展方向，推动大规模城市物质环境建设和营造美好的宜居环境，还需要满足人们日益增长的物质和经济文化需求，以及为这些需求提供服务的设施体系的建设。社会空间发展与社会关系的协调对城市规划的需求也不断提高，城市规划作为协调各社会群体利益的功能逐渐强化。可以说，当前城市规划的各方面内容无不影响着整个城市的物质与社会空间的发展。

新马克思主义城市学派认为，城市空间结构是不同利益群体之间调整、平衡和竞争的结果。在西方国家，政府将城市规划作为调节社会各机构、各阶层利益分配的杠杆，城市规划既是一种阶级意志的表达，同时又具有缓和阶级矛盾的作用（杨上广，2005）。但同时也应该认识到，西方国家的城市规划在促进物质环境快速建设与发展的同时，也导致了许多社会问题的产生，最为典型的是种族之间、穷人与富人之间的居住隔离。近年来，我国城市规划作为城市空间发展的主要调控手段，在指导城市建设过程中，由于过度重视物质空间的建设而严重忽视社会利益的协调与社会问题的解决，客观上也产生了一系列的社会问题，进而成为城市物质与社会空间耦合分异的主要力量。城市规划的这种影响主要体现在城市老区更新改造过程中对原住民的社会空间剥夺，新区公共服务设施布局不合理和建设滞后造成的生活不便，城市绿地、滨水空间房地产的过度开发导致的公共空间侵占，大规模公共住房在郊区的集聚加速了社会空间的分化等。此外，城市规划在具体的控制中，各个尺度（总体规划、分区规划、详细规划）的空间安排对城市用地的属性做出了明确规定，这在一定程度上决定了城市空间各组成部分的社会经济属性（肖莹光，2006），并将城市资源的空间分配予以固化，这为城市物质与社会空间耦合的分异提供了规划层面的动力。

二　个体力—社会结构变迁

（一）个体收入水平

在城市住房制度改革后的住房市场化、商品化时代，货币成为衡量住房结构体系的唯一标尺。因此，个人的经济收入水平也就成为居住空间选择能力的重要衡量标准，而城市社会空间分异、物质与社会空间耦合的地域差异在很大程度上也受到居民贫富阶层分化的影响。由于受到个人收入水平的约束，个体的居住空间选择能力将取决于个人住房选择的经济支付能力和住房价格之间的平衡关系。毫无疑问，房价对贫困阶层的约束力要远高于富裕阶层。个体收入水平对城市物质与社会空间耦合的影响主要体现在以下几个方面。

首先，影响住房区位。受地租曲线影响，不同区位的土地价格不同，进而住房价格不同。个体收入水平支付能力的大小将直接影响到住房区位的好坏。同时，住房区位更多隐含的是物质环境的优劣，包括学校、医院等公共服务设施等级水平的差异，生活购物的便捷程度，交通环境的通行状况，是否临近绿地、滨水生态空间等。住房区位的差异一定程度上决定了社会阶层的物质环境的需求与消费能力。其次，影响住房特征。由个人收入水平决定的支付能力的大小将直接影响到住房质量（新房、二手房、旧房等）、住房等级（别墅、低层住宅、多层公寓等）、住房类型（商品房、集资房、经济适用房等）和住房面积等住房特征。住房特征的差异导致了居住空间的分异，而居住空间的分异是城市社会空间分化的重要表现。

总体来看，不同收入阶层在住房区位与住房类型的选择上差异明显（如图6-5），高收入阶层往往居住在中心城区的传统或新兴的高等级社区，且多数属于封闭社区（"防卫社区"），还有一部分居住在城市郊区的别墅地区，居住区的物质环境建设良好，大多紧邻交通要道、生活服务设施较为完备且濒临绿地、水域等生态空间。低收入阶层大多居住在旧城区、城市边缘地区或城中村等地区，这些地区基础设施条件极差，公共服务设施不健全，与高收入阶层的居住环境形成鲜明对比。

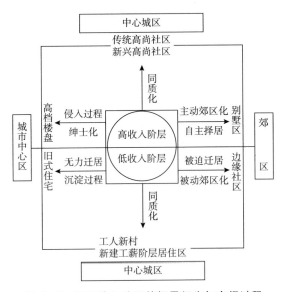

图 6 – 5 不同收入阶层的择居行为与空间过程

资料来源：付磊，2008，经重绘。

（二）家庭结构

除了由于职业差异引发的个人收入水平的差异对城市物质与社会空间有重要影响外，家庭结构也会影响到城市物质与社会空间耦合，其影响方式更多地还是通过不同家庭结构的特征对住房区位的选择而实现。在西方城市社会地理学研究中，家庭结构是影响城市社会空间分异的重要因子，它的影响主要体现在某些家庭类型倾向于占据城市结构中某种特定的生活环境。通过对意大利那不勒斯的研究发现，那些学龄前儿童的家庭通常在新兴的、边缘的郊区小区和公寓建筑中所占的比例较高；而那些上了年纪的人通常都倾向于集中居住在较老的内城居住区（Pacione，1987）。

与西方国家类似，我国城市家庭结构也通过其对物质环境的选择而形成具有某些共同社会特征的人群集聚区。家庭结构的差异主要表现为家庭的人口数量（规模结构）和家庭的生命周期（年龄结构）的不同。一般来讲，不同家庭结构的住户在住宅的类型和居住地的选择上有着较为明显的差别，同一住户随着家庭生命周期的更替也会引起对住宅需求的变化（王波，2006）（如图 6-6）。从图中可以看出，不同阶段的家庭结构对居住区位具有不同的目标选择，但又呈现出一定的规律性，即先由城市中心向外围扩展，一段时期后又出现逐步靠近城市中心的回归趋势（杨上广，2005）。

有小孩的家庭倾向于对学区房的选择，这类家庭一般选择接近理想学校的居住区位，或者距学校不远的主要交通干线沿线，不仅考虑自身的通勤需要，而且考虑小孩上学便利的要求。未完全独立但单身居住的或独立工作的单身居民，往往更倾向于选择距离工作地点较近的交通枢纽或商业中心，便于其上班和参加各种社交活动。离退休人员或老龄人口为了生活方便，往往选择居住在中心城区，因为这里有便利的基础设施和医疗服务设施；还有一部分属于"留守"旧城，城市老工业区的就业与居住环境质量较差，年轻人为了寻求更好的发展机会和生活空间，逐渐从老工业区脱离，剩余的居住人口则以退休人员和老年人居多，形成了典型的"空巢"家庭。

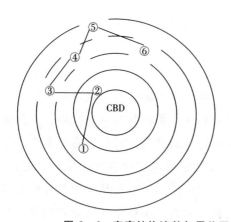

①未完全独立但单身居住时期
②独立工作单身居住时期
③结婚初期
④拥有幼儿的家庭时期
⑤拥有青少年的家庭时期
⑥退休后的家庭时期

图 6-6 家庭结构演替与居住区位目标的空间演变

资料来源：Garrett & Kris，1999。

（三）受教育程度

受教育程度对城市物质与社会空间耦合的影响主要体现在由受教育程度差异所形成的群体社会地位的差异，而处于不同社会地位的人对物质环境需求的不同客观上会导致物质环境资源剥夺及社会空间的隔离。一方面，较高社会地位人群在居住空间的选择上具有较强的支付能力，这种支付能力上的差别就导致了对较低社会经济地位人群的排斥，而具有一定社会地位的人群除了重视住房质量与居住环境外，还重视邻里环境、居住成员构成、社区交往，这在一定程度上也产生了较高社会经济地位人群对其心理上的"异质"群体的排斥。另一方面，较高社会地位群体在对物质环境，尤其是设施环境的选择上具有一定的偏好，其不仅对中、高等级的社会公共服务设施的消费能力较高，而且还对一些特定的文化、体育、休闲娱乐设施具有显著需求。

（四）个人偏好

个人偏好也是影响城市物质与社会空间耦合的重要因素，主要通过对不同物质空间环境的选择形成居住空间分异的特征。个人偏好既是价值观的表现，同时也表现出对物质空间选择的特殊取向，这种取向既是个人自愿性的主动选择，当然也必然受到个人收入水平等客观条件的制约和限制，某种情况下也会成为无奈的选择。通过总结可以发现，个人偏好主要包括个人在居住空间选择时对环境景观的偏好，对交通通达性的偏好，对公共服务的偏好等。

1. 环境景观偏好

环境景观可以分为自然生态景观和人文环境景观。自然生态景观主要是指依托自然环境塑造的景观，如河流、湖泊、树林、绿化等。人文环境景观主要是指居住区的历史文化价值、治安环境、社会交往环境等。不同个人的环境景观偏好影响其对居住空间的选择。具有较高收入、受过良好教育、事业有成的中产阶层或高收入阶层对环境景观偏好较强，城市中的滨水、绿化条件较好的高档居住空间往往成为该阶层居住的首要选择，郊区低密度别墅且自然景观较好地区，也成为具有环境景观偏好的高收入家庭居住场所。尽管低收入阶层也乐于选择环境景观较好的地区，但较低的收入水平决定了他们没有更多的支付能力，因此，在市场作用下，导致不同收入家庭在居住上的明显分异。

2. 交通偏好

交通对城市居民住宅区位选择的影响主要表现在两个方面，一是通勤的时间成本，二是通勤的费用，总体上决定了不同区位居民的出行成本。

近年来，随着我国城市交通拥挤状况的不断加剧，城市居民在出行时受交通约束不断增强，因此，人们对居住区位的交通通达性的重视程度日益看重，而居住区位与工作地点、公共服务设施场所的综合距离在人们选择住宅区位时将产生更大的影响。一般来说，对交通通达性要求高的人群倾向于居住在城市中心或交通干道沿线附近，这类人群往往以公司白领、管理人员、专业人员等高收入群体为主，或选择在城市中心的繁华地带，因距离近而节省出行成本，或选择在地铁、轻轨和交通干线附近，通过便捷、快速的交通方式或私家车来降低交通出行的时间成本。对交通通达性要求不高的人群居住区位选择空间较大，可以避免因交通通达性高而过多支付住宅成本，因此这些人可以选择在老城区，工业区，甚至是设施不完善、交通偏远的郊区。交通偏好往往会导致地铁、轻轨及交通干线附近住宅小区房价较高，居住空间呈现出沿交通轴线的"线状"分异特征。

3. 公共服务选择偏好

不同收入的个人或家庭对公共服务的需求类型与需求程度有所不同，因此，其对公共服务的支出水平也有所不同。公共服务的支出一般包括两个层面，第一是公共服务支出的意愿性，第二是个人或家庭对公共服务支付的成本。毫无疑问，高收入家庭对公共服务的支付意愿相对较高，尤其是对高档公共服务设施，这使得具有较高收入的个人或家庭对公共服务水平较高的住宅的可支出价格要明显高于其他家庭（如图6-7）。由此，在住宅市场的选择上，公共服务水平的差异就导致了不同收入家庭之间形成了住宅聚集地的分层化特征。

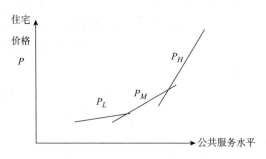

图 6-7　公共服务与住宅价格

资料来源：王波，2006。

（五） 消费结构的升级

根据国际经验显示，当人均 GDP 超过 1000 美元以后，将会触发国内社会消费结构的升级。从 2003 年开始，我国人均 GDP 就已经超过了 1000 美元（1090 美元），表明我国居民的财富积累已经达到了消费结构升级的临界点。从近年来我国大城市社会消费结构变化来看，以住房和汽车为代表的消费结构升级趋势非常明显。随着社会经济发展与城市居民生活水平的不断提高，住房和汽车正成为城市居民最重要的消费对象。

以住房和汽车为代表的消费结构升级对城市物质与社会空间的变化也产生了较为明显的影响。随着汽车成为城市居民重要的消费对象，私家车的拥有推动了住宅郊区化的快速发展，拥有家庭汽车可以大大缩短出行的时间和空间距离，扩展城市居住空间，同时也加快了郊区房地产的开发。另外，私家车的发展大大加速了城市职住分离趋势，就业地点和居住地点的时间距离被缩短，使得高收入阶层可以到自然景观更好的郊区住宅或别墅区居住。交通的改善，使得原本"混居挤压"的空间变成"分异扩展"的空间，使城市空间分异有了广阔的物质基础，此外，消费结构升级也推动了居住需求的多样性，使居住分异产生了客观的需求（杨上广，2005）。

三 市场力—市场经济发展

（一） 城市功能结构的转变

城市功能结构的转变对城市物质环境建设与社会空间发展的影响极为突出，可以说，中国自改革开放以来，尤其是随着社会经济转型的不断深化，城市功能结构的变化已成为中国城市空间重构的核心动力。进入社会经济转型期后，城市功能结构变化的最明显的特征是从传统的制造业经济向服务业和高新技术产业经济的转变，而这种转变被看作最近 10 年世界范围内导致城市社会极化的两个基本要素（顾朝林，C·克斯特洛德，1997）。

城市功能结构的转型不断促进城市物质环境的更新与发展，经济增长与结构转变、经济全球化趋势是推进地方城市化的重要动力源泉。城市功能结构转型引发的城市空间重构不断造就着新的城市空间形式，如绚丽的办公建筑和摩天大楼的金融区和中心商务区、商场和商业中心、集聚的郊区别墅区、城市中心的联排高档公寓、开发区、高科技园区、大学城、科技城，以及破旧的工人村和外来人口集中区，这些都是近些年来伴随着城市功能结构转型所出现的新的城市空间形态。

在推动城市物质环境不断发展变化的同时，城市功能结构的转变也成为社会极化与社会空间分异的重要作用因素。新的国际劳动分工体系将职业划分为有高技术高工资类职业和无技术低工资类职业，职业的分层必然会拉大不同劳动力群体之间的经济收入，因此，城市功能从传统的制造业向服务业、高新技术产业的转变将不可避免地导致城市社会极化和社会空间的分异。我国沿海大城市的快速开发，在促进高工资水平工作岗位增长的同时，也刺激了非正式的、低工资水平工作岗位的增加，致使劳动力市场出现分层，进而通过收入差异效应使社会空间产生分化。总之，新的国际劳动地域分工和全球经济重构既营造了城市化的新趋势，促进了世界城市体系的发展，也导致了城市社会收入和就业岗位分配的极化（Sassen，1994）。

（二）市场资本的迅速扩大

市场资本对城市的发展具有重大的影响作用，尤其是社会主义市场经济体制确立以来，外国直接投资、跨国企业的发展、本地市场资本的扩张等市场经济行为变化更加剧烈，其对城市物质空间建设和社会发展的影响也日趋强化。魏立华曾经指出，引发我国城市空间急剧扩展以及内城更新的主要力量是跨国企业与房地产开发商，而政府则是以土地、税收等优惠政策来换取资本的进驻（魏立华，闫小培，2006）。本书认为外国直接投资和房地产开发形成的市场资本效应是影响城市物质与社会空间耦合的最突出的因素之一。据相关研究，我国境内外国直接投资的60%投向了制造业，其次则是房地产业和公共设施。

城市地区内部在制造业上的外国直接投资的差异将会导致不同地区经济发展机会的不平等，进而导致城市内部经济发展水平的空间差异。外国直接投资较多的城区在工业发展上优势明显，这主要体现在城市开发区往往是推动城市经济发展的主要动力；而传统老工业区内的国有企业在与外商投资的制造业之间的市场竞争中往往处于劣势，导致了老工业区的不断衰败，由此，引发了一系列的物质环境和社会空间的分异。顾朝林在研究北京社会极化与空间分异中明确指出，由于外国直接投资在城市地区的不平衡分布，在北京一些老的制造业区出现经济衰退，一些新的服务业和高技术产业区表现为经济繁荣（顾朝林，C·克斯特洛德，1997）。由投资的不平衡分布引起的城市各地区物质环境的空间差异是城市物质与社会空间耦合分异的主要动力。

房地产开发投资对城市物质与社会空间耦合的影响也较为明显，一方面房地产开发促使城市政府通过土地出让掌握了更多的城市建设资金，城市基础设施和公共服务设施建设得以完善，从而有利于城市物质环境的建设与发展；另一方面，房地产开发商在住宅销售过程中，通过消费者市场细分和产品的区别定位也对社会空间分化产生一定影响。近年来，随着城市内部空间开发密度的不断加大，房地产开发空间逐渐减少，房地产投资逐渐向郊区转移，投资的扩散也带动了就业、居住以及各种设施的扩散，这也是城市空间扩张、人口与居住郊区化的主要原因之一。

（三）劳动力市场的快速发展

由于市场经济的发展和城市资本的迅速扩张，劳动力市场得以快速发展，尤其是外部劳动力的进入不仅改变了当地劳动力市场结构，同时也促进了当地社会结构的更新变化，进而对城市物质与社会空间耦合产生影响。克拉克（Clark G H）和葛特勒（Gertler）通过对美国1958～1975年间资本与移民关系的研究，得出资本增长将导致移民向经济增长快的地区迁移（Clark G H & Gertler，1983）。他们主要是在资本学派（the captial－logical school）和市场竞争学派（the competive market school）的结构分析框架下得出的结论，其中，资本学派认为公司对劳动力的迁移具有极大的影响力，也有部分学者认为地方劳动力市场不可能完全满足城市经济发展的需求，而作为流动的管理与专业技术层人员总是随资本流动（Walker，1978）。波罗斯顿（Bluestone）和哈利森（Harrison）也认为在新的劳动力地域分工过程中分散的生产将需要许多外地劳动力。资本增长必然会刺激劳动力迁移，而劳动力迁移也总是与资本增长相互伴随，特别是外国直接投资影响下的劳动密集型制造业转移更是如此（Bluestone & Harrison，1982）。市场竞争学派则认为资本从高工资区向低工资区流动，克拉克（Clark G L）和巴拉德（Ballard）通过运用新古典主义和凯恩斯方法对劳动力市场的研究发现，劳动力流动与工资、就业机会的地理差异相一致（Clark G L & Ballard，1981）。

随着我国社会经济转型的日益深化，城市经济发展过程中市场机制的作用不断增强，外国直接投资规模也不断扩大，在资本和市场的作用下，农村剩余劳动力向城市的迁移已经成为无法阻挡的潮流。这些劳动力由于自身素质和收入水平的低下，多数成为城市社会中的低收入阶层，加剧了城市社会的极化。同时，外来劳动力的进入给本地居民就业带来了激烈的竞争，这种竞争一定程度上加剧了本地城市人口的贫困，导致了本地失业人口数量的增加，城市社会极化与社会空间的分异程度进一步加深。

第三节　物质与社会空间耦合机制

城市物质环境与社会结构受到诸多因素的共同影响，这些因素施加到城市空间上，不断作用于城市物质环境，同时，对社会群体的空间行为产生影响，最终形成不同类型的城市物质与社会空间耦合地域。本书认为，长春市物质与社会空间耦合机制主要受以下几个方面的共同作用，包括长春市自然地理与自然环境基础、城市发展的历史惯性、经济空间格局的重构、城市社会结构的分异、制度转型的空间响应、城市规划的空间塑造以及政府政策的空间效应等方面。

一　自然地理与自然环境基础

自然地理条件和自然环境是城市形成发展的基础。不同的自然地理条件会对城市空间的发展起到不同的约束作用，如河流、湖泊、山地等，同时，良好的自然环境不仅能够提升城市物质空间环境品质，同时也将成为城市社会群体向往的居住空间，如滨水、绿地等生态空间。从自然地理条件来看，长春市中心城区整体上位于低山向平原过渡的台地上，地势东高西低，地貌由台地和平原组成。其中，台地占70%、平原占30%。不同的地貌类型对城市建设起着不同的制约作用。从自然环境来看，伊通河、南湖等是城市内部空间主要水系，对城市空间发展影响较大；位于城市东南的净月潭及人工森林是城市发展的生态屏障。总体来看，伊通河、南湖和净月潭及人工森林在城市物质与社会空间耦合地域类型形成过程中扮演着重要的空间基础作用。

（一）沿河小流域的物质环境差异

伊通河发源于伊通县板石庙乡青顶岭，属松花江水系，饮马河支流。伊通河从南至北贯穿长春市，流经长春市区约23公里，距市区中轴线人民大街平均2.5公里，是长春市的"母亲河"。伊通河在1985年前基本为一条自然的河流，水患频发，且河流沿岸环境极差。这主要是自然地理条件和历史原因造成的。长春市内伊通河北部地区地势低洼，宋家洼子、吴家洼子等地名因此而来，这些地区由于地势较低，容易受河流洪水影响，加之周围城市环境恶劣，一直以来都是长春市物质环境较差地区。从城市发展历史过程来看，伪满时期，伊通河沿岸就得到开发，考虑到风向烟尘等因素，当时将重工业区布局在了伊通河东岸一带，新中国成立后至今，伊通河东岸地区尤其是城市东北部工业用地比重一直较大，给城市物质环境带来较为严重的影响。

1985年以后，先后对伊通河进行了三次治理，开展了沿岸堤防建设工程、综合治理工程和风光带建设工程，伊通河两岸环境得到明显改善，一方面，伊通河区域作为滨水绿化空间，对城市物质环境特别是生态环境的改善与城市景观提升起到重要推动作用；另一方面，伊通河区域的土地商业价值获得大大提升，滨水空间对房地产开发与居住空间建设形成较大吸引力，促使沿岸房地产开发建设速度不断加快（如图6-8），且价格相对其他地区较高。

但是，伊通河水系特征和城市发展历史因素的共同作用，使得伊通河沿岸地带物质与社会空间耦合也存在明显分异，表现为伊通河下游（城市北部）物质环境较差，伊通河上游（城市南部）物质环境较好的特征。再加上滨水居住空间建设的差异，进一步加剧了伊通河在长春中心城区段上下游物质环境的差异。物质环境的空间差异导致了社会群体空间选择的差异。从伊通河沿岸房地产开发情况来看，上游地区的房地产开发不仅占据量的优势，同时在品质上也较为高档，如伊通河上游地区的中海地产、富奥临河湾、鸿城国际、万科城市花园等楼盘在开发规模、品质、配套设施、环境、价格等各方面均明显高于下游地区。因此，与下游相比，伊通河上游地区居住的社会群体多为社会地位较高、经济收入较多的富裕阶层，这也符合本书前一章对城市物质与社会空间耦合地域类型划分的结果。

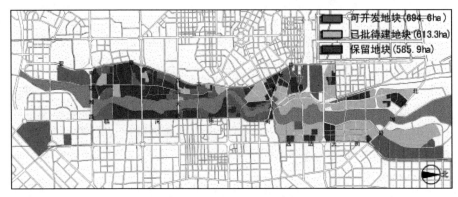

图 6 - 8 伊通河区域可开发地块示意图

（二） 滨湖空间品质的提升

南湖公园位于长春市区西南部朝阳区内，总面积为 222 万平方米，水面面积达 92 万平方米，是东北地区最大的市内公园。南湖公园始建于 1933 年，在《大新京都市计划》设想中，根据城市自然环境，降雨量，利用伊通河的几条小支流，筑坝形成人工湖，然后实行分流制排水，即污水排入伊通河，雨水存贮于人工湖，日伪政府于 1937 年沿今天的工农大路修筑了拦河坝，最终形成了今天的南湖。同伊通河一样，南湖公园作为长春市重要的滨水空间，在城市物质与社会空间耦合地域分异上也扮演着重要的角色。但与伊通河不同的是，南湖公园的滨水空间价值更大，这主要是由于南湖公园位于城市中心，其对城市物质环境改善的作用十分明显，且该地区以商业、居住等功能为主，较伊通河区域土地空间价值更大。正因如此，在南湖公园周边形成了多个高档居住区，如中海南湖 1 号、长影世纪村、南郡水云天、威尼斯花园等，使该地带成为典型的物质环境良好的高社会经济地位人口居住区。

（三） 风景名胜区的空间引力作用

净月潭国家森林公园位于长春市东南部，距市中心 9.5 公里，公园面积为 96.38 平方千米。净月潭始建于 1934 年，1988 年被国务院批准为国家重点风景名胜区，1989 年被林业部批准为国家级森林公园，2000 年被评为国家 AAAA 级旅游景区。净月潭地区属大黑山余脉，海拔高度为 220 ~ 406 米，有大小山头 119 座。净月潭国家森林公园是亚洲最大的人工森林，被称为"天然氧吧"。

与伊通河和南湖相比较，净月潭森林公园的自然环境更加优越，是集滨水、森林、国家重点风景名胜区于一体的地域空间。但该地区距离市中心较远和环境保护约束，致使空间开发进程相对缓慢。近年来，随着城市郊区化的推进与净月经济开发区的成立，该地区发展速度不断加快，主要以大学城和居住空间建设为主要拉动力，尤其是净月潭森林公园周边地区，依托优越的自然生态环境，大力发展房地产业，形成长春市新的居住板块（如图 6-11），并且，由于该地区临近风景区，人口密度较低，土地空间充足，居住用地开发主要以低密度的别墅与高档住宅为主（据统计，该地区集中了全市 80% 以上的别墅）。随着人口的增加，该地区各种公共服务设施建设逐渐完善，城市物质环境整体发展速度较快。同时，由于该地区原属城市郊区，仍然存在大量农村人口，城市社会空间分化较为严重。因此，净月潭地区形成了物质环境发展较快的以农业人口、外来人口、高收入人口、大学生等多元人口为居住群体的城市物质与社会空间耦合地域类型。

通过上述分析，自然地理条件在长春市物质与社会空间耦合过程中起到了基础作用，是构成物质环境的基底，而如水系、植被等自然环境在城市物质与社会空间耦合中的作用更为突出，主要体现在对物质环境和空间品质的提升，进而导致物质环境的空间差异。基于这种差异，不同社会群体社会属性和经济能力等方面的差异，在物质环境选择上形成了空间分化，进而导致物质与社会空间耦合地域类型的差异（如图 6-9）。

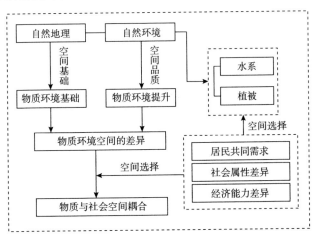

图 6-9　自然地理环境对城市物质与社会空间耦合的作用机制

二　城市发展的历史惯性

城市空间具有历史延续性，城市物质环境、社会空间的形成，以及城市物质与社会空间耦合都与城市发展建设的历史遗存有着紧密的联系。从长春城市发展历史来看，对当前城市物质与社会空间耦合影响较大的主要是伪满时期和社会主义计划经济时期的城市建设，如城市空间结构、城市功能布局、道路网络格局、产业空间结构以及"单位大院"的居住空间等。

（一）伪满时期的历史影响

尽管伪满时期的殖民统治对长春是一段屈辱的历史，但毋庸置疑的是伪满时期的城市建设对长春城市空间发展产生了深远影响。可以说，伪满时期的长春城市建设是长春历史以来的第一次系统建设，并且是在明确的城市规划的指导下开展的。当时的城市空间格局、道路网络体系、功能分区和绿地空间等物质环境建设至今对城市物质与社会空间耦合具有一定影响。

1. 单中心的城市空间结构

伪满时期长春市确定的 100 平方公里（包括建成区 21 平方公里）的建成区奠定了长春城市发展的空间基础。新中国成立以来，长春城市的建设都是在伪满时期的空间框架基础上发展起来的。同时，伪满时期长春市形成的以大同广场（今人民广场）为核心的单中心城市空间结构对长春市产生了深刻影响。至今，长春市以人民广场为核心的城市空间结构仍未改变，围绕人民广场形成了长春市人口、居住和商业集聚中心。这里人流密集、商业氛围浓厚，物质环境建设相对较好，但同时地处市区中心，人口密度较大（如图 6-10），交通拥挤状况突出，土地利用空间有限，居住空间建设相对落后，缺乏较为高档的居住区等不利因素，致使城市中心地区居住人群多为对通勤时间要求较高的工薪阶层，因此，在这一地区城市物质与社会空间的耦合地域类型表现为物质环境较好的一般工薪阶层居住区。

2. 城市道路网络

伪满时期长春城市道路网形成了综合放射式、环形和矩形等多种形态，并将道路依照功能划分为主干道、次干道、支路，同时在城市主要交叉口设置广场。道路网络和广场是城市结构的主要因素，当前长春市道路

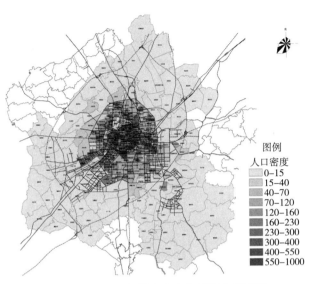

图例
人口密度
0～15
15～40
40～70
70～120
120～160
160～230
230～300
300～400
400～550
550～1000

图 6 – 10　2008 年长春市中心城区人口密度

网络体系基本是在伪满时期的道路网络格局基础上发展起来的。当前长春市中心区的主要道路和广场大多是在伪满时期就已开始建设形成，如大同大街（今人民大街）、顺天大街（今新民大街）、兴安大路（今西安大路）、兴仁大路（今解放大路）、至圣大路（今自由大路）、安民大路（今工农大路）、大同广场（今人民广场）、南岭广场（今工农广场）、顺天广场（今文化广场）、安民广场（今新民广场）。伪满时期的道路网络不仅为今天的城市道路骨架和物质空间格局奠定了基础，同时许多道路体系在不同因素的作用下也成为物质与社会空间耦合地域分异的重要地理空间标识（如人民大街、自由大路等）。

3. 城市功能布局

伪满时期，在城市规划的指导下，长春城市发展的功能格局逐渐明确，在此基础上，新中国成立后至今，城市功能格局仍然对城市物质与社会空间的发展具有重要影响作用。伪满时期，长春基本上形成了行政、商业、工业、交通、居住、文化等功能相对集聚的空间格局。其中，商业、工业、文化等功能格局至今仍留有明显痕迹，且对城市空间发展具有一定影响。伪满时期的工业区主要分布在伊通河东岸的二道河子、八里堡一带，以重工业为主，轻工业分布在城市北部的杨家崴子、宋家洼子等地区，当时该地区的物质环境就极差，同时，该地区还混杂贫困农民居住空间，而现在该地区仍然以工业仓储用地为主（二道区北部和铁北），且物质环境与居住条件仍较差，是长春市典型的棚户区集中地，同时也是以低收入群体为主的居住空间。

伪满时期的商业区集中在今人民广场周围，民族商业区则主要在今大马路附近，而当前这两个地区都是长春市商业设施集中地区，人口、设施等密度较大，物质环境延续性较为明显。伪满时期的文化功能区主要集中在南岭地区，即今天的南岭街道。伪满时期在此布置了许多文化设施，主要以科研文化教育设施为主，如伪满新京法政大学（今光机研究所子弟小学处）、伪满新京工业大学（今吉林大学南岭校区处）、伪满建国大学（今空军航空大学处）、伪满新京医科大学（今东北师范大学处）、伪满大陆科学院（今中科院长春应化所处），受此影响，当前南岭地区（以南岭街道为主）仍然是以科研院所和大专院校集中的文化功能地域为主，形成了城市物质环境较好的受教育程度与社会地位较高的社会群体的生活空间。

4. 绿地与公共空间建设

伪满时期，长春市建设了大规模的绿地和公园等生态空间和公共活动空间，且当时的许多绿地和公园等物质环境要素在今天得以继续保留，并通过物质空间环境品质的提升对城市物质与社会空间耦合产生影响。伪满时期，利用当时地形条件，依托伊通河等河流、低地，建设了大批公园绿地和人工湖泊，形成了沿伊通河和环状道路的绿地带。另外，楔入城市的街道绿带将城区内的绿化公园连通，与外围的绿化体系共同形成了长春市的公园绿地系统，至1940年，公园面积已达5.48平方公里，加上运动场苗圃等，总面积达到10.8平方公里，人均31平方米。今天长春市的许多公园绿地都是在伪满时期延续下来的，如"新京"牡丹公园（今牡丹园）、"新京"南湖—黄龙公园（今南湖公园）、"新京"儿玉公园（今胜利公园）、"新京"大同公园（今儿童公园）等。这些公园绿地通过提升物质环境品质，提高滨水、绿地空间的居住准入门槛对城市物质与社会空间耦合发挥作用。

（二）计划经济时期的历史作用

计划经济时期，长春城市建设发展对现在影响较大的是当时重工业的空间布局形成的产业空间结构，使得当前的城市产业宏观格局仍延续计划经济时期的特征。另外，由于计划经济时期"单位制"影响形成的"单位大院"的居住空间形态也是对当前转型期物质与社会空间耦合影响较大的要素。

1. 产业空间格局的影响

从"一五"、"二五"计划开始，国家将许多工业项目陆续布局在长春及整个东北地区，布局在长春市的主要有汽车厂、拖拉机厂、客车厂等，这些工业企业的布局确定了长春市的产业空间格局，形成了北部客车、机车工业区，东部柴油机、拖拉机工业区，西南部汽车、纺织工业区三大工业区。进入转型期后，尽管部分工业企业由于各种原因发生了空间区位的变化，但计划经济时期的宏观格局仍未发生显著变化。当前，长春市的产业空间格局仍然延续计划经济时期的分布特征，如西南部的汽车厂区、东部二道河子工业区、北部客车、机车工业区等。这种产业空间格局的历史延续，使得在转型时期城市物质与社会空间激烈变化的背景下，传统工业区的物质与社会空间耦合变化趋势与"动荡"程度得以缓和，与其他耦合类型区相比，传统工业区与产业工人聚居地的耦合特征依然明显。

2. "单位大院"居住形态的影响

同我国其他大城市一样，受计划经济时期单位制度的影响，长春市形成了众多以行政机关和事业单位大院为主体的居住空间形态，如工业企业的"一汽"单位大院、科研单位的东北师大单位大院等。这些单位大院是在就近工作单位划定居住区的原则下形成的，成为计划经济时期城市空间的基本组成单元，单位体制内外的身份差异导致社会空间因社会分工的不同而形成居住等级的差异。进入转型期后，随着土地使用和住房制度改革，在市场与国家双重力量影响下，单位大院延续了对社会空间分层的影响，但作用方式与作用效果都发生了变化。长春市行政机关以及事业单位的单位大院居住空间仍是城市社会空间的重要组成部分，但由于住房制度改革带来的"单位人"的择居自由度大大提高，居住空间选择已经不再限定在单位大院内部，职住分离变得非常普遍，职住的空间分离同时又为居住空间的分异提供了前提条件。另外，单位大院内部的成员构成也发生了变化，由原来的同质向异质转变，单位大院的"杂化"趋势日渐突出，原有的单位大院正从"单一式单位社区"向"混合式综合社区"转变（柴彦威，2007）。

总而言之，通过上述城市发展历史对城市物质与社会空间耦合的分析，不同时期城市发展的历史为城市物质与社会空间耦合提供了空间基础（如图6-11）。当前，城市发展的历史惯性扮演的是相对被动的角色，需要同现实中的许多因素相结合来共同发挥作用，同时，随着城市转型的推进，历史因素所发挥的功能势必越来越弱。

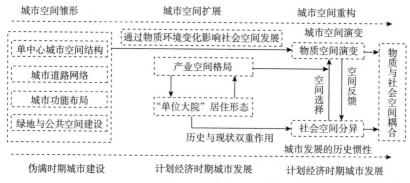

图6-11　城市发展历史对物质与社会空间耦合作用机制

三　经济空间格局的重构

城市经济结构与空间布局的发展与变化是城市物质与社会空间耦合发展的宏观背景，也是城市物质与社会空间耦合的物质基础。尤其是城市经济空间格局的变化，是转型时期中国城市空间重构的重要方面，城市功能结构的转变为城市物质与社会空间耦合提供背景，开发区产业空间的功能转型、外来投资的空间差异以及房地产发展及其空间扩散等成为物质与社会空间耦合分异的重要因素。

（一）城市功能结构的转变

从计划经济模式下的国家再分配经济向市场调节型经济的转变是我国社会经济转型的最突出特征。城市功能结构发展也深受这种宏观转型背景的影响，表现为城市经济快速发展、工业化水平不断提高、城市化进程快速推进、非农产业和非农就业发展迅速。不同地区城市发展水平与发展阶段不同，因此在城市功能结构的转变过程中表现出不同的特征。具有国际化大都市特征的城市，如北京、上海、广州等，在转型时期城市功能结构的转变更倾向于由传统制造业向服务业和高新技术产业转变，而对于长春这种老工业基地城市而言，城市功能结构转型的步伐相对较慢，但纵向的比较仍可发现，城市功能结构变化依然十分明显。

2002 年，长春市地区生产总值突破 1000 亿元，城市经济进入快速发展阶段，并建立起了以汽车及零部件、食品加工制造、生物医药、光电子信息等为主导产业的多元化的产业结构体系。新中国成立以来，长春市作为老工业基地城市，制造业在城市经济结构中的地位非常突出，是城市经济发展的支柱。1980 年，长春市三次产业结构比重为 31.2∶50.9∶17.9，第二产业为主导，第三产业发展非常落后；2008 年，长春市辖区三次产业结构比重为 1.5∶57.9∶40.6，尽管第二产业仍为主导，但第三产业取得快速发展（如图 6-12）。从近年来长春市区三次产业的就业结构变化来看，第二产业就业比重不断下降，第三产业就业比重持续增长（如图 6-13），表明第三产业的就业拉动能力正逐步提高。从行业人口结构变化来看，1982 年长春市制造业行业人口比重占所有行业人口 50% 左右，至 2000 年，这一比重已经明显下降，而批发和零售贸易、餐饮业，社会服务业，金融、保险业，教育、文化等行业从业人口比重明显上升（如图 6-14、6-15）。总体来讲，城市功能结构转型表现为制造业产业结构的优化升级，第三产业的快速发展及就业拉动能力的不断提高。这种转型对城市物质与社会空间的影响体现在多个方面，较为直接的影响是由原单一制造业较小的工资差距转变为行业分化导致的不同职业人口工资水平差距的扩大，进而促使不同社会阶层的分化和对物质环境的选择能力的差异。

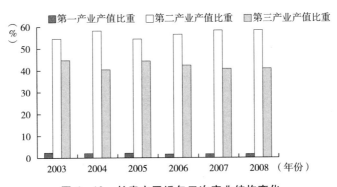

图 6-12　长春市区近年三次产业结构变化

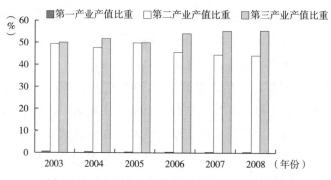

图 6 - 13　长春市区近年三次产业就业结构变化

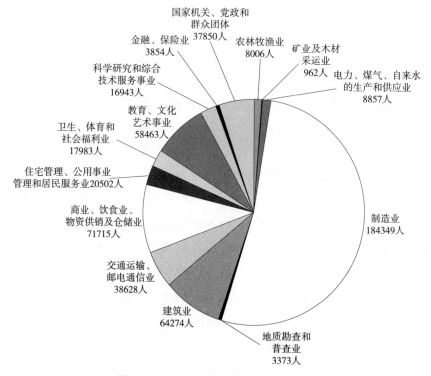

图 6 - 14　1982 年长春市行业人口结构

（二）开发区产业空间的功能转型

　　开发区是改革开放后的产物，于 20 世纪 80 年代首先在沿海地区设置。进入 21 世纪以来，开发区已遍地开花，成为城市空间的重要组成部分。随着经济转型的深入和开发区的成熟，作为新产业空间与功能空间，开发区

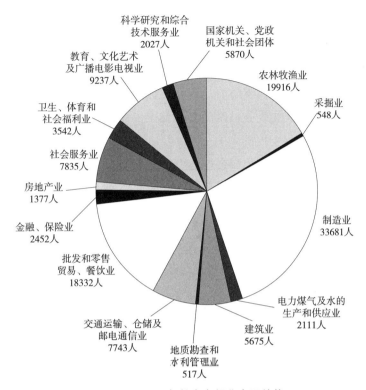

图 6 – 15　2000 年长春市行业人口结构

成为转型时期城市空间重构的重要因素。一方面，开发区的建设极大促进了以工业项目布局为驱动力的城市空间的扩张和物质环境的改变；另一方面，许多大城市内部开发区经过多年发展，城市功能日趋完善，尤其是居住功能和社会服务功能，正逐渐由传统的工业区向城市功能区转变。因此，开发区建设由原来的仅对物质空间环境的影响转变为对物质与社会空间耦合不断施加影响。

　　长春市开发区于 20 世纪 90 年代开始建设，目前，市区内已经形成了4 个规模较大的国家级和省级开发区，分别为经济技术开发区、高新技术产业开发区、净月经济开发区和汽车产业开发区。这些开发区在长春市经济发展、城市化空间推进、基础设施建设等物质环境建设方面发挥了重要作用。2008 年，长春市四大开发区实现地区生产总值 1126 亿元，占市辖区地区生产总值的 59.6%，成为城市经济发展的重要推动力（见表 6 –1）。与此同时，以开发区建设为主导的城市空间扩张趋势明显，据统计，近年来开发区建设增加用地占全市增加的建设用地近70%，可见，开发区建设对城市物质空间环境的作用极为明显。与物质环境相比，社会空间发展较为缓慢，主要由于开发区的产业功能突出，居住功能发展较为缓慢，但近年在房地产开发利益驱动下，各开发区的房地产开发和住房建设发展速度较快，相应的公共服务设施配套不健全，导致开发区人气不足，往往成为"空城"，从而使开发区内的居住群体多以在开发区工业企业工作的产业工人为主，其他多元化社会群体发展不明显，促使开发区形成物质环境中等的工业与产业工人居住混杂的耦合区域类型。

表 6 - 1 2008 年长春市四大开发区经济发展情况

	地区生产总值（亿元）	全口径财政收入（亿元）	实际利用外资（亿美元）	实际利用内资（亿元）	实现工业总产值（亿元）
经济技术开发区	285.0	46.1	7.0	48.6	698.0
高新技术产业开发区	365.0	125.0	5.9	48.0	1313.0
净月经济开发区	231.0	15.9	1.4	—	89.3
汽车产业开发区	245.0	20.2	2.65	55.0	749.0
合　计	1126.0	207.2	16.95	151.6	2849.3

资料来源：长春统计年鉴 2009。

（三）外来投资的空间差异

进入转型期后，在经济全球化影响下，我国对外开放程度进一步提高，城市吸引外来投资规模越来越大，外来投资也在刺激城市经济发展方面发挥了重要作用。但城市内部不同区域的投资环境、政策优势等不同，导致城市内部投资规模与投资水平的空间差异，进而通过经济增长量、财政收入等影响城市物质环境建设水平，同时，也通过就业岗位影响城市居民收入水平。

2000 年以来，长春市实际利用外资水平不断提高，从 2000 年的 36308 万美元增长到 2008 年的 203556 万美元（如图 6 - 16），增长近 5 倍。在城市整体利用外资水平不断提高的同时，城市内部不同区域的利用外资水平差异也越来越突出，主要表现在新建开发区与老城区之间的差异显著。2008 年，经开、高新、净月、汽开 4 个开发区实际利用外资合计 16.95 亿

美元，而其他 5 个老城区实际利用外资合计仅 1.7 亿美元，外来投资的不
平衡分布特征极其明显（如图 6－17）。这种空间差异导致长春老城区的传
统制造业出现经济衰退，而开发区的以高新技术产业为代表的工业企业表
现为经济繁荣。最为典型的就是二道区、宽城区等老工业区的衰退。这种
经济衰退导致不同区域财政收入和城市建设资金的差异，进而出现物质环
境的差异。另外，外来投资促进了管理层及专业技术人员的高工资工作岗
位和制造业的低工资工作岗位的同时增长，不同区域社会群体的极化现象
逐渐突出，反映在物质与社会空间耦合上呈现出宽城区、二道区等老城区
的物质环境较差、居住群体则以低收入人口、一般工薪阶层以及产业工人
为主的地域类型。

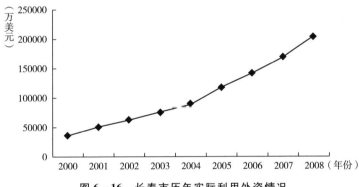

图 6－16　长春市历年实际利用外资情况

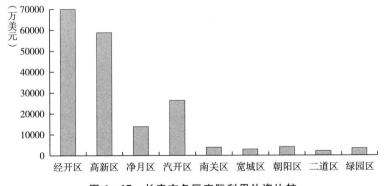

图 6－17　长春市各区实际利用外资比较

（四）房地产业发展与住宅空间扩散

房地产业的发展为城市居民提供了更多的居住空间选择，而不同居住

区位由于物质环境的不同而影响到城市物质与社会空间耦合的地域分异。进入 20 世纪 90 年代，长春市房地产发展速度逐渐加快，1991 年，长春市房地产投资占固定资产投资总额比重的 10.1%，至 2008 年这一比重上升到 19.4%。从住宅建设的空间区位来看，从城市中心的大面积开发到"见缝插针"再到住宅的外围扩散，城市居住空间经历了由内到外的演变过程，住宅空间扩散与郊区化互相作用，城市空间得到不断扩张，城市郊区新的居住板块不断形成。

目前，长春市房地产开发最为活跃的地区大多为城市边缘地区，因为这里有充足的空间，土地供应相对充裕，如在南部新城、净月开发区、汽车产业开发区、东部产业园区等形成了许多新的居住空间。住宅的空间扩散使得城市郊区化首先表现为住宅的郊区化，随后才是各种基础设施、社会服务设施的完善，这使得距离中心城区较近的郊区化地域物质环境较为完善，而距离较远且郊区化扩散时序靠后的郊区化地域物质环境缺失现象突出，城市郊区化地域的物质环境优劣的圈层特征较为明显。另外，住宅的空间扩散，部分城市中心人口迁移至郊区，打破了原来的郊区农民人口居住区的单一特征，再加上城市化发展过程中吸引的外来人口，导致郊区社会群体的多元化特征逐渐突出，城市物质与社会空间耦合也因不同居住空间和区位环境产生明显的分异，往往因郊区物质环境的局部差异而形成"破碎化"的社会空间。

经济空间格局的重构作为城市转型时期空间重构的重要方面，其对城市物质与社会空间耦合的作用首先体现为它所提供的宏观背景，其次是不同方面的重构格局对不同区域，如开发区、一般功能区、老城区、郊区等物质与社会空间耦合的影响，导致区域内部以及区域之间物质与社会空间耦合的分异（如图 6-18）。

四　城市社会结构的分异

城市社会结构的变迁与空间分异是影响城市物质与社会空间耦合的重要因素，它往往通过职业收入、就业结构、受教育程度等变化促使社会群体产生分异，而不同的社会群体由于对物质环境需求不同和自身对物质环境选择的受约束程度的差异，而做出不同的社会空间选择，进而形成不同的物质与社会空间耦合地域类型。

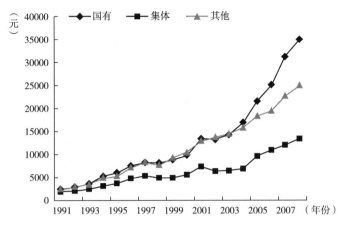

图 6-18 城市经济空间格局重构对物质与社会空间耦合作用机制

（一）个体收入水平差异

收入水平是决定城市社会群体居住空间选择的直接作用因素，收入水平的多少是衡量一个人（或家庭）对住宅区位和相应的物质环境的选择能力的重要标准。收入水平较高，可选择的空间范围较大，同时也可以选择物质环境较优的空间区位。多个收入水平高的个人或家庭的共同选择便形成了物质环境良好的高收入水平人群聚居区。

根据统计数据分析，近年来长春市区职工工资不断上升。1991 年，长春市区国有在岗职工平均工资为 2379 元，集体在岗职工平均工资为 1865 元，其他在岗职工平均工资为 2241 元，市区在岗职工平均工资为 2161 元；至 2008 年，长春市区国有在岗职工平均工资提升到 34928 元，集体在岗职工平均工资增加到 13335 元，其他在岗职工平均工资提高到 24902 元，总体在岗职工平均工资为 29324 元（如图 6-19）。城市居民人均可支配收入也从 1991 年的 1415 元增长到 2008 年的 15003 元，增长了 9.6 倍（如图 6-20）。可见，近年来长春城市居民收入水平在不断提高。但是，不同行业人口的收入差距却逐渐扩大，通过进一步分析具体的行业收入构成（见表 6-2），可以看出不同行业收入构成已经表现出明显的分化。从横向比较来看，集体单位各行业的工资水平要普遍低于国有单位和其他单位（主要为外资企业）；从纵向比较来看，农林牧副渔服务业和批发零售、住宿餐饮等公共服务业的收入水平最低，而第三产业尤其是现代服务业，如金融、信息服务、科研技术服务、管理型职业等的收入水平最高。表明不同职业构成的群体在收入水平上的差距正在逐渐拉大，社会极化现象较为突出。经济地位往往决定了社会群体在城市中的社会空间区位，由此导致城市物质与社会空间耦合的地域差异。

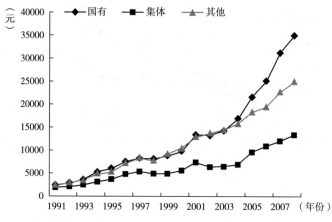

图 6-19　长春市区历年在岗职工平均工资

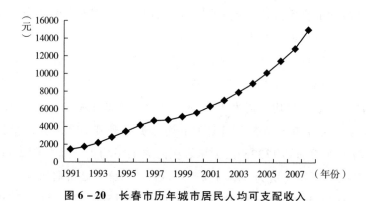

图 6-20　长春市历年城市居民人均可支配收入

表 6-2　2008 年长春市区各行业职工平均收入水平

单位：元

行　业	总　计	国有单位	集体单位	其他单位
农林牧渔服务业	21657	23548	24717	14051
采掘业	23310	26692	9538	21270
制造业	28074	37844	11495	28968
电力煤气及水的生产和供应业	36096	43452		31297

续表

行　业	总　计	国有单位	集体单位	其他单位
建筑业	19393	21682	13179	19000
交通运输仓储及邮政业	27168	34245	11415	22401
信息传输计算机服务和软件业	34440	41920	22750	27617
批发和零售业	18335	34016	13012	15813
住宿和餐饮业	15108	16304	13349	14478
金融业	52387	58989	14362	42644
房地产业	20684	25710	13848	19523
租赁和商务服务业	25032	26791	18091	22574
科学研究技术服务和地质勘查业	37382	40653	22852	24489
水利环境和公共设施管理业	21641	23473	19967	16245
居民服务和其他服务业	22522	31623	15782	17872
教育	32454	32784	28215	23868
卫生社会保障和社会福利业	34580	35396	25309	21489
文化体育和娱乐业	24171	28044	23841	15400
公共管理和社会组织	36335	36314	45330	

资料来源：《长春统计年鉴2009》。

（二）就业人口的空间分异

城市人口的就业结构与城市物质与社会空间耦合关系密切，不同产业的就业人口在经济收入、社会地位、居住空间选择偏好上具有明显的差异，因此，就业人口的空间分异将导致城市物质与社会空间耦合的地域差异。为了比较不同性质人口在空间分布上的集聚程度，本书引入测量各空间单元的地点指数（也称"区位熵"）（Location Quotient）。其公式为：

$$LQ_i = \left(Q_i / \sum_{i=1}^{n} Q_i \right) / \left(P_i / \sum_{i=1}^{n} P_i \right) \qquad (6-1)$$

其中，i 为统计数据上的空间单元，Q 指的是具有特定性质的居民（如就业人口、不同教育水平人口等），而 P 指的是总的人口数量。$LQ < 1$ 时，表明特定地区的某一特征人群其集聚度较低或低于城市理想均质情况的水平，而 $LQ > 1$ 则表示某一特征人群在特定空间上呈现出比较高的集聚度。

通过计算长春市辖区各空间单元的就业人口的区位熵，可以发现，农业就业人口的集中趋势表现为在近郊区和远郊区的簇状分布，且更多集中在城市东部和南部的各乡镇地区（如图6-21），这些地区也是城市物质环境较为落后的农业人口集中居住区。第二产业就业人口，即工业和建筑业的就业人口主要集中在传统工业地域，其中，东风街道、锦程街道的一汽厂区的*LQ*值最大，中心城区北部和东部也是第二产业人口相对集中分布的地域，并且，第二产业从业人口在空间上还呈现出郊区分散化的趋势，如经济技术开发区、净月开发区等（如图6-22），这些传统工业地域在物质与社会空间耦合上表现为工业区与产业工业居住区相混合的耦合特征。第三产业从业人口明显集中在城市中心地区，且表现出明显的由城市中心向外围郊区的集聚度逐步衰减的趋势，由内向外的圈层递减的特征极为突出（如图6-23）。这些集聚度较高的地区是长春市商业高度发达区域，红旗商圈、重庆商圈、桂林商圈等均在这一范围内，形成了典型的商业区和第三产业人口集聚区的空间耦合特征。

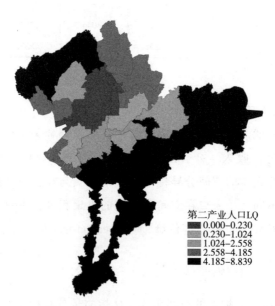

第二产业人口LQ
- 0.000-0.230
- 0.230-1.024
- 1.024-2.558
- 2.558-4.185
- 4.185-8.839

图6-21　第一产业人口区位熵分布

（三）不同教育水平人口的空间分异

我国居民的受教育水平与个人收入水平具有较为明显的正相关关系，可以说教育水平是社会经济地位的间接替代，对于知识经济的重视使得城市居

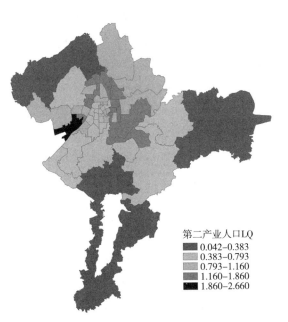

图 6 - 22　第二产业人口区位熵分布

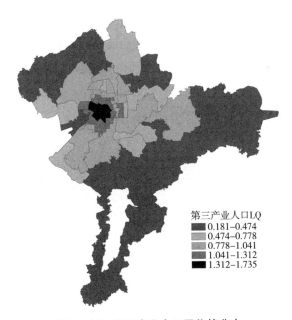

图 6 - 23　第三产业人口区位熵分布

民对接受高等教育的回报率相比以往有更高的水平,因此,城市中不同教育水平人口的空间分布情况可以大致反映出不同社会阶层人群在城市空间上的分异,由此,可以判断城市物质与社会空间耦合的基本特征和形成机制。

根据上述不同性质人口在空间分布上的集聚程度的不同,可以判断出长春市各空间单元不同教育水平的相对集聚区域及空间分异情况。首先,对长春市大专以上教育人口集聚度分布进行分析(如图6-24),可以发现,中心城区和外围郊区具有明显分异的特征,表现出中心城区受教育水平较高,而外围郊区受教育水平较低,城市中心偏南地区是大专以上人口集聚度最高的地域,这一地区的 LQ 都在1.5以上,因为这里是长春市高等院校、科研院所等较为集中的地区,城市物质与社会空间体现为物质环境较好的高社会经济地位人群集聚区,同时也表明尽管传统单位体制影响下的住房分配制度已经取消,但单位的地点对于某些特定人群的居住区位分布仍具有较大的影响。从小学教育水平以下人口集聚度分布来看,与大专以上教育人口集聚度空间分布呈现出相反的趋势,城市外围郊区集聚度较大,表明外围人口受教育水平相对较低,而高学历人口集中在城市中心南部地区(如图6-25)。但同时也应该注意到,受教育水平人口的地点指数相对就业人口较小,说明不同受教育水平人口在城市空间上并不存在很大的分异趋势,更多地表现为在特定地域的相对集聚。

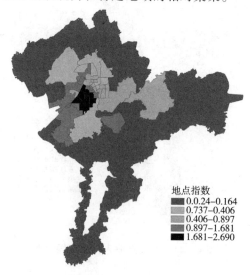

地点指数
- 0.0.24-0.164
- 0.737-0.406
- 0.406-0.897
- 0.897-1.681
- 1.681-2.690

图6-24　大专教育水平以上人口地点指数分布

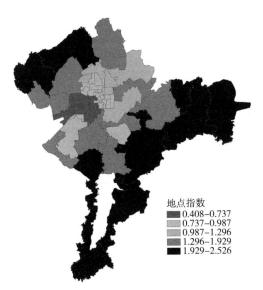

图 6 – 25 小学教育水平以下人口地点指数分布

城市社会结构的变化与空间分异对城市物质与社会空间耦合的作用机制主要在于不同社会群体在不同社会要素影响下对物质环境做出的不同的空间选择，这种选择有可能是主动的，也有可能是被动的（如图 6 – 26）。个体收入水平差异的影响主要在于对收入差异人群物质环境选择的能力上，高收入群体选择空间大，也更倾向于选择物质环境优良地域；低收入群体受经济能力约束，多数只能被动接受各种物质环境。不同就业人口受从业性质的约束，在物质环境选择上倾向于不同的地域，如农业人口居住的城市边缘农业地域、产业工人居住在工厂附近、服务业从业人员居住在商业区附近等。不同教育水平人口选择物质环境差异较小，但高等教育人口与科研文教区的空间耦合特征仍较为突出。

五 制度转型的空间响应

土地使用制度、城市住房制度以及户籍制度等中央政策制度的改革是转型时期中国城市空间重构的重要动力，也是影响城市物质与社会空间耦合的重要因素。与其他城市一样，制度转型对长春市物质与社会空间耦合发展变化产生了重要影响，根据制度转型的动力体系对物质与社会空间耦合的一般作用规律，结合长春城市发展实际，从制度转型的空间响应视

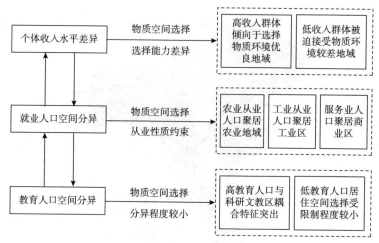

图 6 - 26　城市社会结构分异对物质与社会空间耦合作用机制

角，分析制度变化对长春市物质与社会空间耦合的作用机制。

（一）土地使用制度改革

城市土地使用制度改革是影响中国城市空间重构的一个普遍性因素，不仅仅对于长春市而言。城市土地使用制度改革后，城市土地实现由无偿划拨转变为有偿使用，地价因素逐渐发挥对城市空间组织的调整与转变作用，导致城市土地利用空间的重新配置，促进了中心商业空间的增长，工业区和低价格住宅相继外迁，中高档住宅和低档住宅的区位也开始分化，由此，导致城市居住空间分化，形成物质与社会空间耦合的地域差异。

土地出让是城市土地使用制度改革的重要体现。从长春市近年土地出让情况来看（见表 6 - 3），市场在城市土地出让过程中的配置作用不断增强，且土地价格不断提升，城市土地成交金额从 2002 年的 710 元/平方米增长到 1730 元/平方米，土地在城市建设中提供的资金支撑作用不断提高。大批土地被招拍挂出让，为房地产市场创造了条件，促使城市居住用地不断增长。随着城市中心地区土地空间的减少和土地价格的提高，城市外围土地变得更加具有吸引力，促进了长春市居住空间的郊区化发展。在城市土地使用制度改革和房地产市场发展双重影响下，以住宅价格为主导的居住空间分化现象逐渐显现，并日趋突出，致使城市物质与社会空间耦合的地域类型差异也开始凸显。

表6-3　长春市近年土地出让情况汇总

单位：平方米，万元

年份		2001	2002	2003	2004	2005	2006	2007	2008	2009
绿园区	宗地数		153	9	9	8	8	87	38	15
	总面积		74072	429439	495414	415460	278750	2393202	510771	421505
	成交额		1083	24672	41376	43840	28320	182339	18253	36303
朝阳区	宗地数		336	10	4	6	8	4	5	19
	总面积		109285	310766	32189	33575	152627	200255	105822	844478
	成交额		9829	60832	12384	15815	46726	15134	11337	158848
宽城区	宗地数	2	328	4	5	5	3	16	15	9
	总面积	1015	104666	78519	253315	133159	53535	353267	585853	133854
	成交额	505	8479	4226	12795	3502	5205	17064	25226	3665
南关区	宗地数	1	308	8	7	5	7	8	7	5
	总面积	10280	176970	186516	231840	85888	185365	317946	148500	370132
	成交额	3430	20390	32853	31765	5218	30140	155680	31350	110150
二道区	宗地数		162	5	7	12	5	3	24	17
	总面积		308474	154970	113048	438583	1220608	42671	545037	804795
	成交额		15159	5845	7281	60929	12300	3172	42973	186466

续表

年 份		2001	2002	2003	2004	2005	2006	2007	2008	2009
经开区	宗地数			17	7	2	6	16	35	25
	总面积			184082	397975	30162	797833	900712	1362903	891249
	成交额			4805	11369	2544	70380	83893	127097	230449
高新区	宗地数			3	5	6	5	31	17	10
	总面积			321458	874664	1132381	338120	1626200	293657	296409
	成交额			10620	61464	102143	41670	94561	25644	6924
净月区	宗地数			31	12	21	7	8	20	13
	总面积			44660	1115391	2472009	730518	1047809	889537	847782
	成交额			1229	39519	91683	58710	80194	82353	124726
汽开区	宗地数			1	4	6	9	17	17	18
	总面积			3080	148085	240801	328213	1149077	1639721	639899
	成交额			35	3975	16885	47190	66787	126345	51790
总 计	宗地数	3	1287	88	60	71	58	190	178	131
	总面积	11295	773467	1713490	3661921	4982018	4085569	8031139	6081801	5250103
	成交额	3935	54940	145117	221928	342559	340641	698824	490578	909321

（二）住房制度改革

20 世纪 90 年代的城市住房制度改革是导致城市居住空间分异的最直接作用因素。这一改革使延续几十年的福利分房制度被取消，以"单位"为主体的建房行为逐渐停止，住宅建设投入市场化运作，住房开始货币化和私有化，公众通过市场来选择住宅，传统的"单位大院"居住模式也逐步被打破，从而导致居住和社会空间分异，形成不同的物质与社会空间耦合地域类型。

受国家政策制度影响，长春市于 1993 年出台了《长春市住房制度改革方案》，明确了住房的商品化制度改革，开始将住房的生产、交换、消费纳入社会主义市场经济轨道，并提出了"提租补贴、住房买券、优惠售房、合作建房、建立基金"等住房制度改革的基本内容。1998 年长春市政府制定了《进一步深化城镇住房制度改革加快住房建设实施方案》，在此方案中，提出了深化城镇住房制度改革的重点，即停止住房实物分配，逐步实行住房分配货币化，建立和完善以经济适用住房为主的多层次城镇住房供应体系。从此，市场力量正式介入住宅建设，住房开发资金来源的多元化，解决了原来由政府单一供给而导致住房需求受到压抑的状况，长春市城区住宅建设取得突破性发展，房地产商为获取大面积建设用地开始引导居住郊区化，为城市规模扩大与郊区物质空间建设发挥了重要作用。另外，为满足不同社会阶层的居住需求，进行了不同档次住宅的建设，如普通商品住宅、经济适用房、高档社区、别墅区等，加之原有的"单位大院"居住形态，各种不同的居住形态类型引起了长春市居住空间的分异，不同地区的不同档次的居住空间促使物质与社会空间耦合分异逐渐突出，如原有工业区（一汽厂区、客车厂等）的产业工人居住的"单位大院"空间、老城区一般工薪阶层居住的普通商品住宅、低收入人口居住的经济适用房、高收入人口居住的高档社区以及净月经济开发区等生态环境良好地区的别墅区等。

（三）户籍制度的松动

计划经济时期严格限制农村人口进入城市的户籍制度阻止了中国的城市化进程，并形成了断裂的城乡二元社会结构。随着社会经济的转型，户籍制度逐渐开始松动，20 世纪 90 年代以来，大批农民工进入城市，成为城市人口的重要组成部分，他们在空间上形成的集聚区对城市物质与社会空间产生了重要影响。

与国内其他城市相比，长春市户籍制度改革措施实施较晚。长春市在2002年7月发布了《长春市改革户口迁移制度实施意见》，规定取消计划指标，实行政策条件准入制度，长春户籍改革措施正式出台。改革的主要内容包括：放宽各类人才落户政策，包括大学毕业生和引进人才，放宽短缺专业技术及工种人员的落户条件，放宽购房落户标准，放宽投资和纳税落户标准，放宽亲属投靠落户条件，对小城镇户籍制度也进行了改革。总之，与计划经济时期相比，户籍制度已经有较大程度上的松动，对促进城市化进程和非农产业发展起到较大的促进作用。同时，也形成了新的以外来人口为主的城市物质与社会空间耦合地域类型。运用区位熵法（Location Quotient）对外来人口在中心城区和市辖区范围内的空间分布集聚度进行测度，发现$LQ>1$的空间单元主要集中在城市中心外围的近郊地区（如图6-27、6-28），表明外来人口多集中在城市边缘近郊地带，往往与近郊农业人口混居在一起，原因正如前述分析，主要是近郊地区的住房租赁费用相对低廉，且与工作地如工业区等接近，以及中心城区的可达性等。因此，形成了典型的近郊城市物质环境相对较为落后的外来人口聚居区。

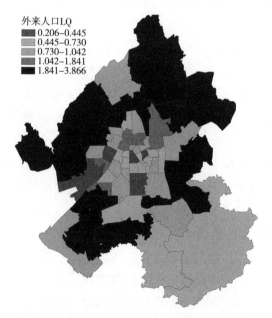

图6-27　中心城区外来人口区位熵分布

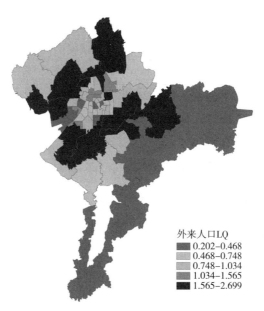

外来人口LQ
- 0.202–0.468
- 0.468–0.748
- 0.748–1.034
- 1.034–1.565
- 1.565–2.699

图 6 - 28　市辖区外来人口区位熵分布

综上所述，土地使用制度、城市住房制度以及户籍制度等中央政策制度的改革在长春市物质与社会空间耦合的发展变化过程中起到了重要作用。其中，土地使用制度是城市物质环境和居住空间分异的基础；住房使用制度改革直接导致了多元化居住形态的出现，社会空间分化趋势得以显现；户籍制度改革实质上丰富了城市物质与社会空间耦合的地域类型，即促使城市边缘物质环境相对较差的外来人口居住区的形成。总之，政策制度转型是在社会主义市场经济体制改革的大背景下完成的，而各种政策制度改革在城市空间结构上也形成了反馈与响应，即土地市场化、住房市场化和劳动力市场化，最终促进了城市物质与社会空间耦合系统的发展变化（如图 6 - 29）。

六　城市规划的空间塑造

城市规划作为指导城市空间建设与发展的调控手段，在城市物质与社会空间耦合过程中发挥了重要的作用。历史时期的城市规划不仅对当时的城市空间发展具有指导作用，其所塑造的城市空间也通过历史的延续在当今转型时期的物质与社会空间耦合过程中发挥其影响。长期以来，我国城

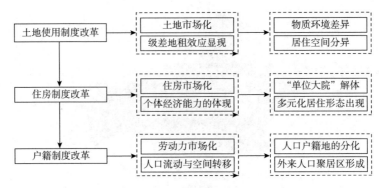

图 6 - 29　制度转型对城市物质与社会空间耦合作用机制

市规划以注重物质空间建设和产业布局为主，因此，其对城市物质与社会空间耦合的影响也主要通过物质环境的空间塑造发挥作用。

（一）城市规划演变及其宏观影响

20 世纪 30 年代至今，长春市共进行了 5 次城市总体规划编制，即1932 年版（"新京"建设规划）、1953 版、1980 版、1996 版和 2004 年版城市规划。不同时期的城市总体规划对当前的长春城市物质环境建设与社会空间发展都产生了重要而深远的影响。

伪满时期的城市规划确立了长春市空间发展的基本框架，当前的城市道路网依然延续了当时的放射加环状的路网结构。长期以来的城市形态也是当时形成的以人民广场（伪满时期的大同广场）为核心的单核空间结构。城市社会空间格局也依然可以发现伪满时期"分区制"遗留下的痕迹，如民族商业区功能的延续、贫困阶层居住空间的区位一致等。1953 年的城市总体规划确定了长春市"机械工业和科技文化中心"的城市性质，此后一段时期的城市建设都是围绕着这一目标进行发展的，它为长春市物质与社会空间耦合系统的形成奠定了基础。1980 年的城市规划进一步明确了长春以汽车等机械制造和轻工业为主的工业生产和科学教育的城市性质，同时规划建设了工业区、生活区、文教区、仓储区等功能空间，该规划对长春城市空间发展影响深远，这些规划在城市物质环境的建设和社会空间的塑造上留下了深刻印记，以至于当前的城市物质与社会空间耦合依然能够反映出此版规划的历史惯性的影响作用。

1996 年的城市规划在城市空间发展上取得重要突破，确立了"多中心、分散组团式"的空间布局思想，改变了原来的单一中心的城市空间格局，城市开发区和外围的兴隆、富锋和净月3个组团得到快速发展，城市郊区化快速推进（如图6－30）。城市空间的不断扩张促使物质环境建设规模随之扩大，但物质环境供给的不均衡趋势也相应增强。与此同时，快速郊区化又带来了城市边缘的社会空间问题，如郊区人口和居住的分异导致的城市边缘社会空间的"失衡"，郊区社会阶层出现新的分化与社会空间的"破碎化"等。城市新区与边缘区作为城市新的社会经济活动空间，成为物质与社会空间耦合的新地域。2004年的城市规划基本延续了1996年城市总体规划的思想，即疏解城市中心压力，向城市外围扩张（如图6－31）。为此，该规划在其上一轮规划的3个组团基础上，提出了"双心、多级、八片区"的空间结构，规划建设南部新城和各分区中心与职能中心。该规划对城市物质与社会空间耦合影响与1996版规划类似，且该规划提出的城市空间布局方案及其专项规划对城市物质与社会空间耦合的地域分异产生了更大的影响。

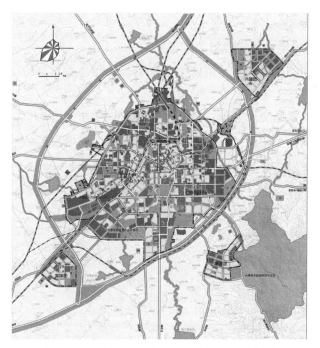

图6－30　1996～2020年长春市城市总体规划

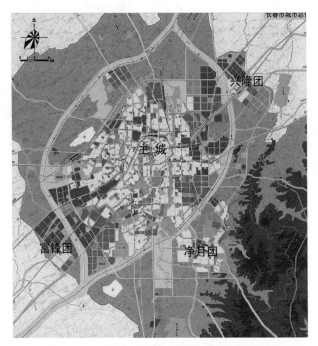

图 6 - 31　2005～2020 年长春市城市总体规划

（二）城市空间结构规划

城市空间结构是支撑城市发展的骨架，同时也是集聚城市人口、经济要素的空间基础，不同形态的城市空间结构对城市物质与社会空间耦合发展具有不同的影响。如单中心的城市空间结构往往形成圈层式的物质与社会空间耦合形态，轴向的城市空间结构则往往形成扇形式的物质与社会空间耦合形态。最新一轮长春城市规划将长春市规划为"双心、多级、八片区"的空间结构，其中，"双心"为原有的人民广场城市中心和规划在人民大街轴线南端构筑的城市次中心；"多级"为构建的城市中心、分区中心、生活服务中心的三级制中心的城市结构；"八片区"为中心城市不同方向的八个功能片区。目前，该空间结构形态日趋成型，尤其是南部次中心，发展速度较快，缓解了中心城区过度集聚的压力。

长期以来的单中心城市空间结构使得老城区人口、交通、居住等密度较大，城市物质环境更新也较慢，城市空间改造成本较大，因此，老城区的物质环境，尤其是住房环境和生态环境较为恶劣。南部中心以及多级、多片区的规划与发展改变了长春单中心过度集中的压力，不仅为老城区物质环境改善创造了条件，同时也使南部中心和其他地区城市发展与建设得到快速推进，由此，对不同社会群体的物质空间选择提供了广阔余地，尤其是对于以疏解城市中心压力为功能的南部新城，物质环境优良，相应的居住群体也多以中产阶层为主，逐渐形成物质环境良好的高社会经济地位和中产阶层人口居住区。

（三）交通基础设施规划

交通布局在城市物质与社会空间耦合中具有重要的作用。一方面，它是城市物质环境的重要组成部分，是不同社会群体在居住空间选择过程中考虑的重要因素；另一方面，交通设施，尤其是快速轨道交通（地铁、轻轨等）通过对房价产生影响进而影响到城市物质与社会空间耦合。目前，长春市已经建成了火车站至净月开发区的轻轨路线（如图6-32），还有规划路线正在建设之中，另外，地铁线路也正在规划过程中。已建成的轻轨线路对长春市物质与社会空间耦合作用已经显现，一是快速的交通体系促使人口和居住郊区化成为可能，推动了净月开发区物质环境建设与居住空间的快速发展，使得没有私家车的工薪阶层远距离居住成为可能；二是轨道交通沿线房价有所提高，为对交通、通勤具有需求的个人或家庭的物质环境选择提供了空间场所。

图6-32 长春市中心城区快速轨道交通系统规划

（四）居住用地的空间布局

居住用地的空间布局为城市物质与社会空间耦合提供了基础条件，居住用地的空间分布意味着居住空间的形成，为社会空间的形成与发展提供了前提，而居住用地周边的物质环境条件又为社会群体的居住空间选择提供了基础，成为影响城市物质与社会空间耦合的重要因素。在新一轮长春城市总体规划中，规划居住用地重点向中心城区南部、西部及北部发展。其中，规划南部居住用地利用良好的区位优势和自然环境，在南部中心城区、东南部净月城区建设高质量现代化居住区，为南部中心、高新区和汽车城发展提供居住用地；规划西部居住用地建设满足汽车工业快速发展对居住用地的需求，使之成为设施完善、环境优美的居住区；规划北部居住用地的建设结合棚户区及原有工业用地的改造，满足经开区北上发展、城内老企业向北搬迁对居住用地的需要，建设设施齐全、环境优良的居住区。三片居住区的规划为长春市物质与社会空间耦合提供了空间基础并具有导向作用。东南部净月地区的高质量现代化居住区规划，是该地区物质环境良好的高社会经济地位人群居住的别墅区形成的重要因素；西部居住区规划主要考虑到汽车工业发展的配套居住，在分解原有"单位大院"居住空间基础上，也进一步强化了工业用地与产业工业居住区的空间耦合的特征；北部居住区规划是城市"退二进三"和土地功能调整的结果，但该地区长期以来物质环境较差，新的居住区建设短期内也难以改变原有较差的物质环境与低收入群体居住空间耦合的特征。

七　政府政策的空间效应

政府作为城市经营的主体，通过一系列公共政策的实施，在城市物质与社会空间耦合过程中发挥着重要的作用。如政府的旧城改造、新区建设、在城市中的地域开发计划、市政府的搬迁等，不仅会导致城市物质空间结构发生改变，同时也会促使人口分布的空间重组，从而影响城市物质与社会空间耦合，并且，由于政府在政策实施过程中的强大力量，这种政策的空间效应往往会在较短的时期内就呈现出来。

（一）旧城改造

旧城改造是对城市物质环境改善的重要手段，大规模的旧城改造会对传统城市空间造成巨大的冲击。与此同时，在改善城市物质环境的同时，也会因旧城改造前后物质环境与居住群体的差异而影响城市社会空间，从而对城市物质与社会空间耦合产生影响。

2005 年 12 月，长春市政府出台了关于《长春市重点棚户区改造实施意见》，计划在 2006～2008 年，利用 3 年时间集中改造 108 块棚户区，其中，绿园区 23 块、宽城区 23 块、二道区 21 块、南关区 16 块、朝阳区 16 块、双阳区 6 块、经开区 1 块、汽开区 2 块，规划总用地面积约 22.17 平方公里，改造房屋总面积为 713 万平方米，涉及居民 99196 户。长春市棚户区改造采取了全面开发改造和综合整治两种模式，其中，全面改造模式是对现状建筑物拆除重建，较为彻底地改变旧棚户区的空间形态，彻底改造该区域的居住和生活条件，全面提升物质环境质量。综合整治模式是在现状建筑空间形态不发生根本变化的基础上，采取不同手段完善市政基础设施和公共服务设施，消除公共安全隐患、改善居民的居住环境。无论哪种模式，旧城改造都对城市物质空间环境的改善起到了积极的作用，原有破败的城市景观得以改善，物质环境渐趋良好。但物质环境改善的同时，往往没有考虑到对城市社会群体的影响，主要表现为对原有居住群体的空间剥夺。旧城改造过程中，大部分采用拆迁补偿的方式，而改造后的居住空间往往使得原有居民无力承担，从而导致这部分居民被迫迁移到城市其他地区（大多为城市边缘区），原有城市社会空间发生了变化，城市物质与社会空间耦合也与改造之前明显不同，原来的物质环境得以改善，居住群体也发生了变化。长春市旧城改造地域多数集中在老城区和老工业区，与过去相比，这些地区的城市景观发生了明显变化，但改造后的社会空间往往存在诸多矛盾之处。

（二）城市新区开发

市政府搬迁已经成为我国许多城市经济与空间开发的重要方式之一，昆明、西安、哈尔滨、苏州等都曾实施市政府搬迁策略。市政府搬迁的主要目的一般是疏解原中心城区的人口和交通压力或保护旧城，开发建设新城区。长春市政府搬迁的主要目的也是如此，通过行政中心的转移，缓解老城区人口密集和交通拥堵的现象，同时开发城市新区，以新的行政中心为核心，发挥辐射作用，拉动经济发展和城市建设。

2006 年，长春市政府由原址搬迁至人民大街中轴线南部地区，并启动了南部新城建设规划方案，规划在南部新城形成"一心""一带""两区"

的功能布局结构（如图 6-33），其中，"一心"为城市副中心，是南部新城的核心区，"一带"为"S"形流绿空间带，"两区"为西北工业区和东片居住区。市政府搬迁及其南部新城区规划对长春市物质与社会空间耦合产生较大影响，第一，市政府从原城市中心的迁出缓解了老城区人口和交通压力，为老城区物质环境改善创造了条件，为老城区物质与社会空间耦合水平的提升打下了基础；第二，市政府南迁带动了南部新城的发展，以市政府为核心的行政中心建设，集聚了人口和各种经济要素，为新城物质与社会空间耦合地域的形成奠定了基础；第三，有力地促进了新城区的建设发展，城市南部新城的基础设施与公共服务设施日渐完善，并且由于南部地区生态环境较好，随着各种生活设施的日渐完善，新的居住空间正在不断形成，也意味着新的物质与社会空间耦合地域正在形成，且这种效应已经开始显现，基本形成了物质环境较好的中、高等收入阶层居住的物质与社会空间耦合地域。

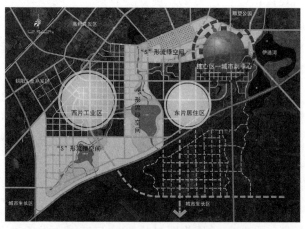

图 6-33　南部新城功能布局结构规划

（三）政策性住房建设

尽管住房市场化对转型时期城市物质与社会空间耦合发挥了更为重要的作用，但政府的廉租房、经济适用房等政策性住房的建设规划也会对城市物质与社会空间耦合产生一定影响。这种影响主要体现在政府对政策性住房的建设方式和建设的空间区位上，是结合棚户区改造，在原有棚户区空间上建设保障性住房，还是在城市郊区土地价格较为低廉的地区建设政策性住房，不同的方式与区位对城市物质与社会空间耦合产生不同的影响。如在原有区位建设，住房条件的改善与物质环境的优化显而易见，且社会空间并未发生明显变化，但如果居住区位的改变，使得原有居民迁至城市边缘，而老城区进行商品房建设，那么社会空间将发生明显变化，原有社会群体的居住空间剥夺将产生，新的物质与社会空间耦合地域类型也将产生。

2006 年，长春市曾制定了《长春市住房建设规划（2006 - 2010）》，规划增加中低价位、中小套型的普通商品住宅和经济适用房供给，完善廉租住房保障制度，逐步提高廉租住房保障水平，满足不同收入层次居民的住房需求。从数量上来看，规划期内，新建政策性住房 4.3 万套，建筑面积 250 万平方米。其中，建设廉租住房 0.5 万套，建筑面积 24 万平方米；建设经济适用住房（含定销房、回迁房）3.8 万套，建筑面积 226 万平方米。从区位上来看（如图 6-34），规划结合棚户区改造，将其用地主要以中、低价位、中小套型普通商品住房（含经济适用住房）建设为主，规划改造区域包括宋家居住片区、铁北居住片区、中心居住片区、八里堡居住片区、东盛居住片区、绿园居住片区、 汽支农片区、开运街片区等 8 处区域。这种结合现有棚户区改造，以集中就地安置为主的模式有利于社会空间发展的延续，一方面，原来的棚户区恶劣居住环境得到了明显改善，该地区物质环境得到较大改观；另一方面，居住群体未发生明显变化，社会空间未被打破，原有社会阶层的归属感得以复存，这有利于城市物质与社会空间耦合水平得以提高的同时，减少社会空间矛盾，促进城市物质与社会空间耦合状态的进一步适应。

第四节 物质与社会空间耦合方式

城市物质与社会空间耦合方式主要是指城市物质环境与社会构成在空间上通过何种形式产生相互影响与相互作用的过程。城市内部空间的功能地域差异，使得城市内不同地区的物质环境不同，而不同的物质环境也对社会群体空间选择发挥不同的影响。与此同时，社会群体一方面受自身经济、社会等属性影响，在空间选择上具有明显偏好与差异；另一方面，物

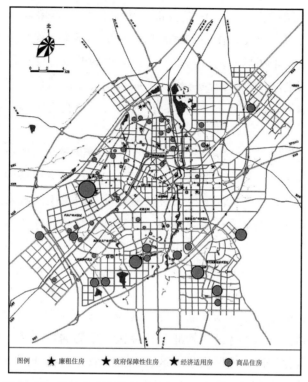

图例 ★廉租住房　★政府保障性住房　★经济适用房　●商品住房

图6-34　2009年长春市住房建设计划各类住房分布示意图

质环境的空间功能差异也制约着社会群体的空间选择，二者彼此交错的作用方式促使形成不同类型的物质与社会空间耦合地域类型。

一　物质环境为社会空间提供基础

受不同因素的影响与制约，城市物质环境发挥着不同的功能与作用，总体来讲，这种作用主要为城市社会群体的居住空间选择提供基础，具体可以概括为三个方面：即空间基底作用、空间约束作用和空间引导作用。

（一）空间基底

空间基底是城市物质环境对社会结构的最基本的作用方式。整个城市由各种物质要素构成，有土地、河流、湖泊、树木等自然环境要素，也有工厂、道路、建筑物、公园等人工环境要素。各种环境要素组成了城市物质环境，而这些物质环境要素具有固化的特征，一旦固定在城市空间中的某一个区位或范围之内，往往很难改变或需要较大成本才能改变。因此，城市物质环境对社会群体空间选择的首要作用是通过空间基底来实现的，所有社会群体都需要生活在城市范围内的物质环境中，而不可能脱离这种物质环境。

（二）空间约束

城市物质环境在提供空间基底作用的同时，往往还有可能发挥出空间约束的功能与作用。这种空间约束作用可能由不同的物质环境所产生，首先，城市自然地理与自然环境基础可能对城市社会群体居住空间选择产生约束，如山地、河流等，往往通过阻断城市空间结构而发挥其空间约束作用。其次，城市功能布局也将对社会群体物质环境选择产生约束作用，如工业区或以产业发展为主导功能的开发区的建设，对社会群体居住空间的选择将产生一定限制作用。最后，不同的物质环境具有功能、等级上的差异，进而通过居住成本对不同社会群体的空间选择产生约束作用。

（三）空间引导

城市物质环境的空间基底与空间约束对社会群体居住空间选择更多的是一种被动的作用方式，而某些时候，受公共政策变化影响，城市物质环境也将发挥对社会群体社会空间的引导作用。如上文所述，长春市政府的搬迁、城市新区开发、政策性住房建设等政策将对城市社会群体居住空间选择提供引导作用，特别是随着城市中心人口、交通等密度的增加，中心城区物质环境逐渐变差，而城市外围和滨水、绿地等物质环境良好地区对社会群体的吸引力逐渐增强，这些物质环境的空间引导作用也不断强化。

二　社会群体的空间选择与能动作用

（一）社会群体的物质环境选择

从社会群体角度来看，城市物质与社会空间耦合方式主要为社会群体对物质环境的空间择居行为。排除社会群体的属性差异限制，所有社会群体均倾向于居住在设施环境、生态环境和住房环境优良的物质环境良好地区。但由于经济收入水平限制，社会群体的物质环境选择难以实现理想化，同时，受家庭结构、不同教育水平、个人或家庭对环境景观、交通、公共服务等物质环境的选择偏好影响，社会群体的择居区位多种多样。但总体来看，社会群体对城市物质环境的选择仍呈现出具有相同社会经济或人口属性的阶层居住在同一类物质环境内的空间变化规律。

（二）社会能动者对空间施加影响

由于社会群体具有主观能动作用，且不同社会群体对物质环境的需求在不断变化与升级，因此，即使在对物质环境做出选择之后，这类社会群体仍会对所居住的物质空间施加影响，从而促使物质环境发生变化，并朝有利于居住群体利益方向发展。物质环境在提供基础作用的同时，也会对社会能动者的需求产生响应，以满足该物质空间上社会群体的需求。如城市郊区本属于物质环境较为落后地区，但由于城市空间扩张和郊区大量住宅建设，许多群体居住空间转移到郊区，而郊区空间为满足络绎不绝的居住群体的生活需要，不断完善自身的购物、教育、医疗等公共服务设施，因此就形成了物质与社会空间耦合互动状态。

第七章 耦合调控：促进物质与社会空间协调发展的路径

第一节 物质与社会空间耦合调控体系

一 耦合调控的内涵

（一）基本概念界定

调控（Regulation），包括协调、控制两个层面，协调是调控的方法，控制是调控的手段。具体来讲，调控是根据系统运行的状态、水平、阶段等现状特征，采用各种手段和方法，按照系统运动的客观规律，对系统进行有计划、有目的的影响和干预，使之走向有序、合理、稳定的过程。因此，调控往往是人为主观干预系统的过程（曹传新，2004）。

城市物质与社会空间耦合是一个复杂的系统，其中，物质环境包含的内容丰富多样，变化形式也多种多样，而社会结构要素更多地体现为人的能动作用，难以掌控。二者的空间耦合一方面受到外部因素的影响（如政策、制度等），另一方面，不同耦合地域类型的系统又具有非线性相互作用关系。这种子系统之间的物质环境与社会结构相互作用关系，表现为系统内部的自组织关系。城市物质与社会空间耦合的演化过程是在自组织机制的作用下进行的，尽管外界条件不能强迫各地域类型的自组织系统形成某种结构，但是由于自组织过程可以产生多元结构，因此，可以通过对物质环境和社会结构空间耦合地域形成过程施加一定的外部条件和进行适当的干预，使各地域类型朝着更符合人们愿望的方向发展。

城市物质与社会空间耦合的调控是对物质环境与社会结构空间耦合的

不同地域类型进行协调与控制的过程，尤其是物质环境与社会结构矛盾突出的地域。在物质环境与社会结构空间耦合过程中，根据不同地域类型物质环境与社会结构之间相互作用的状态及其形成发展的背景因素，以促进各地域类型物质环境优化、社会利益协调以及提升二者在空间上的适应状态和适应程度为目标，采用市场经济、城市规划、政策制度等手段，对城市物质与社会空间耦合系统进行有目的的干预，以实现不同地域物质环境与社会结构空间耦合的相互协调、阶段与状态的适应统一。

城市物质与社会空间耦合调控的作用主要体现在：有效解决各地域物质环境与社会结构历史发展以及现状存在的突出问题和矛盾，针对不同地域类型物质环境存在的问题及未来可能出现的问题进行控制与调节，并引导不同地域类型居住的社会群体与其生活的空间环境进行协调，保障不同社会群体的空间利益，促进城市物质环境与社会结构在空间上的协调与适应，进而推动各种物质与社会空间耦合地域从低水平耦合向高水平耦合方向的演进以及整个城市物质与社会空间耦合系统的高级化、有序化。

（二）概念的内涵特征

从一般意义上来看，城市物质与社会空间耦合的调控是人为的主观引导过程。但就其本质而言，城市物质与社会空间耦合的调控同时也是一种客观规律发展的过程。城市物质与社会空间耦合的调控包括两个层面的内涵：

第一，城市物质与社会空间耦合地域系统具有自组织的特征，各地域系统内部各子系统之间又具有相互作用的关系，各子系统通过要素和能量的交换，促进地域系统自发地对自身的发展实施一定的调节和控制。可以说，城市物质环境与社会结构耦合系统的调控在一定程度上是通过各种客观规律自发进行的，而遵循物质与社会空间耦合地域的演化规律是进行地域调控的基础。

第二，由于城市物质与社会空间耦合系统的演化具有动态性的特征，因此需要在遵循物质环境与社会结构空间耦合地域演化规律的前提下，根据各空间单元发展的历史过程与现状问题以及对未来发展趋势进行准确的判断分析，来选择适合各地域类型自身发展特点与未来需求的调控手段和调控策略。通过对城市物质与社会空间耦合地域实施有针对性的调控与引导，促进各地域物质环境的优化、社会群体利益的协调以及物质环境与社会结构在空间上的适应。

二　耦合调控的目标

从城市物质与社会空间耦合调控本身来看，其具有一定的目标导向性。而且，这种目标导向也具有动态性和地域性的特征，在不同区域或在区域不同发展阶段，调控目标也不同。本书认为，城市物质环境与社会结构空间耦合地域调控的总体目标主要包括促进城市物质环境的优化发展、协调不同社会群体的空间利益以及提高城市物质环境与社会结构的空间适应水平。

（一）促进城市物质环境的优化发展

城市物质环境的优化发展是城市物质与社会空间耦合调控的首要目标，也是城市物质与社会空间耦合实现高级化、有序化发展的前提。城市物质环境的优化发展包括交通、商业、医疗、教育、文化娱乐等基础设施和公共服务设施的供给水平的改善、提高以及空间布局的优化，还包括城市生态环境的改善，如公共绿地布局、河流水系景观的塑造等，另外，居住条件的改善也是物质环境优化的重要内容。通过对设施环境、生态环境、居住环境的改善来实现城市物质环境的优化发展，进而提高城市物质与社会空间耦合水平，这也是城市发展的核心目标之一。

（二）协调不同社会群体的空间利益

城市物质环境的优化发展归根结底是要为人服务的，城市发展的最终目标也是要满足不同社会群体的空间利益需求，因此，协调不同社会群体的空间利益成为城市物质与社会空间耦合调控的重要目标。长期以来，我国城市的发展都是以注重经济建设与布局为主体的物质环境改善为目标，严重忽视了城市社会空间的发展，尤其体现在不同社会群体的空间利益的协调方面，这导致城市物质环境改善的同时，城市社会极化、社会群体的空间利益矛盾不断突出。因此，实现不同社会群体的空间利益才是城市物质与社会空间耦合发展的核心目标。

（三）提高城市物质与社会的空间适应水平

城市物质环境与社会结构在空间上的不适应与不协调是城市物质与社会空间耦合系统的主要障碍，因此，提高不同地域和城市整体的物质环境与社会结构的空间适应水平与适应能力是实现城市物质与社会空间耦合的最终目标。空间是物质环境建设与发展的基础，空间也是不同群体从事经济、社会、文化等活动的载体，社会—空间的协调有序发展不仅可以实现物质资源要素的合理配置，同时，也有利于为不同社会群体提供满足其利益与发展的空间归属。实现物质与社会空间耦合及其适应水平的提高在促进物质环境优化的同时，也将有效协调不同社会群体的空间利益，最终实现城市物质与社会的和谐发展。

三　耦合调控的机制

城市物质与社会空间耦合的调控机制是影响或决定城市物质与社会空间耦合系统运转的关键性法则。本书认为，城市物质与社会空间耦合的调控机制主要包括市场经济运行的调节机制、行政手段的干预机制以及法律政策等。

（一）市场调节机制

市场调节机制是影响城市物质与社会空间耦合的基础性机制，包括资源要素的市场配置机制和经济杠杆的调节机制。资源要素的市场配置机制是城市物质与社会空间耦合地域调控的经济法则，其对物质与社会空间耦合调控的作用主要体现在：通过市场配置机制使城市物质与社会空间耦合地域内部各功能单元的各类要素配置或流动到能够发挥其效益的最佳空间实体之中，改善各地域的物质环境与要素的运行效率，推动物质与社会空间耦合地域的组织与优化。总体来看，通过市场机制的调节作用，使各耦合地域尽可能释放出潜在于区位、结构及功能等方面的潜能，促进城市物质与社会空间耦合地域整体功能的优化。

经济杠杆的调节机制是通过经济手段来影响物质要素的发展与流动，进而对城市物质环境及物质与社会空间耦合地域进行调控，主要包括价格、财税、金融等方面的调节作用。对于适应城市物质与社会空间耦合地域调控方向的要素，通过经济调节机制的作用，制定有益于要素发展与流动的价格、财政、税收、金融等方面的政策，使之得到高效利用，进而促进各地区物质环境的优化发展与社会空间的协调。

（二）行政干预机制

行政干预机制是城市物质与社会空间耦合地域调控的重要机制。由于城市内不同地区物质与社会空间耦合地域发展的复杂性，对各地域的调控仅仅依靠市场配置机制和经济调节机制远远不够，许多由于不确定因素而引发的区域发展问题或矛盾不是单靠市场机制调控就能够解决的，现代市场经济制度必须依靠政府采取必要的行政干预手段，才能保障城市物质环境和社会结构发展的合理化、有序化，因此，在结合市场调节机制的同时，必须通过政府实施必要的行政干预与调节。

事实上，作为市场调节机制的一个重要的辅助手段，行政干预机制是在现代政府的宏观调控过程中，通过政府的行政指令、法规、制度等对城市物质与社会空间耦合过程和耦合地域类型实施行政干预和影响。在市场经济制度中，对耦合过程与耦合地域实施行政干预，必须是公平竞争、市场经营、政策引导及经济杠杆等综合集成后的政府宏观调控。也就是说，在城市物质与社会空间发展过程中，需要把市场配置机制与政府宏观调控有机结合起来，这是城市发展的必然要求。

（三）法律制度机制

法律制度机制是城市物质与社会空间耦合地域调控的保障性机制，包括法制约束机制和制度引导机制。通过上文分析可知，城市物质与社会空间耦合的调控是根据物质与社会空间耦合地域发展的客观规律进行的主观调节过程。基于耦合地域调控目标导向，通过评价不同地域城市物质与社会空间耦合状态的发育水平，结合不同耦合地域类型特征，选择符合各耦合地域发展规律的调控方式与策略，进而促进城市物质与社会空间耦合地域的有序演化。为使这些方式能够被人们接受和执行，必须经过法律化、制度化的约束予以确定和施行。因此，法律制度的约束机制是城市物质与社会空间耦合调控的重要保障。

制度引导机制是城市物质与社会空间耦合调控的另外一个重要的内容。将法制化调控方式的引导性内容通过政府的政策形式予以表现出来，则不需经过法律程序就可以实施调控，这可以提高城市物质与社会空间耦合地域调控的效率。制度引导机制包括了土地政策、人口政策、产业政策、住房政策、城市规划、投资政策、财政税收政策等多方面内容的引导机制，这些政策是城市物质与社会空间耦合调控的重要内容，也是对各耦合地域类型调控的重要手段。

四 耦合调控的策略

（一）城市空间治理

城市空间治理是改善城市物质环境的重要手段，是实现城市物质与社会空间耦合的基础。尽管当前我国城市大多处于快速城市化推进过程中，城市物质景观变化日新月异，城市设施建设蓬勃发展，但城市中仍存在许多异质空间，与城市整体环境不相协调。对于这些空间的治理是城市物质与社会空间耦合调控策略的根本。

单位大院、旧城区、城中村等是城市空间治理的重点。但必须强调，以实现城市物质与社会空间耦合为目标的城市空间治理不是要消灭这些地域空间，而是要以满足这些地域空间上居住的人的生活需要为标准，从基础设施、公共服务设施、住房条件、公共空间、绿地公园等多方面出发，解决存在的物质与社会空间不协调问题，这才是城市空间治理的根本所在。正如帕克（Park）在其名著《The City》中所指出的，研究城市的物质环境必须根植于对城市的社会分析。城市不仅仅是一个物质的构体和一些人造的构筑物，它更根植于建造它的人民有活力的过程（陈育霞，黄亚平，2004）。因此，以解决社会问题为导向、以满足广大社会群体利益为目标的城市空间治理才是实现城市物质与社会空间耦合的主要策略。

（二）社会利益协调

当前，我国大城市普遍存在的以不同社会群体经济收入水平差异为主要标志的城市社会极化与空间分异现象已经成为不争的事实。并且，在市场经济条件下，很难改变这种极化与分异格局。但我们可以通过各种调控策略与手段，通过空间资源配置等途径实现不同社会群体利益的协调。

在城市空间资源的市场化分配过程中，高收入群体往往占据城市中优越的空间资源，这种占据有可能是对弱势群体空间剥夺实现的，同时也导致了城市空间的资源分配不均。以满足不同社会群体需求为目标，建设不同功能、等级的社会设施将有助于实现空间资源的优化配置。另外，汲取西方城市发展实践经验，也可以通过混合型居住空间的开发来缓解和调控居住空间的分异，协调不同社会群体的空间利益。与此同时，多关注弱势群体的利益，通过对住房投资的控制、低收入群体的就业援助、实施低收入群体和弱势群体的福利住房制度等促进社会群体空间利益的协调，从而实现城市物质与社会空间的耦合。

（三）城市规划调控

科学的城市规划方法与手段是解决城市物质与社会空间耦合中存在的问题的重要调控策略。城市发展的根本目标是为城市居民创造良好的居住生活环境，而城市规划的本质即为实现城市发展的最终目标，也就是满足不同社会群体的生活需要，创造能够满足不同社会群体的空间环境。

当前我国的城市规划仍处于"重物质""轻社会"的发展阶段，城市规划往往热衷于城市的"形体塑造"，而严重忽视社会问题的解决。为此，第一，必须解决这种过于重视物质空间的现状，城市规划理论与实践关注的焦点应逐渐转移到城市社会问题的解决，尤其是要保障公众利益和弱势群体的社会公平。第二，城市规划应结合用地空间布局，通过用地的调整来重点解决居民的就业、住房和公共服务设施均等化的问题，这是维持社会稳定和可持续发展的重要保障途径。第三，城市规划必须倡导公众参与，通过公众参与为广大社会群体提供一个维护自己利益的平台。第四，作为城市规划工作者本身，应不断提高自身的专业技能和职业素质，规划师不应只关注"甲方"，而应多关注普通老百姓，实践规划师的道德价值观，充分发挥城市规划的本质职能。

（四）政策体系完善

在市场经济条件下，尤其是当前我国社会经济快速转型背景下，城市发展普遍面临着市场失灵的困境，通过政府调控制定相关政策是解决社会问题、促进城市物质与社会空间耦合的重要手段。各项政策体系的建设与完善，其焦点应该放到各社会群体利益的协调，尤其是弱势群体利益的保障上，着重处理它们之间超越市场经济范围的社会经济关系。

本书认为，城市政府在制定保障社会群体利益的政策体系的过程中，应主要强调从住房、就业、公共空间建设等方面实施。政府必须明确自身在住房管理中的作用，在城市住房中，政府的主要作用应该是进行各方面利益的协调，制定政策和规章制度，使各主体有章可循。尤其是要关注弱势群体的住房利益，政府应建立市场经济范围之外的保障性住房，以满足弱势群体的住房需求。同时，政府还应在就业安排、社会保障、设施完善、公共空间建设等方面制定相关政策体系，促进城市物质与社会空间的耦合与协调。

第二节　物质与社会空间耦合变化趋势

长春市与我国其他大城市一样，在社会经济快速转型背景下，城市物质与社会空间非耦合的问题特征日趋明显。与此同时，长春作为老工业基地城市，计划经济特征和国有经济主体地位突出特征等对城市空间发展影响较大，在城市物质与社会空间耦合的影响因素、结构形态和功能地域以及非耦合状态特征上还具有自身的独特性。因此，在对长春与我国其他大城市物质与社会空间耦合比较过程中，应该充分认识到它的特殊性。同时，借鉴其他大城市尤其是沿海地区率先经历社会经济快速转型的大城市的物质与社会空间耦合过程中的经验教训，结合长春市未来发展战略，准确判断长春市物质与社会空间耦合变化趋势，为长春市物质与社会空间耦合调控体系建设奠定基础。

一　空间"非耦合"的典型特征

（一）城市居住空间分异的加剧

与我国其他大城市一样，在社会经济转型背景下，城市物质与社会空间非耦合特征的首要表现是城市居住空间分异的不断加剧。受收入差距拉大、土地有偿使用确立、住房制度改革、居住需求多样化和个人（家庭）居住偏好、房地产市场开发等因素影响，居住空间分异成为我国大城市社会空间的主要特征，表现在城市别墅区、高档社区、普通住宅、"单位大院"、棚户区等各种居住空间类型的分化。长春市物质与社会空间耦合地域类型分化也十分明显，表现为物质环境差异较大的各种居住空间类型，如物质环境相对较好的高社会经济地位人群居住区、工薪阶层居住区，物质环境中等的工业与工人居住混杂区，以及物质环境较差的低收入人群居住区、人口密集的老城区、农业人口和外来人口生活区等。居住空间分异的加剧导致居住隔离的产生，特别是大城市中"防卫型社区"（一种高档社区，带有围墙、监视器、保安等较为严密的安全防范措施）

的不断出现，使居住隔离更加明显，隔离程度也在不断加深，并有可能造成不同社会阶层的对立和犯罪率的上升，最终导致城市社会环境恶化与社会不稳定。

（二）城市空间资源的"侵占"与"剥夺"

城市空间资源的"侵占"与"剥夺"是城市物质与社会空间非耦合的另一主要特征。居住在城市内部不同物质环境的社会群体，在享受居住条件、生态环境、公共服务等方面差别明显，突出地表现为不同社会群体对不同等级物质环境的"占据"，从而形成空间资源的侵占和剥夺。

城市空间资源的分配不均是导致城市空间剥夺产生的主要原因。城市土地作为一种稀缺资源，主要掌握在城市政府和房地产开发商等少数权力阶层和强势阶层手中。近年来，随着城市土地经营和房地产开发商大规模的土地开发，城市空间开始不断被"分配"，城市中心、依山、滨水、绿地等具有交通、生态优势的公共空间不断被"圈地"开发，在净月、南湖等生态优势空间形成了许多类似"东方巴黎、典雅居苑、豪宅山庄"的高档居住社区。而城市中大量的产业工人、下岗失业职工、普通商业者、退休职工和老年人等低收入群体和弱势群体占据的原有社会空间逐渐被剥夺，他们被迫转移到城市中低质量和城市边缘的社会空间。城市土地价格机制、社会群体收入差距、强势阶层对弱势群体利益的忽视、城市规划对公共利益的漠视等导致了城市空间资源的不公平分配，也进一步导致了城市低收入群体和弱势群体社会空间的边缘化。

（三）郊区化中社会空间的"失衡"

进入社会经济转型期之后，我国城市化进程不断加快，城市物质空间地域迅速扩大，城市郊区物质景观不断更新。城市社会也由过去那种高度集中统一、社会连带性极强的社会，转变为更多带有局部性、碎片化特征的社会（魏立华，闫小培，2006）。这种碎片化社会主要是指社会群体构成由单一向多元的转变，如从单位制和人民公社向多元化社会阶层的变化。社会"破碎化"在空间上表现为多元社会阶层主导的多样化社会空间的发展，这一特征在郊区表现更为明显。

与我国其他大城市类似，近年来长春市郊区化进程日益加快，通过在原有城区外围的近郊或远郊建立工业园区、经济技术开发区等不断吸引人口集聚，建立相关基础设施和公共与生活服务配套设施，形成许多城市新区。这些城市新区促使城市郊区物质景观被改变的同时，还不断影响着城市郊区社会空间的发展，表现为城市郊区经济、社会异质性日益突出，城市郊区社会生态"平衡"逐渐被打破，呈现出郊区社会阶层分化、社会空间"破碎化"的主要特征。郊区化过程中工业园区、经济开发区等不同功能地域的出现，导致郊区社会职业分化，管理阶层与产业工人收入差距凸显，从而使城市郊区社会阶层呈现出明显的分异特征。另一个城市郊区社会空间"失衡"的主要表现是城市边缘区居住形态的多元化，这里既有贫困人口居住的棚户区、外来务工人员居住的陈旧民居、郊区农民的空闲住房，又有高收入群体的高层公寓、联排别墅等不同的居住形态。

（四）城市"问题区域"的加剧

城市"问题区域"主要是指转型期以来城市快速发展过程中出现的旧城区、老工业区和城中村等城市物质与社会问题相对突出的区域。如长春市的铁北老工业区，城市中心人口密集的旧城区以及散落分布在城市各区域的城中村等。老工业区的非耦合特征突出表现在随着体制改革与结构转型，国有企业发展困难重重，特别是城市开发区等新的功能地域和城市组团的兴起，城市老工业区更加衰败，经济矛盾最终转化为社会问题，如下岗失业人员持续增加、环境污染严重、城市贫困突出、大量的棚户区与危旧住房的存在等。尽管政府部门通过老工业区改造等措施试图遏制这种衰败现象，但成效并不显著。政府各部门更重视搞经济、拉项目，而往往忽视了老工业区的社会空间治理。旧城区的问题则更多地表现为人口密集、居住拥挤、基础设施匮乏、建筑衰败、环境污染、犯罪率上升等，而政府部门改造焦点多集中于转型过程中的经济建设与克服城市贫困，往往忽视了老城区社会空间的治理。城中村是我国大城市空间快速扩张过程中形成的半城市化区域，其主要特点表现在物质景观上与城市的格格不入，低廉住房、"地下经济"（非正式经济）、大量外来人口、服务设施不足、管理混乱等；而城乡二元体制下的制度环境使城中村形成了一个典型的二元型社会，城中村的原住居民（大多比较富裕）与大量外来人口形成了明显的分化与分异。

（五）城市低收入群体利益的边缘化

随着社会经济转型的逐渐深化，城市社会群体收入差距不断扩大，城市中的弱势群体和低收入群体的地位和利益日趋恶化，大量的产业工人、企业下岗职工、进城务工的农村流动人口等成为长春市弱势群体和低收入群体的典型代表，在与中、高收入阶层的城市物质空间利益博弈过程中，处于被动与劣势地位。

城市空间资源（土地）主要掌握在政府和房地产开发商等少数权力阶层和强势阶层手中，市场化运作和"经营型"政府相互作用，致使空间资源分配不均，直接造成了弱势群体和低收入群体的居住空间被不断排挤和压缩，被迫转移到城市边缘地区和城乡结合部地带，城市公共服务、生态环境等难以实现均等化，导致弱势群体和低收入群体空间利益的边缘化。随着城市化、郊区化的快速推进，城市近郊失地农民构成了城市中另一弱势群体，在经营城市过程中，"强势政府"以低价征用农民土地，失地农民等同于失业，被迫从城市近郊迁移至远郊区甚至更外围的地区，进一步加速了城市空间剥夺和弱势群体的边缘化过程。尽管目前城市大规模的棚户区改造对于改善低收入人口的居住条件起到了一定的积极作用，但只有建立城市社会空间资源合理分配机制和健全社会保障机制，才能从根本上解决城市居住社会公平问题（黄晓军，李诚固，黄馨，2010）。

二　耦合趋势的影响因素分析

（一）人口增长与城市化进程加快

近年来，长春市人口增长趋势明显，城市化进程不断加快。随着东北振兴战略的实施，长春市作为省域集聚中心的功能将进一步增强，未来城市化将取得新的突破。

2008年，长春市中心城区人口规模约为310.8万人。其中，户籍人口为286.51万，暂住人口为22.24万，划入中心城区范围的乡村人口为2.11万。通过分析1978～2008年中心城区人口变化，可以看出其持续增长趋势，特别是2000年以来，人口平均综合增长率达21.7‰，其中人口平均机械增长率为21‰左右，一直呈上升趋势。根据最新版长春市总体规划预测，2015年中心城区户籍人口将达到340～390万，其中暂住人口约35万；2020年将达到423万，其中暂住人口约45万。人口增长与城市化进程的加快将带来大量外来人口与农村人口，外来人口集中区的形成对城市基础设施与公共服务设施供给提出了严峻挑战。

（二）城市蔓延与空间规模的扩大

城市空间规模的快速扩张与城市蔓延成为我国大城市普遍的发展趋势，未来长春市在产业发展、基础设施建设、公共服务设施完善等方面对城市用地将有进一步的需求，因此，未来城市蔓延与空间规模的扩大趋势难以避免。

2008年长春市中心城区城市建设用地面积为299平方公里，人均建设用地面积为96.2平方米。汽车产业、农产品加工业等产业的发展需要城市建设用地的支撑，具有一定规模的需求；城市职能的完善，尤其是科研教育、金融贸易、商务办公、文化娱乐等同样需要相应的发展空间；另外，城市布局调整与功能疏散，以及城市自然开敞空间的保持也需要低密度的城市空间。根据长春市总体规划预测，2015年长春市中心城区城市建设用地规模将达390平方公里；2020年长春市中心城区城市建设用地规模为445平方公里。城市蔓延与空间规模的扩大将为城市物质与社会空间耦合提供新的发展空间，同时也将城市物质与社会空间矛盾地域逐渐放大，尤其是城市边缘区的过渡地带，物质与社会空间的矛盾将更加突出，且伴随城市空间向外围的蔓延而呈现出圈层扩张的特征。

（三）"三城两区"的城市空间布局

当前长春市呈现为典型的单中心城市空间结构，城市主要行政办公、文化和商业设施均分布在人民广场一带，城市中心区就业和居住人口高度密集，目前中心地段28平方公里的范围内，集中了长春市31%的就业岗位和40%的居住人口。单中心城市空间结构带来的沉重压力迫使城市空间发展向多中心或多组团方向发展。

根据城市空间发展方向与发展趋势判断，未来长春市将逐渐改变单中心的空间结构，形成"三城两区"的空间布局（如图7-1）。其中，"三城"为南部新城、西部新城和北部新城，"两区"为西南工业园区与长东北开放开发先导区。南部新城将依托行政中心逐步南迁而发展，西部新城主要依托哈大客运专线开通与长春西客站建设逐渐发展，北部新城是对整个铁北地区城市地域的重新塑造与功能提升。西南工业园区是围绕汽车产业和高新产业发展建设，长东北开放开发先导区在长吉一体化趋势下，依托兴隆山组团开发建设。"三城两区"城市空间结构的形成不仅改变单中心城市空间结构，而且塑造了新的城市功能格局，同时也将形成新的城市物质与社会空间耦合地域。

图 7 - 1   "三城两区"的城市空间布局

（四）城市居住用地布局与规划

未来长春市中心城区规划居住用地将重点向城市南部、西部及北部发展。南部居住用地主要利用区位优势和自然环境，在南部中心城区、东南部净月城区建设高质量现代化居住区，为南部中心、高新区和汽车城发展提供居住地。西部居住用地建设以满足西客站建设及对周边服务设施和居住用地的需求为主，同时服务于汽车产业发展，使之成为设施完善、环境优美的中档居住区。北部居住用地的建设结合棚户区及原有工业用地的改造，满足经开区北上发展、城内老企业搬迁对居住用地的需要，建设设施齐全、环境优良的居住区。规划至 2020 年，形成 14 处城市居住片区（见表 7 - 1）。不同居住片区由于物质环境与社会空间特征不同，将形成具有不同功能特征的物质与社会空间耦合地域，将对未来城市物质与社会空间耦合格局产生重要影响。

表7－1 居住片区结构一览

单位：万人，公顷

片区名称	居住人口	居住用地	建设特点
宋家居住片区	19.5	507.0	结合长农、长白公路两侧的工业建设，保证产业职工居住需求。居住建筑以多层为主，适当提高建设容量。
铁北居住片区	23.0	600.0	依托北站舍、北人民大街改造、地铁1号线建设，适当提高居住容量，建设城市北部综合居住服务中心。在合理保护原有历史建筑及景观通廊的基础上，可发展多种形式的住宅建设。
八里堡居住片区	20.0	520.0	以棚户区改造为重点，结合经开北部政策区发展职工住宅。居住建筑以中高层为主，适当提高建设容量。
绿园居住片区	50.0	1354.0	城市西部综合性居住服务中心。规划期内以完善居住区级道路、居住配套服务设施为主，同时结合西客站周边区域的开发，积极提高居住环境质量、提升住宅品质。可发展多种形式的住宅建设。
中心居住片区	44.0	1145.0	规划期内逐步疏散现有中心片区人口。在延续现有城市小路网格局及景观机理的基础上，对现有城市住宅进行小规模整治。适当控制高层住宅建设。
二道居住片区	38.0	992.0	城市东部综合居住服务中心。通过工业用地置换，逐步扩大居住规模，重点加强居住配套设施建设，加强城市基础设施改造。
汽车居住片区	38.0	991.0	依托汽车产业布局，发展职工住宅。保护一汽五十年代居住区建设风格现状，加强对现有村镇居民点的搬迁改造，适当提高居住建设容量。
南湖居住片区	48.5	1281.7	以保护城市自然风貌景观为主，对城市住宅宜进行小规模整治，重点提高住宅品质及环境质量，增加配套设施。
经开居住片区	25.0	728.6	结合经开工业发展配建居住用地空间。重点加强居住配套设施建设；结合伊通河整治，改善滨水景观。
高新居住片区	18.0	701.5	结合城市居住南向发展趋势，整合现有零散居住用地，加强居住配套设施建设，加强与南部新城之间道路联系。
南部居住片区	27.0	762.5	城市南部综合服务中心。依托滨水绿地建设低密度住宅建筑区，创造"流绿空间"。重点加强居住配套设施、基础设施建设，形成富有特色的"流绿空间"。

续表

片区名称	居住人口	居住用地	建设特点
净月居住片区	48.0	1508.5	依托自然环境创造高质量住区。
兴隆居住片区	12.0	275.0	依托产业发展适当配置居住用地空间。
富锋居住片区	12.0	336.5	依托产业发展适当配置居住用地空间。
合　计	423	11703.3	

三　耦合趋势的图景解构

根据长春市物质与社会空间"非耦合"问题特征，通过对影响耦合发展趋势的因素的分析，对长春市未来物质与社会空间耦合趋势进行预测与图景解构，认为未来长春市物质与社会空间耦合将呈现出如下典型特征。

（一）多种耦合地域类型将继续并存

随着城市空间范围的进一步扩大和多个不同类型的居住片区的空间布局，长春市未来物质与社会空间耦合将在现有 7 个耦合地域类型基础上，继续呈现出多种耦合地域类型并存的特征。城市空间规模的扩大以及新城的建设将催生部分新的物质与社会空间耦合地域类型，同时，现有的单位大院居住空间、老工业区、棚户区在短时期内还难以完全消失。另外，随着城市化进程的加快，纳入中心城区的城中村人口及外来人口规模将进一步增加，城市边缘以外来人口和农村人口为主的物质与社会空间耦合地域也仍将存在。因此，可以预见，未来城市发展的多种耦合地域类型并存的特征仍将持续。

（二）不同耦合地域的空间分异仍将突出

由于多种耦合地域类型并存，且不同类型物质与社会空间差异较大，因此，不同耦合地域类型的空间分异仍将十分突出。一方面，物质环境的空间差异将继续存在，但随着城市治理力度的强化，这种空间差异将逐渐缩小。另一方面，城市社会群体分化将继续加重，随着社会经济转型的深化，社会矛盾与社会结构分化将更加突出，由此导致的不同社会群体的空间需求与利益之争将更加明显。城市物质环境的空间差异与社会结构的分化在空间上的耦合将导致不同耦合地域空间的整体分异特征更加突出。

（三）以外来人口为主的耦合地域压力增大

未来 10 年，中国城市化的快速增长趋势仍将继续，尤其是处于资源、空间、环境约束力较小的区域。城市化进程的加快必然伴随着大量农村人口的城市化过程，因此，长春市未来城市化快速推进过程中，也将面临大量外来人口的涌入现象。在城市物质与社会空间耦合中，城市边缘区的外来人口居住区域特征将十分明显，这对城市基础设施与公共服务设施的供给、城市管理等都提出了严峻的挑战。因此，可以预见，促进城市边缘区外来人口生活居住相对集中地域的物质与社会空间耦合与协调发展的压力将十分巨大。

（四）新城物质与社会空间发展的不平衡

长春市未来发展建设将逐渐改变单中心的空间结构，规划形成的"三城两区"的城市空间布局将极大缓解当前单中心带来的人口、交通、居住、环境等方面的压力。这将对改善老城区物质环境与社会空间协调发展提供优越条件。但新城的建设也将呈现出一定问题，尤其是短时期内，新城物质与社会空间发展将呈现出不平衡的特征。主要原因在于，未来新城建设往往在城市边缘或外围地区，这里原有的物质设施条件不够成熟，生活不便，难以吸引人口快速集聚，往往让新城成为"空城"。因此，对新城的开发要以满足居民基本生活条件的设施建设为主，注重物质与社会空间的协调发展。

第三节　物质与社会空间耦合调控策略

根据对长春市物质与社会空间耦合评价所划分的物质环境良好的高社会经济地位人口居住区、物质环境较好的一般工薪阶层居住区、物质环境中等的工业与工人居住混杂区、物质环境较差的低收入人口居住区、物质环境较差且人口密集的老城区、物质环境落后的农业人口和外来人口生活区、物质环境发展较快的多元人口居住区 7 种耦合地域类型的特征，后 5 种是物质与社会空间"非耦合"问题较为突出的地域。

通过对长春市物质与社会空间"非耦合"典型问题特征的分析，结合对未来长春市物质与社会空间耦合发展趋势的判断，针对不同耦合地域类型存在的突出问题，提出长春市物质与社会空间耦合的调控策略。通过归纳总结，从城市空间资源整合体系的建设、城市"异质"空间的治理、城市物质空间结构的优化、城市社会空间规划机制的形成以及基于"空间共生"公共政策体系的建设五个方面提出物质与社会空间耦合的调控策略。考虑到长春市物质与社会空间"非耦合"问题特征的典型性，本书提出的调控策略对促进我国其他大城市物质与社会空间协调发展也具有重要借鉴意义。

一　城市空间资源整合体系的建设

当前，我国城市空间资源都掌握在政府和少数具有资本的精英手中，城市空间资源的配置受利益引导，越来越多地被商业化和私有化，进而导致城市物质与社会空间的不协调。如长春净月开发区作为长春市重要的生态功能区域，近年来遭到过度开发，大顶子山、净月潭等山水生态空间遭到别墅包围，使得优越、稀缺的空间资源被少数有钱人占有和垄断，城市空间资源的公共性受到严峻挑战。

针对城市空间资源的分配不均和不合理利用，本书提出城市空间资源整合体系的建设策略。城市空间资源整合体系的建设就是要在以公共服务、公共利益为目标指导下对城市空间资源进行重新分配与整合，削弱市场主导力量和经济利益的驱使，促进城市空间资源的优化与公平配置。城市空间资源整合体系的建设内容包括居住空间、公共开放空间、边缘化空间等。

（一）城市整体空间资源的优化配置

城市空间资源是城市全体居民共同享有的财产。在条件允许的情况下，应使所有城市居民享受到城市空间资源的服务功能。针对当前城市空间资源分配不均和利益化趋向较为严重的问题，本书认为应该对城市整体空间资源进行优化配置，而行使优化配置权力的部门主要是城市政府。一方面，对城市公共服务设施、滨水沿河生态空间、稀缺资源与优质空间等要进行优化配置，保障城市居民公平受益。对于很多市民无法享受到的某些自然条件下的生态空间资源，可以通过营造绿地或公园形式进行平衡。另一方面，政府在空间资源整合过程中，应保证公共利益的最大化和公平竞争。既不能任由市场对城市空间进行肆无忌惮的改造，也不能将政府权力无限放大，而应在维护公众利益，促进协调发展，提供政策支撑与利益保障等方面发挥出应有的作用。

（二）居住空间的混合型开发

从西方城市发展实践来看，混合型居住空间的开发是缓解和调控居住空间分异的较为典型的策略，这对我国城市空间发展具有一定的借鉴意义。长春市应选取典型居住区进行试点开发，不断探索与尝试避免居住空间分异、促进城市空间资源整合的主要对策。

1. 混合型居住空间的提出

针对居住空间分异和社会隔离，美国住房与城市发展部（HUD）和一些地方政府提出了不同社会阶层混合居住（Mixed-income Housing）的应对策略（Rosenbaum，Stroh，Flynn，1998），在一定程度上有效缓解了居住分异。

就我国而言，混合型居住空间的开发是一种新的发展策略，其主要强调政府和规划的作用，一方面，要求政府介入房地产行业，加强对房地产业的调控，避免住房市场对于住房分配过度自由的市场化，具体做法是在比较昂贵的、普通中低收入人群支付不起的社区建设适量的经济住房，实现高低收入群体的融合；另一方面，主要是借助有效的规划手段实现居住的混合，通过混合用地规划提升居住群体的异质性，避免对弱势群体和低收入群体在居住空间上被边缘化和排斥（李志刚，吴缚龙，刘玉亭，2004；余佳，丁金宏，2007）。然而，针对混合型居住空间可能产生的社会效果，仍有不同的意见和分歧，主要是考虑到混居模式现实运行过程中存在的挑战，进而使不同学者对混居模式的可行性产生怀疑。

2. 混居模式的价值观挑战

不同类型社区居民的经济收入、社会地位、文化程度不同，致使居民价值取向、邻里交往、参与社区活动的意愿也不同。据调查发现，多数小区大部分居民邻里交往相对密切，社区活动参与性较高，而高收入阶层居住区居民由于竞争压力大、业余时间缺乏、业务性社交频繁、隐私意识与封闭心态等原因，往往忽视和逃避邻里交往；另外还发现，人口同质性高的住区，邻里交往频繁（刘冰，张晋庆，2002）。可见，不同收入群体、不同阶层价值观上的差异给混合型居住模式提出了严峻的挑战，如何实现住区居民融合、邻里和谐、增强居民社区归属感与认同感是混居模式必须面对和解决的问题。

3. 解决对策与实现途径

居住空间的邻近却难以保证社会、文化、价值上的融合，这是实行不同阶层混居模式的主要难题。解决这一难题的关键是在物质和社会两个层面上寻找到一个平衡点，即介于高低收入阶层之间的中间阶层。以中间阶层为主体，充分发挥中间阶层的社会功能，减缓高低收入阶层之间文化、价值取向上的差异，形成一种"梯度效应"。

具体落实到居住空间上可以采取"整体混居，个体群居，中间过渡"的发展模式，即以中间层次为过渡，分别实现由中、高收入阶层和中、低收入阶层组成的相互混居的模式。在住区阶层比例上，规定中间阶层为主导；在住房建设上，采取不同户型标准，以满足不同阶层的需求。这种阶层之间过渡的混居模式，既实现了社会空间居住群体的异质性，又最大限度地减少了因阶层间差异过大而产生的心理摩擦，有利于阶层之间的融合和社会稳定。同时，有必要加强住区"沟通空间"的建设，通过建设各种公园、广场、绿地，组织各种社区活动，为不同阶层群体的接触与日常的沟通交往提供机会，以进一步增强不同阶层、群体和个体之间的社会融合（黄晓军，李诚固，黄馨，2009）。

（三）加强公共开放空间的建设

在城市公共系统中，公共开放空间直接承载了市民的公共生活，是市民最直接感知的公共服务之一（吕晓蓓等，2010）。城市对物质经济的强烈追求逐渐引发其对公共开放空间的漠视，低收入群体因财富、地位的差异被不断剥离出公共空间之外。加强公共开放空间建设是实现人性沟通、社会和谐的重要方式，公共开放空间的建设应照顾到各个阶层的需求，不能因经济、社会地位的限制而剥夺低收入群体的公共空间享有权利，在低收入社区同样应布局小型广场、公共绿地、街心公园等设施，这是增强社会活力、维系居民沟通情感、促进社会和谐融洽的重要载体。营造多元化、多层次，且具有人情、自然及文化气息的城市公共开放空间系统，将有利于形成宽松的社会环境，从而促进物质环境的优化以及城市社会的和谐。

（四）提升边缘化空间的公共服务功能

受城市空间资源价值差异的影响，城市核心区、商业区等是城市中的主要空间，受关注的程度也较高，相应的城市空间公共服务功能较为完善；而远离城市中心的边缘区、城市外围及城中村等地域往往受到"冷落"，处于边缘化空间状态，在这些空间地域上生活居住的居民享受到的公共服务也十分有限。对此，需要强化对城市空间资源的管理，尤其是给予边缘化空间更多的关注，努力改善和提升处于弱势区位的城市空间的公共服务功能。对城市低收入社区、城郊边缘社区以及衰败的单位社区，增加与完善公共服务设施的同时，提供更多的优质的公共产品，如绿色开敞空间、教育文化机构、医疗卫生机构等，提高居民生活质量，提升边缘化空间的潜在价值，吸引更多投资以促进城市空间资源的优化。

二　城市"异质"空间的治理策略

所谓城市"异质"空间，主要是指在城市景观上与现代城市不相适应的区域，也是城市发展过程中经济、社会、环境等矛盾相对集中的区域，典型地区如长春市铁北老工业区、汽车厂的单位大院、城中村等。对于这些"异质"空间的有效治理是改善城市物质与社会空间非耦合状态的重要措施。值得注意的是，这些"异质"空间的社会改造才是解决问题的根本，而绝不是仅对物质景观的重塑与整齐划一。

（一）单位大院社会空间的转型

长期作为我国城市基本空间组织单元的单位大院在单位制度解体过程中也发生了明显的变化，逐渐打破了原有的静态、封闭的格局而走向城市社区，呈现出明显的杂化过程，即原有单位社区的成员构成发生了改变，由同质性走向异质性，而杂化的动力是原有成员的搬迁和房屋权属的改变。长春"一汽"是这种制度的典型，目前企业生产与社会职能的分化与剥离逐渐深入，"企业办社会"向"社区办社会"的步伐正在加快，顺应这种趋势，通过进一步加快单位制度的转型，打破单位大院社会空间的封闭性，加强单位人员的社会流动，加速单位大院社会空间的解体与重构，由地方政府全面承接企业社会功能，促使原来企业所属的社会区纳入城市社会空间体系。同时，根据城市整体发展需要，对"单位大院"社会空间进行规划建设，推进社区建设，将原来封闭"单位大院"的企业社会空间转变为开放的、功能鲜明的城市社会空间，实现"企业人"向"社会人"的彻底转变。

1. 深化传统单位制改革

单位制是单位大院形成的根源，加快深化传统单位制的改革，建立现代企业制度是加速单位大院解体的根本保证。因此，企业必须实现现代化管理方式，强调企业职能的专业化和单一化，打破单位对大量社会资源的掌控，促进企业生产与社会职能的分化与剥离，将社会管理全面交付政府。

2. 促进房屋权属关系的转化

目前，部分单位大院已经出现房屋权属关系的改变，房屋产权逐渐由单位下放到个人，未来应进一步加快房屋权属关系的转化，通过一次性的买断、货币补贴、公开交易、重新开发等多种方式促使单位房屋产权的私有化，以减少单位对个人、房屋的束缚，增强单位社区成员的社会流动。

3. 加快现代城市社区建设

单位社会事务逐步剥离后，需要有关部门来对传统单位大院进行有效组织和管理，建立形成现代城市社区是实现单位大院转型、实现"单位人"向"社会人"转变的主要目标。通过构建政府、居民、居委会、社会中介组织等多元化的管理主体，允分调动各方积极性，形成完善的社区服务体系，组织丰富的社会活动，加强社区沟通互动，营造社区归属感。

4. 运用规划手段进行协控

充分考虑单位大院及其与周边区域的关系，对用地规模、空间布局、空间形态进行功能整合与统筹规划，促进单位大院与周边社区的融合。同时，对濒临解体、拆分的单位大院进行社区规划，将其纳入整个城市社会空间体系，将原来封闭"单位大院"的企业社会空间转变为开放的、功能鲜明的城市社会空间（黄晓军，李诚固，黄馨，2009）。

（二）旧城更新与改造的"人文化"

长春市旧城区和老工业区主要集中在铁北，随着北部新城战略实施，旧城区的更新改造势在必行。但是，对长春市旧城区、老工业区的更新改造不能延续传统的更新模式，应强调旧城改造的人文主义转向，同时，要更多地关注于改造后的社会群体的安置状况和生存状态，避免单纯的城市物质更新导致的社会空间的剥夺。

1. 旧城改造的人文主义转向

传统的旧城改造强调短时间内改变旧城面貌，往往热衷于物质空间的改造，大规模兴建崭新的居住区、改善脏乱差的环境、增加部分公共设施，并对改造后的功能提出不同要求。但却忽视了人文主义改造，没有认识到改造后的棚户区居民是否能够承担楼房社区的生活成本，政府是否能够为其提供就业机会，其是否能拥有较完善的社会保障。因此，笔者强调旧城改造应该更重视人文主义的关怀，坚持"以人为本"和"社会效益优先"的原则，更重视是否能切实、有效地改善居民的居住与生存环境。

2. 改造后的多元化安置

旧城改造后，部分居民难以承担新建小区的生活与居住成本（楼房的采暖费、水电、物业费等），无法实现回迁，只有迁往城市边缘区，被排斥出原有的社会空间。为避免改造"导致"的社会排斥，政府应建立多元化的安置方式，如可以根据居民支付能力进行不同地价水平住房的安置，也可以实行完全货币化安置、补贴安置、廉租安置等，同时政府应与开发商进行有效协商，以建立经济适用房为主，提高老城区居民回迁率，增加原住居民的社会归属感。

3. 改造与就业和社会保障并行

失业与贫困是老城区最突出的社会问题，尤其是城市中的老工业区，结构性失业与普遍性贫困使居民阶层地位急剧下降，与富裕阶层的生活反差使社会极化凸显，并可能引发社会矛盾。因此，增加就业和健全社会保障体系是旧城区反贫困的根本，也是治理城市社会空间的主要路径。在旧城改造过程中要充分考虑居民再就业的问题，在改造小区的区位选择上要接近就业机会多的地区，如城市商业区、劳动密集型产业区、居民集聚区等，促进居民的广泛就业。同时，由政府和民众共同分担的方式，建立养老、医疗、教育等社会保障体系。

（三）城中村改造的社会功能

1. 传统改造模式的社会弊端

鉴于城中村与城市物质景观的"格格不入"，传统的改造模式往往对城市"功能与空间的混乱无序"持彻底否定态度，强调功能分区与用途纯化，追求"理性"的城市空间形态和统一的视觉空间秩序（马航，2007；郑文升等，2007）。因此，在改造过程中，基本实行的都是大规模地推倒重建工作。虽然更多地关注了城市景观的改善方面，但是忽视了个人及社会的需求。这不仅引发了城中村原住居民对改造补偿的过度膨胀，从而导致"抢建风"兴起，改造与开发成本上升；同时，改造后的居住成本也使外来人口难以承受，大量流动人口逐渐被排斥出原有的低廉租住房，被迫转移至其他边缘地区，从而形成新的城中村。如果不对传统改造模式造成的社会弊端进行有效治理，将形成严重的恶性循环。

2. 基于"以人为本"的改造途径

针对传统改造模式过于"理性"和"刚性"的规划手段和方法，强调实现基于"以人为本"的改造途径，通过循序渐进的改革，从居民的现实需求出发来制定改造规划，以满足不同群体的社会需求，特别是针对外来人口，要注重保障改造前后居住、就业、服务的连贯性，避免传统改造模式所造成的社会弊端。

3. 低成本住区的社会功能

建设低成本住区是满足大量外来人口需要，实现城中村成功改造的根本。可以适当降低新建住区的建设标准，提高容积率和建筑密度，缩小公共绿地，提高生活服务保障，形成低成本、环境佳的居住社区。考虑到外来人口支付能力有限，可以变传统购买为居住租赁，实行由政府提供补贴，开发商承担租赁，居民交纳租金的方式，既实现了城中村改造，又提高了外来人口居住环境，同时避免了外来人口的居住排斥。

三　城市物质空间结构的优化对策

城市物质空间结构的完善与优化是城市物质与社会空间耦合调控的主要内容，促进形成科学合理的物质空间结构是实现城市物质与社会空间协调发展的重要策略。根据长春市物质空间结构发展的现实状态，本书从促进城市开发区的功能转型、郊区化的合理引导与调控，以及新城物质与社会空间的同步建设三个方面提出长春市物质空间结构的优化对策。

（一）促进城市开发区的功能转型

开发区是我国城市经济增长的动力引擎，对促进城市化发展与城市综合经济水平提升发挥了重要作用。随着城市空间规模的扩大，开发区与主城逐渐实现空间对接，但开发区的单一的产业功能阻碍了城市社会空间的发展与城市功能的整体提升。表现为开发区的工业职能突出，而社会服务功能不完善，开发区人气不足，物质与社会空间不协调特征异常明显。

长春市的经济技术开发区与高新技术产业开发区建设时间较早，已经与主城连为一体，部分地区城市功能有所完善，但整体上仍呈现出典型的以产业功能为主的特征。为促进城市物质与社会空间耦合协调发展及城市功能的整体提升，亟须加强开发区的功能转型，促进开发区从单一的产业功能区向具有综合功能的城市新区转变。

一方面，要加强现代服务业的发展。通过各种途径促进开发区服务业的发展与完善，逐渐实现开发区由工业主导型经济向服务业主导型经济转变，这是实现开发区产业升级和向城市功能新区转变的重要途径；另一方面，加强开发区的社会服务设施与宜居环境建设。只有具备优质的教育资源、便捷的交通系统、完善的医疗服务设施、整洁优美的居住环境，才能吸引人们居住。因此，必须营造开发区的宜居环境，促进人口集聚，逐渐培育形成物质与社会协调发展的城市新区，这是促进开发区功能转型的根本途径。但同时要避免进入"房地产开发区"的误区，做到适度开发，形成规模合理、布局优化的综合型城市功能新区。

（二）郊区化的合理引导与调控

城市中心人口拥挤、交通阻塞、环境恶化是我国大城市面临的普遍问题与困惑，郊区化是解决大城市病，调整优化城市空间结构的重要途径。但城市边缘区是城市中土地利用结构变化最快的地区，同时也是矛盾与冲突彰显的地域。在对人口扩散和郊区化进行有效调控的同时，应避免郊区化过程中郊区社会阶层分化和社会空间分异，因此，必须合理引导与调控大城市的郊区化。

1. 城市郊区化的合理引导

应避免当前长春市的"摊大饼"式的城市空间扩展方式，而应采用紧凑开发模式建设城市新区、卫星城镇或城市外围组团，避免城市过度蔓延和盲目扩张，有利于郊区人口、产业与用地的集聚发展。对人口的空间扩散进行合理引导，对城市不同阶层的人口郊区化进行统一规划，构建各阶层融合的郊区社会空间体系。

2. 郊区基础设施与生活服务设施完善

引导城市中心人口向郊区迁移需要解决的一个最为关键的问题在于如何尽快建设同居住区相配套的基础设施和各类生活服务设施，以解决外迁居民的后顾之忧。因此，一方面，应改善城市基础设施，大力发展郊区与城市中心之间的城市交通系统，缓解郊区居民出行压力；另一方面，开发经济适用房，并加强城郊社会综合服务中心与公共设施的建设，为广大中低收入阶层的居住郊区化提供保障。

3. 郊区失地农民利益的保障

开发区、别墅豪宅、项目建设等各种形式的占地行为使郊区农民失去赖以生存的土地和原有的居住空间，失地农民等同于失业，而征地补偿的不公平性进一步加剧了对郊区农民利益的剥夺，并可能造成社会冲突和社会矛盾。因此，必须加强失地农民的利益保障，政府应尽量提高土地征用的补偿额度，同时建立多元化的补偿机制，包括货币补偿、再就业安置补偿、居住安置补偿等，并建立和健全失地农民的社会保障体系，保护失地农民的切身利益。

（三）新城物质与社会空间的同步建设

通过对长春市未来耦合发展趋势判断，新城建设是城市空间结构调整的重要方向，南部新城、西部新城、北部新城将引领未来城市发展的新趋势。对于新城的建设，其根本目的是缓解单中心城市空间结构所带来的压力，促进城市功能组团的发展与完善。但在开发建设新城的过程中，往往存在许多问题，如新城各类实体发展不同步，主要体现为各种生活服务设施不健全；就业空间不足，难以吸引人口集聚；新城处于起步阶段，居民往往缺乏社会归属感，致使出现迁居障碍，等等。

鉴于新城开发建设过程中可能遇到的诸多问题，需要建立新城物质与社会空间同步建设的指导思想，避免出现新的物质与社会空间不协调地域。首先，在促进新城物质环境建设的同时，加快社会公共服务设施体系的完善，为迁居居民提供良好便捷的居住和生活条件；其次，促进居住和就业的平衡，单一的产业空间或居住空间等功能难以促进新城的功能建设与完善，而应在引入企业的同时，为居民提供充足的就业岗位以及充分的生活配套设施，吸引就业人口就地居住；最后，促进邻里之间或社区之间的整合发展，营造公共开敞空间与交流空间，提高居民社区归属感。

四　城市社会空间规划机制的形成

城市规划是改善城市空间的主要工具，同时也是实现城市物质与社会空间耦合的主要调控手段。针对我国传统城市规划长期偏重物质空间建设而忽视社会群体空间利益协调的局限性，本书强调要进行城市社会空间的规划，在当前城市规划体系下，建立社会空间规划体系，形成社会空间规划机制，以关注多元化的社会需求的满足为目标，面向所有社会群体，提供全面的教育、健康、福利、休闲等公共服务，强调个人和群体的发展能力的提高，创造兼具丰富和公平、公正的城市生活空间环境。长春市应走在全国大城市的前列，尽快建立城市社会空间规划机制，为城市物质与社会空间协调发展服务。

（一）城市社会空间规划体系的建立

1. 规划的职能与地位

新版城市规划编制办法中对城市规划定位进行了明确表述，"城市规划是政府调控城市空间资源、指导城乡发展与建设、维护社会公平、保障公共安全和公众利益的重要公共政策之一"。本书强调建立的城市社会空间规划体系是城市规划的重要组成部分，是针对我国长期重视城市物质空间规划而提出的，是满足城市不同社会群体社会空间利益的主要手段。城市社会空间规划既可纳入城市总体规划作为城市规划的重要组成部分，又可作为城市发展的专项规划。

2. 规划的对象与目标

城市社会空间规划的主要对象是以人和社会为核心主体的城市空间，是具有一定功能的社会性区域，更深一步讲，还可以是城市物质与社会空间耦合地域。城市社会空间规划的总体目标是满足城市居民的基本需要，提供其生存与发展的公共服务设施，建设人与人、人与城市和谐发展的空间环境，并实现社会公正与空间公平。具体来讲，包括实现城市物质环境供给与社会群体需求的协调；促进公共资源的公平分配与空间合理配置；保障不同社会群体，尤其是低收入群体和弱势群体的社会空间利益；改善城市生活环境品质，创造宜居空间；实现城市物质、社会与生态的协调发展。

3. 规划方法与手段

与传统城市规划不同，城市社会空间规划的主体是人，以满足人的需要为主要目标。因此，城市社会空间规划的方法与手段必须借助对人的观察与分析才能实现。主要可以通过对社会发展现实状况的分析，对社会群体进行分类，开展社会问卷调查，对社会需求进行分析判断，实行公众参与协商，对未来社会空间需求进行预测等方法进行城市社会空间规划。

（二）城市社会空间规划的主要内容

1. 住房空间规划

住房在城市中的地位异常重要，是城市物质与社会空间联系的载体，对住房空间进行科学、合理的规划也是保障不同社会群体利益，实现物质与社会空间耦合协调发展的重要内容。住房空间规划应根据社会人口的住房需求、用地布局的安排为社会群体提供多样化的居住空间，保障不同社会群体的居住利益。制定相关住房建设标准，保证住房质量。对住房区位进行合理规划，满足居住人群的生活、教育、医疗等需求，促进住房与公共服务设施的协调发展。针对低收入群体和弱势群体制定相应住房政策，保障公共住房供给，满足弱势群体的住房需求。

2. 商业空间规划

商业服务是满足城市人口基本生活需求的主要内容，商业服务设施的合理安排与科学布局关系到城市物质与社会空间的耦合与协调发展。商业空间规划首先应根据居住人口的规模提供相应的配套服务设施，并对城市商业空间结构进行规划，形成等级层次与功能明确的商业空间结构体系。针对不同居住区居民的购物需求，划定不同功能的商业区，促进商业空间的布局优化。

3. 健康空间规划

健康空间规划是保障社会群体身体健康、生命安全以及心理健康的重要内容。健康空间规划不仅包括对传统医疗卫生服务设施体系的规划，同时还包括满足居民健康保健需求的体育活动设施。通过对医疗卫生设施和健身设施的科学合理布局，为城市居民提供健康的居住和工作环境。

4. 教育空间规划

教育空间规划是满足城市居民教育需求，提升城市居民文化素质的重要内容。教育空间规划主要根据城市居住人口规模和教育设施服务半径为城市居民提供教育设施需求，对教育设施网络体系进行科学规划，对教育设施用地进行合理布局。满足基本教育、职业教育、成人教育等不同群体、不同类型的教育需求。

5. 文化空间规划

文化空间规划主要是对不同社会群体提供文化设施、娱乐休闲设施，满足城市社会群体的精神、文化、艺术需求。在对不同社会群体提供不同等级文化设施的同时，侧重满足低收入群体和弱势群体的文化需要，建设服务大众的基本文化空间。同时，注重对历史文化的保护和城市文化景观的塑造，促进物质与社会空间的融合。

6. 安全空间规划

安全空间规划是保障城市居民基本生命安全的重要内容。安全空间规划应包括两个方面的基本内容，一个是以预防灾害为主的安全空间规划，另一个是以预防城市犯罪为主的安全空间规划。前者需要在整个城市平台上进行统筹考虑，而后者应针对具体地段进行考虑，特别是老城区等人口密集混杂、犯罪率较高的地区。

7. 社会空间整合规划

城市社会空间整合规划主要是基于社会公平和空间公正的目标，促进不同社会群体在空间上的融合，以及不同设施在空间上的协调。不同社会群体的空间融合主要是通过居住空间的混合开发予以实现，而不同设施在空间上的协调应以提供给不同社会群体均等化的公共服务为主。

（三）城市社会空间规划的编制实施

城市社会空间规划的编制应纳入城市总体规划体系，作为其重要组成部分或重要的专题内容。社会空间规划的编制应强调其时效性和可操作性，同时制定的规划应具有一定的针对性，能够切实解决城市物质与社会空间的不协调问题。具体内容应包括规划背景的分析、城市社会发展概况、社会空间发展需求判断、住房等具体社会空间规划、社会空间整合策略等。

城市规划编制完成后应向社会公布，积极听取公众的意见。城市规划部门应该成立专门小组，负责管理与实施城市社会空间规划。同时，对城市社会空间规划的实施进行监测与评估，并及时反馈，进而在城市社会空间规划实施与管理过程中进行完善。

五 基于"空间共生"的政策体系

提高不同地域和城市整体的物质环境与社会结构的空间适应水平与适应能力是实现城市物质与社会空间耦合的最终目标，实现这一目标的重要举措之一是建立物质与社会在要素、功能等方面能够达到"空间共生"的结构体系，长春市政府与城市规划等部门应通过建立相关政策以促进"空间共生"结构体系的形成。

（一）实现对弱势群体的政策关怀

针对长春老工业基地衰退、企业转制所产生的大量下岗工人、外来进城务工人员以及其他低收入群体和弱势群体居住空间环境恶劣的问题，政府要加大对低收入群体和弱势群体现有陈旧危困住房的改造。

第一，强调政府职能的转变，由"企业化政府"向"服务型政府"转型，要更加关注民生，保障全体公民的居住公平和不同阶层的利益协调，特别是加大对低收入群体和弱势群体的关怀。第二，在城市住区规划中，为低收入群体和弱势群体提供一定的经济适用居住区建设空间。通过政策优惠，提供低廉价格土地，对弱势群体居住区进行整体更新建设，同时加强对居住区的公共服务设施、小区环境投资建设。第三，政府应逐年建设一定规模的"解困房"和"廉租房"，为低收入群体和弱势群体提供基本的居住生活保障。第四，在居住空间的选择上应充分考虑到交通、环境质量条件，以提高低收入群体和弱势群体的居住社会地位，缓解城市社会空间极化。

（二）建立政府对住房市场的调控机制

随着城市土地使用制度的改革、政府经营城市理念的深入、个人自主性择居能力的提高，住房市场化不断增强，房地产开发在市场和资本的强大作用下，越来越倾向于剥夺公共利益，破坏社会公平与公正，引发居住空间分异与社会极化。而政府作为人民群众公共利益的代表，应责无旁贷地建立对住房市场的控制和引导机制。

鉴于长春市整体经济发展与消费水平不高的地区现实，第一，应该严格限制低密度高档别墅区的开发规模与空间布局，在城市居住区域开发规划中必须明确，高档居住区的开发是城市社会空间建设的一个"亮点"，而不是重点。同时，要对奢华居住区规划进行区域环境生态评价，避免豪宅别墅"逼近"风景区，对风景区进行蚕食。第二，某一地块房地产的开发要与周边区域在物质环境与社会空间上进行协调，形成相对均质的物质与社会空间耦合类型，促进区域物质与社会空间相适应，避免社会空间的过度隔离与分化。第三，针对当前房价上涨过快，房地产投资行为过重等现象，政府应制定多种政策对住房市场进行控制和引导，抑制房价的过快增长，保障普通工薪阶层的住房需求。第四，建立多层次住房社会保障制度，主要应采取多种措施，建立中低收入家庭的住房保障制度。

（三） 完善城市规划的公共利益职能

在我国城市化快速推进的背景下，政府与城市规划部门更强调如何促使城市经济快速增长，如何将城市空间做大做强等。长春市作为东北老工业基地城市，在全面改造与振兴东北老工业基地的背景下，也更多地关注城市经济如何转型、结构与体制矛盾如何解决等方面，往往忽视了社会矛盾与公共利益不平等的问题。

维护不同阶层社会群体权利空间，平衡其公共利益是城市规划的基本职能。特别是在市场与政府双重失灵的情况下，城市规划作为公共政策更应该充分发挥其服务于大众社会的职能，保障社会群体福利与社会公平、公正。应在就业、居住、公共卫生、教育、社会保障等方面多多关注城市中的低收入群体和弱势群体，保障弱势群体的基本利益；进行广泛的社会调查，听取城市中不同社会群体的意见，切实做到民众参与；树立人文价值观，充分发挥城市规划对空间资源配置的社会功能。同时，城市规划师应认真履行其职业道德，培育公众意识和公共利益价值观念，促进城市社会和谐发展。

（四） 制定利于社会公平的城市化发展政策

根据对未来长春城市发展趋势的判断，城市化的快速推进和城市空间地域扩张仍是未来一段时期内城市发展的主要方向，农民市民化、近郊农村地域的城市化转变是必然趋势。在此过程中，城市政府针对大量的外来工、农民工、非正规就业等问题必须制定有利于社会公平的城市化发展政策，以促进城市化快速推进过程中物质与社会空间的耦合发展。

一是必须保障城市化过程中外来农民工的社会空间利益。通过城市化政策的制定，对农民进城的居住问题、就业问题、子女受教育问题等应予以重点关注，并切实保障这部分人的利益。二是在居住空间上，政府不仅仅要考虑到本地居民的住房需求，同时还要考虑到外来工人、进城农民的居住问题，为处于城市化过程中的人口提供居住保障。三是非正规就业的存在无法避免，甚至有可能转变为城市的正规就业。与其竭力打击，不如研究制定相关政策对其进行合理引导，为其提供相应的就业场所和基本的公共服务设施条件，促进这种特殊社会群体生活空间与城市整体空间的耦合与协调发展。

第八章　研究结论与展望

第一节　研究结论

城市空间结构是区域经济学研究的主题之一。传统的偏重物质的城市空间结构研究和新兴的城市社会空间研究赋予了现代城市空间结构研究的新内涵。本书在二者研究基础上，以促进二者融合为目标，从耦合过程、耦合格局、耦合机理、耦合调控等方面建立了城市物质与社会空间耦合系统的理论框架。

在理论分析的基础上，以长春市为实证研究对象，对长春市物质与社会空间耦合过程、耦合阶段水平及耦合地域类型、耦合动力机制、耦合调控策略等进行了研究。本书理论与实证研究的主要结论如下：

（一）城市物质与社会空间耦合系统

本书认为城市物质与社会空间耦合是指城市发展过程中物质层面与社会层面构成（要素、结构与功能）在城市地域空间上相互作用的关系和相互依赖的状态。城市物质与社会空间耦合是一个系统的概念，具有系统性、层次性、动态性和开放性等特征。城市物质与社会的相互作用关系主要表现为城市的物质要素对社会发展的支撑效应和城市社会发展对物质要素的推动效应，二者的空间耦合主要体现为城市物质与社会构成在空间上的适应性。

城市经济活动、各类设施以及生态景观等物质结构要素和个人、社会群体及社会阶层等社会结构要素在空间上的耦合形成了个人居住空间、群体生活空间及阶层社会空间等不同层次的耦合结构。城市物质与社会结构要素在空间上达到彼此协调、相互适应的状态是耦合系统发展的主要目标，而这种具有协调状态与适应性的耦合系统的形成将具有实现社会公平与空间公正以及促进资源在空间上的优化配置的主要功能。

（二）城市物质与社会空间耦合评价

城市物质与社会空间耦合在城市内部不同空间单元上存在一定的分异，表现为各空间单元耦合阶段水平的不同和耦合地域类型的差异。本书构建了城市物质与社会空间耦合评价指标体系与评价模型，可以对城市物质与社会空间耦合分异进行科学判断。

城市物质与社会空间耦合评价主要是对城市物质环境与社会构成之间的协调程度和城市内部空间物质环境与社会构成耦合的地域分异规律进行测度。评价指标体系的建立遵循目的性、差异性、动态性及主导因素等原则，评价内容包括物质环境与社会构成关联关系、物质环境与社会构成相互影响因素及物质与社会空间耦合度测度。

本书选取了 26 个能够反映城市物质环境与社会构成耦合状态的指标建立起评价指标体系。其中，城市物质环境系统主要包括设施环境、生态环境和住房环境，城市社会构成系统主要包括城乡构成、户籍构成、文化构成和职业构成等。在此基础上，采用灰色关联分析的方法，构建了城市物质环境与社会构成之间的关联度和空间耦合度模型。

（三）城市物质与社会空间耦合机理

城市物质与社会空间耦合机理是影响城市物质环境与社会构成的动力体系及其耦合作用机制，以及在各种动力体系影响下物质环境与社会构成的空间作用方式所构成的综合系统，充分体现了城市物质环境与社会构成互动发展的本质联系和内在规律性。

社会经济转型背景下我国城市物质与社会空间耦合的动力体系主要来自政府力、个体力和市场力。其中，政府的力量主要通过政策制度改革发挥作用，如城市土地使用制度、城市住房制度、户籍管理制度、财产产权制度等；个体的力量来自影响个人的决策和社会结构变迁的主要因素，包括个体收入水平、家庭结构、受教育程度、个人偏好、消费结构等方面的差异；市场的力量主要通过市场经济发展对城市空间产生作用，包括城市功能结构的转变、市场资本的迅速扩大、劳动力市场的快速发展等。

城市物质环境与社会结构受到诸多因素的共同影响，这些因素施加到城市空间上，不断作用于城市物质环境，并对社会群体的空间行为产生影响，最终促使城市物质与社会空间耦合地域的形成。这些作用机制往往通

过城市的自然地理与自然环境基础、城市发展的历史惯性、经济空间格局
的重构、城市社会结构的空间分异、制度转型的城市空间响应、城市规划
对空间的塑造以及政府公共政策的空间效应等方面来实现。

各种作用机制在空间上的实现方式主要来自两个方面，一是城市物质
环境为社会空间提供了基础，包括空间基底作用、空间约束作用和空间引
导作用；二是社会群体的空间选择与能动作用，包括社会群体对物质环境
的选择以及在选择后社会能动者对空间施加的影响。

（四） 城市物质与社会空间耦合调控

促进城市物质环境的优化发展，引导不同社会群体与其生活的空间环
境相协调，保障不同社会群体的空间利益，促进城市物质环境与社会结构
在空间上的协调与适应，推动物质与社会空间耦合地域从低水平耦合向高
水平耦合方向的演进以及整个城市物质与社会空间耦合系统的高级化、有
序化是耦合调控的主要目标。

城市物质与社会空间耦合的调控机制主要包括市场经济运行的调节机
制、行政手段的干预机制以及法律政策等。城市物质与社会空间耦合调控
的主要策略包括城市空间的治理、社会利益的协调、城市规划的调控以及
政策体系的完善等方面。

（五） 长春市物质与社会空间耦合过程

长春市物质与社会空间耦合主要经历了伪满时期、社会主义计划经济
时期和社会主义市场经济转型时期3个过程。伪满时期形成了"中日分
化"的社会空间格局，形成了伪满高级官署区、日本人居住区、民族商业
区和中国贫困农民居住区4种物质与社会空间耦合区域，主要是在城市空
间发展历史、畸形人口城市化、城市建设的殖民地本质和"新京"城市规
划影响下形成的。

社会主义计划经济时期，长春形成了"单位制"主导的物质与社会空
间耦合格局。社会设施建设滞后、生产与生活空间比邻、以功能和职业为
主的耦合空间分异是该时期主要特征。空间上形成了旧城商务与传统街坊
区域，工业、仓储、科教文化与居住混杂区域等耦合地域，工业化优先发
展战略、"单位制"模式及该时期城市规划是城市物质与社会空间耦合的
主要作用机制。

社会主义市场经济转型时期长春市物质与社会空间耦合表现出物质环

境高速发展下的空间耦合、生产与生活空间的分离、物质与社会的空间极化突出、多要素影响下的耦合空间分异等特征。空间上形成了人口密集的老城区、非农产业功能区、传统和新兴并存工业区、城市边缘工业地域与外来人口混杂区、科研文教和单位制区域、城市开发区及远郊农业和农村地域等耦合功能区域。

（六）长春市物质与社会空间耦合阶段水平与地域类型

通过对长春市中心城区 56 个空间单元的耦合度大小的测度，长春市物质与社会空间耦合阶段水平可划分为高水平耦合协调阶段、磨合耦合阶段、拮抗耦合阶段和低水平耦合阶段 4 种类型。

通过进一步的主因子分析和聚类分析，对长春的市物质与社会空间耦合地域类型进行了划分。结合各空间单元所处的耦合阶段水平，确定了物质环境良好的高社会经济地位人口居住区、物质环境较好的一般工薪阶层居住区、物质环境中等的工业与工人居住混杂区、物质环境较差的低收入人口居住区、物质环境较差且人口密集的老城区、物质环境落后的农业人口和外来人口生活、物质环境发展较快的多元人口居住区 7 种城市物质与社会空间耦合地域类型。

（七）长春市物质与社会空间耦合的动力机制

长春市物质与社会空间耦合动力机制主要包括长春市自然地理与自然环境基础、城市发展的历史惯性、经济空间格局的重构、城市社会结构的空间分异、制度转型的城市空间响应、城市规划对空间的塑造以及政府公共政策的空间效应等方面。

自然地理环境主要通过伊通河、南湖、净月潭等优质生态空间的作用产生物质与社会空间耦合的分异；城市发展的历史惯性主要是历史时期的城市空间结构、功能布局等对当前物质与社会空间耦合产生的影响；经济空间格局的重构表现在城市功能结构转变、开发区产业空间功能转型、外来投资空间差异以及房地产空间扩散等；社会结构分异主要是由个体收入水平、就业人口分布及不同教育人口的空间分异所引发的；土地使用制度、住房制度和户籍制度的改革在空间上的响应是物质与社会空间耦合的作用机制之一；城市规划对城市空间的塑造也对城市物质与社会空间耦合产生较大影响；政府政策的空间效应体现在旧城改造、新区建设、政策性住房等方面政策实施过程中所产生的作用结果。

（八）长春市物质与社会空间耦合调控

针对长春市以及我国大城市普遍存在的城市居住空间分异加剧、城市空间资源的"侵占"与"剥夺"、郊区化中社会空间的"失衡"、城市"问题区域"的加剧、城市低收入群体利益的边缘化等城市物质与社会空间的非耦合典型特征，本书从城市空间资源整合体系的建设、城市"异质"空间的治理策略、城市物质空间结构的优化对策、城市社会空间规划机制的形成以及基于"空间共生"的政策体系5个方面提出促进长春市及我国其他大城市物质与社会空间耦合的调控策略。

第二节　研究展望

（一）理论研究需要进一步拓展与深化

本书按照"过程—格局—机理—调控"的研究范式初步构建了城市物质与社会空间耦合的理论框架与实践调控体系，但城市物质与社会空间耦合是一个创新且复杂的科学问题，涉及的研究内容极其广泛，研究难度极大。本书将在现有研究基础上，对城市物质与社会空间耦合理论体系进行系统总结，对理论研究内容进一步拓展与深化。应该认识到，对城市物质与社会空间耦合理论研究的探索任重道远。

（二）开展典型区域和微观区域的研究

城市物质与社会空间耦合具有系统性和等级层次性的特征，不同城市空间尺度物质与社会空间耦合特征与耦合机制不同。本书研究主要从城市宏观视角出发，对城市物质与社会空间耦合进行了系统性分析。为探索城市中观和微观尺度的物质与社会空间耦合机理，作者下一阶段将开展城市典型区域和微观区域的研究，以完善不同空间尺度的城市物质与社会空间耦合理论体系。

（三）研究数据与方法的更新与完善

城市物质与社会空间耦合的研究数据获取难度较大，尤其是城市物质空间数据。受条件所限，本书所用物质空间数据主要从城市土地利用途径获得，未来研究将进一步对物质空间数据进行充分挖掘，以获得更全面与准确的空间数据。随着第六次人口普查数据的公布，为本书进一步深入研究提供了更新的城市社会空间数据。由于个人力量微薄，在研究过程中难以开展大规模的社会问卷调查，这在研究方法上不得不说是一个遗憾。

参考文献

[1] Alonso W, *Location and land use: toward a general theory of land rent* (Cambridge: Harvard University Press, 1964).

[2] Azocar G, Romero H, Sanhueza R, et al., "Urbanization patterns and their impacts on social restructuring of urban space in Chilean mid – cities: The case of Los Angeles, Central Chile," *Land Use Policy* 24 (2007): 199 – 211.

[3] Bell Wendell. "Economic, family, and ethnic status: An empiricaltest," *American Sociological Review* 20 (1955): 45 – 52.

[4] Bernard N, "Good and bad fortune of the plan for the construction of 5000 (low – and middle – income) housing units in Brussels," *Journal of Housing and the Built Environment* 23 (2008): 231 – 239.

[5] Berry B, "Cities as systems within systems of cities," *Papers in Regional Science* 13 (1964): 146 – 163.

[6] Bluestone B, Harrison B, *The Deindustrilisation of America* (New York: Basic Books, 1982).

[7] Bourne LS, *Interal structure of the city: readings on urban from growth and policy* (New York: Oxford University Press, 1982).

[8] Brueckner J, "Urban General Equilibrium Models with Non – Central Production," *Journal of Regional Science* 18 (1978): 203 – 215.

[9] Butler, T, "Living in the bubble: Gentrification and its 'others' in North London," *Urban Studies* 40 (2008): 2469 – 2486.

[10] Castells M, *The City and Grassroots* (Los Angeles: University of California Press, 1983).

[11] Castells M, *The Information City: Information Technology, Economic Restructuring, and the Urban – Regional Process* (NY: Blackwell, 1989).

[12] Castells M, *Urban Question*: *a Marxist Approach* (Cambridge: MIT Press, 1977).

[13] Clark G H, Gertler M, "Migration and Capital," *Annals of the Association of American Geographers* 73 (1983): 18 – 34.

[14] Clark G L, Ballard K P, "The demand and supply of labor and interstate relative wages: an empirical analysis," *Economic Geography* 57 (1981): 95 – 112.

[15] Clark W. A. V, Onaka J. L, " Life cycle and housing adjustment as explanations of residential mobility," *Urban Studies* 20 (1983): 47 – 57.

[16] *Congress the New Urbanism*, *Charter of The New Urbanism* (New York: McGraw – Hill Professional, 1999).

[17] Conzen M. R. G, "Aluwick: a study of town plan analysis," *Transaction* 27 (1960): 101 – 122.

[18] Coy M, "Gated communities and urban fragmentation in Latin America: The Brazilian experience," *Geo Journal* 66 (2006): 121 – 132.

[19] Davidoff P, "Advocacy and Pluralism in Planning," *Journal of the American Institute of Planners* (1965).

[20] Foley, L D, "An approach to metropolitan spatial structure," in Webber, MM et al., *Exploration into urban structure.* (Philadelphia: University of Pennsylvanian Press, 1964).

[21] Friedman J, "Four Theses in the Study of China's Urbanization," *International Journal of Urban and Regional Research* 30 (2006): 440 – 451.

[22] Gerardo A, et al., "Urbanization patterns and their impacts on social restructuring of urban space in Chilean mid – cities: The case of Los Angeles, Central Chile," *Land Use Policy* 24 (2007): 199 – 211.

[23] Charles N. Glaab, A. Theodore Brown, *A History of Urban America* (New York: Macmillan, 1976).

[24] Golledge R. G. Stinson R. J, *Spatial Behavior*: *A Geographic Perspective* (New York: Guilford Press, 1997).

[25] Hall P, *The world cities* (New York: St. Martin's Press, 1984).

[26] Harris C, Ullman E, "The nature of cities," *Annals of the American Acad-*

emy of Political Science 242（1945）：7 - 17.

[27] Ha S. K，"Social housing estates and sustainable community development in South Korea," 32（2008）：349 - 363.

[28] Harvey D，*Social Justice and the City*（Baltimore：The Johns Hopkins University Press，1975）．

[29] Herbert S，"For Ethnography," *Progress in Human Geography* 24（2000）：550 - 568.

[30] Hillier B，"Space and spatiality：what the built environment needs from social theory," *Building Research & Information* 36（2008）：216 - 230.

[31] Hoyt H，*The Structure and Growth of Residential Neighborhoods in American Cities*（Washington DC：Federal Housing Administration，1939）．

[32] Jacobs J，*The Death and Life of Great American Cities*（New York：Random House Inc Press，1961）．

[33] Johnston R. J，"Population Movements and Metropolitan Expansion：London，1960 - 61," *Transactions of the Institute of British Geographers* 46（1969）：69 - 91.

[34] Johnston R J，*The Dictionary of Human Geography*（Oxford ：Blackwell Publishing，2000）．

[35] Knox P，*Urban Social Geography：An Introduction*（England：Pearson Education Limited，2000）．

[36] Lefebvre H，*The Production of Space*（Oxford：Basil Blackwell，1991）．

[37] Lemanski C，"Spaces of exclusivity or connection? Linkages between a gated community and its poorer neighbor in a Cape Town master plan development," *Urban Studies* 43（2006）：397 - 420.

[38] Manzi T，Smith - Bowers B，"Gated communities as club goods：Segregation or social cohesion?," *Housing Studies* 20（2005）：345 - 359.

[39] McGee，*The Southeast Asian City*（New York：Praeger，1967）．

[40] Mills，E. S，*Studies in the Structure of the Urban Economy*（Baltimore：The Johns Hopkins Press，1972）．

[41] Moore，E. G.，"Comments on the Use of Ecological Models in the Study of Residential Mobility in the City," *Economy Geography* 47

(1971): 73 – 85.

[42] Murdie R A, *Factorial Ecology of Metropolitan Toronto*, 1951 – 1961 (New York: John Wiley & Sons, 1979).

[43] Pacione M, "Socio – spatial development of the south Italian city: the case of Naples," *Transactions – Institute of British Geographers* 12 (1987): 433 – 450.

[44] Pahl R, *Whose City?* (2nd *edition*) (Harmondsworth: Penguin, 1975).

[45] Park R, *Burgess E, The City* (Chicago: Chicago University Press, 1925).

[46] Pickvance, C, "The rise and fall of urban movements and the role of comparative analysis," *Environment & Planning D: Society & Space* 3 (1985): 31 – 53.

[47] Rankin K N, "Anthropologies and Geographies of Globalization," *Progress in Human Geography* 27 (2003): 708 – 734.

[48] Rex J, Moore R, *Race, Community and Conflict* (London and New York: Oxford University Press, 1967).

[49] Rosenbaum, J. E., Stroh, L. K., Flynn, C. A, "Lake Parc Place: A Study of Mixed – Income Housing," *Housing Policy Debate* 9 (1998): 703 – 740.

[50] Rossi, P. H, *Why families move: a study in the social psychology of urban residential mobility* (New York: Free Press, 1955).

[51] Sassen S, *Cities in a World Economy* (London: Pine Forge Press, 1994).

[52] Sauter, D, Huettenmoser M, "Livable streets and social inclusion," *Urban Design International* 13 (2008): 67 – 79.

[53] Schnell I, Benjamini Y, "Globalization and the Structure of Urban Social Space: The Lesson from Tel Aviv," *Urban Studies* 42 (2005): 2489 – 2510.

[54] Shevky Eshref, Williams Marilyn, *The Social Areas of Los Angeles* (Berkeley and Los Angeles: The University of California Press, 1949).

[55] Smailes A. E, *The Geography of Towns* (London: Hutchinson, 1966).

[56] Soja E. W, "The socio – spatial dialetic," *Annals of the Association of A-*

merican Geographers 70 （1980）：207－225.

［57］ Staeheli L. A, Mitchell D, "USA's destiny? Regulating space and creating community in American shopping malls," *Urban Studies* 43 （2006）：977－992.

［58］ Edward James Taaffe, *The peripheral journey to work* （Evanston, IL: Northwestern University Press, 1963）.

［59］ Thomas O, "From Concentration to Deconcentration－Migration Patterns in the Post－socialist City," *Cities* 18 （2001）：403－412.

［60］ Thrift N. Williams P, *Class and Space：The Making of Urban Society* （London：Routledge & Kegan Paul, 1987）.

［61］ Walks R. A, Maaranen R, "Gentrification, social mix, and social polarization：Testing the linkages in large Canadian cities," *Urban Geography* 29 （2008）：293－326.

［62］ Walker R A, "Two sources of uneven development under advanced capitalism：spatial differentiation and capital mobility," *Review of Radical Political Economics* 10 （1978）：28－38.

［63］ Walks R, "The social ecology of the post－Fordist ∕global city? Economic restructuring and socio－spatial polarization in the Toronto urban region," *Urban Studies* 38 （2001）：407－447.

［64］ Wang F H, Zhou Y X, "Modeling urban population densities in Beijing 1982－1990：suburbanisation and its causes," *Urban Studies* 36 （1999）：271－287.

［65］ Wolch J. Dear M, *The Power of Geography：How Territory Shapes Social Life* （Boston：Unwin Hyman Academic, 1989）.

［66］ 阿里·迈达尼普尔著《城市空间设计》欧阳文等译, 中国建筑工业出版社, 2009。

［67］ 艾大宾、王力：《我国城市社会空间结构特征及其演变趋势》,《人文地理》2001 年第 2 期。

［68］ 毕其格、宝音、李百岁：《内蒙古人口结构与区域经济耦合的关联分析》,《地理研究》2007 年第 5 期。

［69］ 蔡禾、张应祥：《城市社会学：理论与视野》, 中山大学出版社, 2002。

［70］蔡莉、许美林：《城市人口迁居理论综述》，《西北人口》2005 年第 5 期。

［71］蔡孝箴：《城市经济学》，南开大学出版社，1998。

［72］曹传新：《大都市区形成演化机理与调控研究》，博士学位论文，东北师范大学城环学院，2004 年。

［73］柴彦威：《以单位为基础的中国城市内部生活空间结构》，《地理研究》1996 年第 1 期。

［74］柴彦威等：《中国城市的时空间结构》，北京大学出版社，2002。

［75］柴彦威、陈零极、张纯：《单位制度变迁：透视中国城市转型的重要视角》，《世界地理研究》2007 年第 4 期。

［76］柴彦威、胡智勇、仵宗卿：《天津城市内部人口迁居特征及机制分析》，《地理研究》2000 年第 4 期。

［77］长春电视台：《百年长春》，吉林美术出版社，2000。

［78］长春市统计局：《奋进的四十年》，长春新华印刷厂，1989。

［79］陈龙乾、马晓明：《我国城镇住房制度改革的历程与进展》，《中国矿业大学学报》（社会科学版）2002 年第 1 期。

［80］陈鹏：《中国土地制度下的城市空间演变》，中国建筑工业出版社，2009。

［81］陈蔚镇：《上海中心城社会空间转型与空间资源的非均衡配置》，《城市规划学刊》2008 年第 1 期。

［82］陈彦光：《城市人口空间分布函数的理论基础与修正形式——利用最大熵方法推导关于城市人口密度衰减的 Clark 模型》，《华中师范大学学报（自然科学版）》2000 年第 4 期。

［83］陈育霞、黄亚平：《城市空间环境规划与社会发展目标》，《城市问题》2004 年第 1 期。

［84］崔功豪、武进：《中国城市边缘区空间结构特征及其发展——以南京等城市为例》，《地理学报》1990 年第 4 期。

［85］崔曙平：《物权法的颁布实施对城市发展的影响》，《城市发展研究》2007 年第 4 期。

［86］范世奇：《长春市区总体规划与建筑风貌》，东北师范大学出版社，1993。

［87］冯健：《转型期中国城市内部空间重构》，科学出版社，2004。

［88］冯健、王永海：《中关村高校周边居住区社会空间特征及其形成机制》，《地理研究》2008 年第 5 期。

［89］冯健、周一星：《北京都市区社会空间结构及其演化（1982 - 2000）》，《地理研究》2003 年第 4 期。

［90］冯健、周一星：《杭州市人口密度空间变动及其深化模型研究》，《地理研究》2000 年第 5 期。

［91］冯健、周一星：《郊区化进程中北京城市内部迁居及相关空间行为——基于千份问卷调查的分析》，《地理研究》2004 年第 2 期。

［92］付磊：《全球化和市场化进程中大都市的空间结构及其演化——改革开放以来上海城市空间结构演变的研究》，博士学位论文，同济大学建筑与城市规划学院，2008 年。

［93］付磊、唐子来：《上海市外来人口社会空间结构演化的特征与趋势》，《城市规划学刊》2008 年第 1 期。

［94］高松凡：《历史上北京城市市场变迁及其区位研究》，《地理学报》1989 年第 2 期。

［95］高鉴国：《新马克思主义城市理论》，商务印书馆，2006。

［96］顾朝林：《城市社会学》，东南大学出版社，2002。

［97］顾朝林等：《北京社会空间结构影响因素及其演化研究》，《城市规划》1997 年第 4 期。

［98］顾朝林等：《集聚与扩散——城市空间结构新论》，东南大学出版社，2000。

［99］顾朝林等：《人文地理学流派》，高等教育出版社，2008.

［100］顾朝林等：《中国大城市边缘区研究》，科学出版社，1995。

［101］顾朝林、C·克斯特洛德：《北京社会极化与空间分异研究》，《地理学报》1997 年第 5 期。

［102］顾朝林、钱志鸿：《转变中的中国城市住房制度》，《学习与实践》1995 年第 6 期。

［103］顾朝林、王法辉、刘贵利：《北京城市社会区分析》，《地理学报》2003 年第 6 期。

［104］顾万春、李荣先：《长春城市变迁》，长春出版社，1998。

［105］顾万春：《长春市志·人口志》，吉林文史出版社，1999。

[106] 郭泓懋等：《城市空间经济学》，经济科学出版社，2002。

[107] 郭宗滨、李振泉等：《长春国土资源》，长春出版社，1990。

[108] 韩守庆：《长春市区域空间结构形成机制与调控研究》，博士学位论文，东北师范大学城环学院，2008。

[109] 何绍福：《农业耦合系统的理论与实践研究》，博士学位论文，福建师范大学地理系，2005。

[110] 胡俊：《中国城市：模式与演进》，中国建筑工业出版社，1995。

[111] 胡智清、李德华：《城市土地使用制度与城市发展》，《城市规划汇刊》1990 年第 5 期。

[112] 黄晓军等：《伪满时期长春城市社会空间结构研究》，《地理学报》2010 年第 10 期。

[113] 黄晓军、李诚固、黄馨：《长春城市蔓延机理与调控路径研究》，《地理科学进展》2009 年第 1 期。

[114] 黄晓军、李诚固、黄馨：《东北老工业基地大城市社会空间的问题及治理》，《城市问题》2010 年第 4 期。

[115] 黄晓军、李诚固、黄馨：《转型期我国大城市社会空间治理》，《世界地理研究》2009 年第 1 期。

[116] 黄亚平：《城市规划与城市社会发展》，中国建筑工业出版社，2009。

[117] 黄亚平：《城市空间理论与空间分析》，东南大学出版社，2002。

[118] 霍燎原：《日伪统治时期长春城市建设》，《社会科学战线》1991 年第 1 期。

[119] 江曼琦：《城市空间结构优化的经济分析》，人民出版社，2001。

[120] 姜念东、伊文成、解学诗：《伪满洲国史》，吉林人民出版社，1980。

[121] 孔经纬：《长春经济演变》，长春出版社，1991。

[122] 蓝宇蕴：《论城中村改造的社会基础》，《华中师范大学学报（人文社会科学版）》2007，年第 2 期。

[123] 李德华：《城市规划原理》，中国建筑工业出版社，2001。

[124] 李伦亮：《城市规划与社会问题》，《规划师》2004 年第 8 期。

[125] 李建建、戴双兴：《中国城市土地使用制度改革 60 年回顾与展望》，《经济研究参考》2009 年。

[126] 黎夏：《基于神经网络的单元自动机 CA 及真实和优化的城市模拟》，《地理学报》2002 年第 2 期。

[127] 李小建：《西方社会地理学中的社会空间》，《地理译报》1987 年第 2 期。

[128] 李振泉、李诚固：《试论长春市商业地域结构》，《地理科学》1989 年第 2 期。

[129] 李志刚等：《广州小北路黑人聚居区社会空间分析》，《地理学报》2008 年第 2 期。

[130] 李志刚、吴缚龙：《转型期上海社会空间分异研究》，《地理学报》2006 年第 2 期。

[131] 李志刚、吴缚龙、高向东：《"全球城市" 极化与上海社会空间分异研究》，《地理科学》2007 年第 3 期。

[132] 李志刚、吴缚龙、刘玉亭：《城市社会空间分异：倡导还是控制》，《城市规划汇刊》2004 年第 6 期。

[133] 梁伟：《城乡物质环境建设及其量化指标研究》，《城市规划汇刊》1998 年第 5 期。

[134] 林飞娜、赵文吉、张萍：《基于 GIS 的城市人口空间分布模型与应用——以长春市区为例》，《测绘科学》2008 年第 4 期。

[135] 刘冰、张晋庆：《城市居住空间分异的规划对策研究》，《城市规划》2002 年第 12 期。

[136] 刘芳：《市场力和行政力驱动的城市住区空间区位演化》，博士学位论文，同济大学建筑与城市规划学院，2006。

[137] 刘宏强：《回望长春》，长春出版社，1998。

[138] 刘盛和等：《基于 GIS 的北京城市土地利用扩展模式》，《地理学报》2000 年第 4 期。

[139] 刘盛和：《城市土地利用扩展的空间模式与动力机制》，《地理科学进展》2002 年第 1 期。

[140] 刘苏衡、张力民：《武汉市城市社会空间结构演变过程分析》，《云南地理环境研究》2008 年第 3 期。

[141] 刘耀彬、李仁东、宋学锋：《中国区域城市化与生态环境耦合的关联分析》，《地理学报》2005 年第 4 期。

［142］刘亦师：《近代长春城市发展历史研究》，硕士学位论文，清华大学建筑学院，2006。

［143］娄晓黎、谢景武、王士君：《长春市城市功能分区与产业空间结构调整问题研究》，《东北师大学报（自然科学版）》2004 年第 3 期。

［144］罗彦、周春山：《50 年来广州人口分布与城市规划的互动分析》，《城市规划》2006 年第 7 期。

［145］吕安民等：《基于遥感影像的城市人口密度模型》，《地理学报》2004 年第 6 期。

［146］吕晓蓓等：《大都市中心城区城市空间资源整合的初步探索——深圳"金三角"地区城市更新的系列实践》，《国际城市规划》2010 年第 2 期。

［147］马航：《深圳城中村改造的城市社会学视野分析》，《城市规划》2007 年第 1 期。

［148］曼纽尔·卡斯特著《网络社会的崛起》夏铸九等译，社会科学文献出版社，2001。

［149］孟兆敏：《我国户籍制度改革研究的回顾与展望》，《西北人口》2008 年第 1 期。

［150］宁越敏：《上海市区商业中心区位的探讨》，《地理学报》1984 年第 2 期。

［151］潘海啸：《城市空间的解构——物质性战略规划中的城市模型》，《城市规划汇刊》1994 年第 4 期。

［152］庞瑞秋：《中国大城市社会空间分异研究——以长春市为例》，博士学位论文，东北师范大学城市与环境科学学院，2009。

［153］朴寅星：《西方城市理论的发展和主要课题》，《城市问题》1997 年第 1 期。

［154］仇方道：《东北地区矿业城市产业生态系统适应性研究》，博士学位论文，东北师范大学城市与环境科学学院，2009。

［155］曲晓范：《近代东北城市的历史变迁》，东北师范大学出版社，2001。

［156］沈建法、王桂新：《90 年代上海中心城人口分布及其变动趋势的模型研究》，《中国人口科学》2000 年第 5 期。

［157］史培军、陈晋、潘耀忠：《深圳市土地利用变化机制分析》，《地理

学报》2000年第2期。

[158] 石崧：《城市空间结构演变的动力机制分析》，《城市规划汇刊》2004年第1期。

[159] 石忆邵：《论我国户籍制度改革与城市化发展》，《规划师》2002年第10期。

[160] 史中华、柴彦威、刘志林：《深圳市民迁居特征的时空分析》，《人文地理》2000年第3期。

[161] 宋伟轩、朱喜钢、吴启焰：《城市滨水空间生产的效益与公平——以南京为例》，《国际城市规划》2009年第6期。

[162] 孙立平：《转型与断裂——改革以来中国社会结构的变迁》，清华大学出版社，2004。

[163] 唐子来：《西方城市空间结构研究的理论和方法》，《城市规划汇刊》1997年第6期。

[164] 田志和：《长春读本》，长春出版社，2000。

[165] 王波：《城市居住空间分异研究》，硕士学位论文，同济大学经济与管理学院，2006。

[166] 王桂新、魏星：《上海从业劳动力空间分布变动分析》，《地理学报》2007年第2期。

[167] 王海梁：《长春古今政区》，吉林人民出版社，1995。

[168] 汪和建：《城市物质环境质量及其评价体系》，《南京大学学报》1994年第1期。

[169] 王慧：《开发区发展与西安城市经济社会空间极化分异》，《地理学报》2006年第10期。

[170] 王季平：《吉林省编年纪事》，吉林人民出版社，1989。

[171] 王琦：《产业集群与区域经济空间耦合机理研究》，博士学位论文，东北师范大学城市与环境科学学院，2008。

[172] 王胜金：《伪满时期中国东北地区移民研究》，中国社会科学出版社，2005。

[173] 王兴中：《中国城市社会空间结构研究》，科学出版社，2000。

[174] 汪原：《生产·意识形态与城市空间——亨利·勒斐伏尔城市思想述评》，《城市规划》2006年第6期。

[175] 王战和、许玲:《高新技术产业开发区建设发展与城市空间结构演变》,《人文地理》2006年第2期。

[176] 魏立华等:《20世纪90年代广州市从业人员的社会空间分异》,《地理学报》2007年第4期。

[177] 魏立华、丛艳国:《"自利性"户籍制度对中国城市社会空间演进的影响机制分析平》,《规划师》2006年第6期。

[178] 魏立华、闫小培:《大城市郊区化中社会空间的"非均衡破碎化"》,《城市规划》2006年第5期。

[179] 魏立华、闫小培:《社会经济转型期中国城市社会空间研究述评》,《城市规划学刊》2005年第5期。

[180] 魏立华、闫小培:《转型期中国城市社会空间演进动力及其模式研究》,《地理与地理信息科学》2006年第1期。

[181] 魏立华、闫小培、刘玉亭:《清代广州城市社会空间结构研究》,《地理学报》2008年第6期。

[182] 伪满国务院总务厅统计处:《第一次临时人口调查报告书（第1卷）》,满洲共同印刷株式会社,1940。

[183] 魏清泉、周春山:《广州市区人口分布演变与城市规划》,《城市规划汇刊》1995年第4期。

[184] 吴缚龙、马润潮、张京祥:《转型与重构:中国城市发展多维透视》,东南大学出版社,2007。

[185] 武进:《中国城市形态:结构、特征及其演变》,江苏科技出版社,1990。

[186] 吴骏莲等:《南昌城市社会区研究——基于第五次人口普查数据的分析》,《地理研究》2005年第4期。

[187] 吴启焰等:《建造环境供给结构的转型与都市景观的演化》,《地理科学》2001年第4期。

[188] 吴文钰、马西亚:《多中心城市人口模型及模拟:以上海为例》,《现代城市研究》2006年第12期。

[189] 吴晓松:《近代东北城市建设史》,中山大学出版社,1999。

[190] 仵宗卿:《北京市商业活动空间结构研究》,博士学位论文,北京大学城市与区域规划系,2000。

[191] 夏祖华、黄伟康：《城市空间设计》，东南大学出版社，1992。

[192] 肖莹光：《广州市中心区社会空间结构及其演化研究》，硕士学位论文，同济大学建筑与城市规划学院，2006。

[193] 谢守红、宁越敏：《广州市人口密度分布及演化模型研究》，《数理统计与管理》2006 年第 5 期。

[194] 新华每日电讯：《记住长春》，新华出版社，2000。

[195] 徐放：《北京市的商业地理概论》，《经济地理》1984 年第 1 期。

[196] 许学强、周一星、宁越敏：《城市地理学》，高等教育出版社,1997。

[197] 许学强、胡华颖、叶嘉安：《广州市社会空间结构的因子生态分析》，《地理学报》1989 年第 4 期。

[198] 徐旳等：《南京城市社会区空间结构——基于第五次人口普查数据的因子生态分析》，《地理研究》2009 年第 2 期。

[199] 闫小培：《信息产业与城市发展》，科学出版社，1999。

[200] 闫小培等：《广州 CBD 的功能特征与空间结构》，《地理学报》2000 年第 4 期。

[201] 闫小培、姚一民：《广州第三产业发展变化及空间分布特征分析》，《经济地理》1997 年第 2 期。

[202] 杨荣南、张雪莲：《城市空间扩展的动力机制与模式研究》，《地域研究与开发》1997 年第 3 期。

[203] 杨上广：《大城市社会极化的空间响应研究——以上海为例》，博士学位论文，华东师范大学人口研究所，2005。

[204] 杨上广：《大城市社会空间结构演变的动力机制研究》，《社会科学》2005 年第 10 期。

[205] 杨吾扬：《北京市商业零售与服务业中心和网点的过去、现在和未来》，《地理学报》1994 年第 1 期。

[206] 杨永安、莫畏：《伪满时期长春城市规划与建筑研究》，东北师范大学出版社，2008。

[207] 姚华松、薛德升、许学强：《1990 年以来西方城市社会地理学研究进展》，《人文地理》2007 年第 3 期。

[208] 于泓：《Davidoff 的倡导性城市规划理论》，《国外城市规划》2000 年第 1 期。

[209] 余佳、丁金宏：《大都市居住空间分异及其应对策略》，《华东师范大学学报（哲学社会科学版）》2007 年第 1 期。

[210] 于泾：《长春史话》，长春出版社，2001。

[211] 于泾：《长春厅志·长春县志》，长春出版社，2002。

[212] 虞蔚：《城市社会空间的研究与规划》，《城市规划汇刊》1986 年第 6 期。

[213] 袁媛、许学强、薛德升：《转型时期广州城市户籍人口新贫困的地域类型和分异机制》，《地理研究》2008 年第 3 期。

[214] 约翰斯顿著《人文地理学词典》柴彦威等译，商务印书馆，2004。

[215] 张兵：《关于城市住房制度改革对我国城市规划若干影响的研究》，《城市规划》1993 年第 4 期。

[216] 张冲：《长春市志·商业志》，吉林文史出版社，1995。

[217] 张广宜：《长春市志·总志》，吉林人民出版社，1995。

[218] 张京祥、于涛：《对中国当前营销型城市增长策略的检讨》，《世界地理研究》2007 年第 4 期。

[219] 张庭伟：《1990 年代中国城市空间结构及其动力机制》，《城市规划》2001 年第 7 期。

[220] 张庭伟：《城市的两重性和规划理论问题》，《城市规划》2001 年第 1 期。

[221] 张庭伟：《转型时期中国的规划理论和规划改革》，《城市规划》2008 年第 3 期。

[222] 张晓平、刘卫东：《开发区与我国城市空间结构演进及其动力机制》，《地理科学》2003 年第 2 期。

[223] 张伊娜、王桂新：《旧城改造的社会性思考》，《城市问题》2007 年第 7 期。

[224] 张振杰、杨山、孙敏：《城乡耦合地域系统相互作用模型建构及应用》，《人文地理》2007 年第 4 期。

[225] 赵和生：《城市规划与城市发展》，东南大学出版社，1999。

[226] 赵荣：《试论西安城市地域结构演变的主要特点》，《人文地理》1998 年第 3 期。

[227] 赵世瑜、周尚意：《明清北京城市社会空间结构概说》，《史学月

刊》2001 年第 2 期。

[228] 赵燕菁：《高速发展与空间演进——深圳城市结构的选择及其评价》，《城市规划》2004 年第 3 期。

[229] 郑静、许学强、陈浩光：《广州市人口结构的空间分布特征分析》，《热带地理》1994 年第 2 期。

[230] 郑文升等：《城市低收入住区治理与克服城市贫困》，《城市规划》2007 年第 5 期。

[231] 周春山：《城市空间结构与形态》，科学出版社，2007。

[232] 周春山：《城市人口迁居理论研究》，《城市规划汇刊》1996 年第 3 期。

[233] 周春山：《中国城市人口迁居特征、迁居原因和影响因素分析》，《城市规划汇刊》1996 年第 4 期。

[234] 周春山、刘洋、朱红：《转型时期广州市社会区分析》，《地理学报》2006 年第 10 期。

[235] 周春山、许学强：《广州市人口变动地域类型特性研究》，《经济地理》1996 年第 2 期。

[236] 周春山、许学强：《西方国家城市人口迁居研究进展综述》，《人文地理》1996 年第 4 期。

[237] 周婕、王静文：《城市边缘区社会空间演进的研究》，《武汉大学学报》2002 年第 5 期。

[238] 周尚意、王海宁、范砾瑶：《交通廊道对城市社会空间的侵入作用》，《地理研究》2003 年第 1 期。

[239] 周一星：《城市地理学》，商务印书馆，1995。

[240] 朱喜钢：《城市空间集中与分散论》，中国建筑工业出版社，2002。

图书在版编目（CIP）数据

现代城市物质与社会空间的耦合：以长春市为例/黄晓军著.
—北京:社会科学文献出版社,2014.10
ISBN 978 - 7 - 5097 - 6292 - 9

Ⅰ.①现… Ⅱ.①黄… Ⅲ.①城市空间 - 空间结构 - 研究 -
长春市 Ⅳ.①TU984.234.1

中国版本图书馆 CIP 数据核字（2014）第 171538 号

现代城市物质与社会空间的耦合

——以长春市为例

著 者／黄晓军

出 版 人／谢寿光
项目统筹／许秀江
责任编辑／许秀江 刘宇轩

出 版／社会科学文献出版社·经济与管理出版中心 (010)59367226
地址：北京市北三环中路甲 29 号院华龙大厦 邮编：100029
网址：www. ssap. com. cn
发 行／市场营销中心（010）59367081 59367090
读者服务中心（010）59367028
印 装／北京鹏润伟业印刷有限公司

规 格／开 本：787mm × 1092mm 1/16
印 张：18 字 数：295 千字
版 次／2014 年 10 月第 1 版 2014 年 10 月第 1 次印刷
书 号／ISBN 978 - 7 - 5097 - 6292 - 9
定 价／59.00 元